国家自然科学基金（31860232、32160402）
内蒙古自然科学基金（2021LHMS03002）共同资助

园林绿地及树木的
空气污染物滞留机制

Retention Mechanism of Air Pollutants
in Garden Green Space and Trees

王爱霞　著

中国建筑工业出版社

图书在版编目（CIP）数据

园林绿地及树木的空气污染物滞留机制 = Retention
Mechanism of Air Pollutants in Garden Green Space
and Trees / 王爱霞著． -- 北京：中国建筑工业出版社，
2022.9（2024.2 重印）
ISBN 978-7-112-27814-5

Ⅰ．①园… Ⅱ．①王… Ⅲ．①园林－绿化地－大气污
染物－吸附－研究②园林树木－大气污染物－吸附－研究
Ⅳ．① X173 ② X51

中国版本图书馆 CIP 数据核字（2022）第 157554 号

本书系统揭示了园林植物个体吸滞大气污染物的物理、化学、生物学机理以
及绿地群落的吸附规律，综合总结了多种先进技术手段、分析算法，详细介绍了
扫描电镜技术、环境磁学技术等在该领域的应用，系统总结了绿地及树木的吸滞
污染物机理，具有针对性强、适用性广、操作简便等优势。本书可以作为风景园林、
环境科学、林学、植物学、城市设计、环境设计等专业师生的参考书或专业教材，
也可为喜欢该领域研究的学者提供参考资料。

责任编辑：张　华　唐　旭
文字编辑：李东禧
责任校对：王　烨

园林绿地及树木的空气污染物滞留机制
Retention Mechanism of Air Pollutants in Garden Green Space and Trees
王爱霞　著

*
中国建筑工业出版社出版、发行（北京海淀三里河路 9 号）
各地新华书店、建筑书店经销
北京中科印刷有限公司印刷
*
开本：787 毫米 ×1092 毫米　1/16　印张：15　字数：300 千字
2022 年 9 月第一版　2024 年 2 月第二次印刷
定价：**88.00** 元
ISBN 978-7-112-27814-5
（39661）

前　言

风景园林与城乡规划、建筑学的重要区别之一是在设计要素中引入了生命元素——园林植物，它是人与城市连接的纽带，也为城市中人与自然和谐共存创造了更多可能，因此研究其环境功能实则是为人类未来生存空间的良性发展提供科学支撑。

随着城镇化进程的加快，城市环境在迅速地变化着，交通设施无限扩张、工业园区不断出现、绿地的减少、雾霾的频发等，城市沦为了巨大的污染池。面对如此夸张的城市问题，城市园林树木与绿地可以构筑起消减空气污染物的屏障，并成为滞留空气污染物的重要绿色基础设施，是城市环境变好的重要材料和园林功能深度解析的合适载体，同时承担着气候调节、生物栖息地再建、城市可持续发展的关键作用。

园林植物在改善环境方面有着现代技术无可比拟的优势，城市绿地和树木分布广、种类多，可以长期吸收环境污染物，高效而成本低廉。近年来，随着城市居民环保意识的觉醒，城市绿地的生态效益越来越受到重视；而与此相矛盾的是，城市绿地品质不高、设计粗糙、改善环境能力弱。因此，其作为改善环境的重要材料，探究其吸滞空气污染物的机制成为必需要解决的问题之一。

园林绿地与树木滞留、吸纳空气污染物的理论及实践体系尚待完善，在其发展过程中，需要汲取生物学、生态学、环境科学、大气科学等的理论基础，是极具交叉性的研究领域之一，尽管该领域理论体系有待深入研究和发展，但已引起了世界各国的重视，可以预见，随着研究的深入和理论方法的完善，这一交叉领域，必将在改善空气质量方面发挥更大的作用。

在21世纪初，园林绿地对空气污染的消减作用就引起了作者的浓厚兴趣，在"十一五"国家科技支撑计划专题、省级自然科学基金及国家自然科学基金的连续资助下，作者很早就开展了园林树木对城市空气污染物吸滞能力的研究，所从事的研究连续而持久，从园林植物吸收空气重金属能力、吸附颗粒物机制到绿色基础设施滞留超细颗粒物机理，不断地探索构建了植物与环境改善的桥梁，也变相论证了园林植物在应对空气变化与保护生物多样性的重要性。笔者所从事的研究实质上是希望以园林树木环境功能为支撑来规划和设计园林绿地，从而实现城市环境改良。这本书是笔者阶段性科研成果的梳理和总结，希望以此与相关领域广大科研工作者加深交流，限于时间和篇幅，书中可能会有部分参考文献未列入；读者如有发现，请与本书作者联系。由于园林树木吸滞空气污染物的机理十分复杂，其研究体系尚未达成共识，加之作者水平有限，书中存在诸多不足之处，真诚希望各位同仁提出宝贵意见，以便日后进一步完善和改进。

在研究过程中，南京林业大学方炎明教授在研究过程、技术方法及成果总结等方面给予了悉心指导，同时也得到了内蒙古工业大学张鹏举教授和英国谢菲尔德大学康健教授的学术指引，在此特别鸣谢！感谢学生郭亚男在书稿的编辑、校对及封面设计等方面的贡献。感谢这个科技急剧变化的时代，赋予热爱科研的工作者最好的创新平台。感谢在科研道路上曾给予诸多帮助的老师、同学、同事和同行，你们真诚的善意是作者潜心研究的动力，并以此文作为答谢！

王爱霞于呼和浩特

2021 年 10 月

目　录

第3章 ｜ 园林树木吸滞污染物的种间差异

第4章 ｜ 园林树木吸滞污染物的动力学机理

第 1 章

园林树木对空气污染物的滞留机制研究动态

1.1 园林树木对空气污染物的滞留过程

城市大气污染由工业、交通等排放气体形成，来源多样、成分复杂，不仅对人体健康造成伤害，也对动植物形成威胁，现已成为困扰国际、国内城市建设及经济发展的重要问题之一，也是威胁人类生存亟待解决的环境危机之一。随着居民环保意识的觉醒，户外空气质量受到世界各国的重视及关注。治理大气环境污染的手段和技术方法多种多样，利用植物和园林树木修复大气环境污染的技术在国内外正处于探索阶段，植物滞留污染物的途径和机理尚未完全探明。关于园林绿地及树木净化空气污染物的过程，学者较为一致的观点是主要是滞留，其过程包括沉降、捕获、吸附和吸收等方式。

1.1.1 沉降

园林树木滞留空气污染物首先是通过沉降来完成，沉降可分为干沉降和湿沉降，污染物主要通过重力作用而沉降。园林树木通过种植间距、个体大小、冠幅、枝叶密度等改变了地表空气动力学的状况和污染物的运动轨迹，在重力作用下沉降到树木的叶片、枝干和地面，再经过雨水的冲刷最终进入土壤、水体等系统。

1.1.2 捕获

空气污染物进入林内的重要步骤是捕获过程。复杂的枝叶结构等因素形成了有效的捕获系统，有效地改变了气流在林带内部的运动轨迹和运动形态等，最终致使颗粒物在林带内滞留，形成捕获器，对污染物的扩散起到阻碍和屏障作用。

1.1.3 吸附

与园林树木有效接触的污染物，可通过树木的枝叶、树皮等结构奇妙的体表系统进行吸附。园林树木的叶片、枝干和茎干等表面有绒毛、褶皱和特殊分泌物等，这些物质可吸附、捕集大气污染物，而不同树种的叶表面特性、树冠结构、枝条密度差异很大，其吸附污染物的能力也有所差异。

1.1.4 吸收

空气污染物进入园林树木体内的重要过程是吸入，树木叶表面分布有气孔，树皮表面有皮孔、裂隙等，空气颗粒物经过这些通道进入植物体内，并参与代谢反应。植物的枝干表面可以吸收吸附固体颗粒及溶液中的离子、气体分子；植物叶面的皮孔能够吸收并储存有害气体，特别是植物对可溶性气体的吸收量随湿度增大而增加。此外，园林树木也具有复杂的根系，对沉降到土壤中的空气污染物也具有强大的吸收能力，树木可通过根毛、维管系统吸收、运输污染物，并通过各种途径代谢污染物。

1.1.5 富集

空气污染物通过根系、体表系统进入植物体内；园林树木叶具有复杂的表面和附属物，根具有庞大的根系和表面积，可以被动或主动地吸收环境中的污染物。环境中的各种污染物质进入植物体后，必需的元素会参与到植物体各项生命活动中，多余的元素有的被排到植物体外，有的则通过螯合、固定等作用富集于植物体内。植物体内富集元素的检测、转化等的研究，可表明环境污染的程度、毒理及危害，利用植物对环境状况进行评估、预测等也具有重要的意义。

1.2 园林树木吸滞污染物的研究进展

中国城镇化进程的加快，一方面促使城市经济、交通和工业等高速发展，另一方面也导致人为带来的空气污染物日益增加。城市空气污染物不仅会破坏城市生态系统，还会引发呼吸道、肺部、心血管等多种疾病，且造成死亡的可能性和危害性远高于其他污染物。

空气污染物中的颗粒物和重金属对人类健康造成了严重影响。粒径越小的颗粒物越容易进入人体的呼吸系统，对其造成伤害。相关研究显示，空气颗粒的浓度直接影响当地居民呼吸系统和心血管系统的发病率和死亡率（Samet et al., 2000）。大气颗粒物中聚集了大量有害重金属、酸性氧化物、有害有机物、细菌和病菌等，其会通过呼吸道而进入人体上下呼吸道，并且多种粒径的颗粒物可在不同的呼吸道部位沉积，颗粒物粒径越小，其穿透力越强，可通过肺部影响其他器官（尹洧，2012）。

为了缓解大气污染问题，需要去识别城市微粒物质（PM）的来源和组成。有学者认为植被及其叶片通过吸附及滞留能力可有效地降低空气中的污染物，树叶是良好的颗粒物吸尘器和累积器（Gratani et al., 2000）。例如常绿植物的松针和落叶植物的叶片，它们表面以及表面的蜡层可以有效地吸附和累积颗粒物和灰尘。树叶在城市中会由于车辆运动引起的悬浮于路面周围的灰尘、化工厂排放物、发动机车辆释放物、建筑材料的发散物以及与轮胎磨损物、制动衬面等相联系的颗粒物质所污染（Gautam et al., 2005; Goddu et al., 2004; rajapati et al., 2006）。

1.2.1 园林树木吸滞污染物的特点

由于城市中树种分布广泛，故选取悬浮于空气中且高密度分布的样点监测空间分辨率不同的空气污染物。树叶、树皮与空气颗粒物直接接触，暴露于大气环境中。树叶和树皮作为空气污染物的吸收器，具有以下优点：第一，树叶和树皮分布广泛，获取和收集容易；第二，树叶和树皮表面积较大，直接暴露在来自大气或者水蒸气的空气污染物中，且存留时间较长；第三，采集样本时不会破坏树木样本，对树木的健康没有影响（Poikolainen, 1997）。所以，树叶和树皮是长期空气污染评价的合适生物监测器。因此，树叶和树皮能被用作监测大气灰尘的环境（Davila et al., 2006; Hanesch et al., 2003; Triantafyllou, 2003; S.G. et al., 2008）、空间和时间分配规律研究（Kapusta et al., 2006; Davila et al., 2006; Hanesch etal., 2003; Urbat et al., 2004）。Grodzihska（1971）与 PLiltschert & Kiihm（1977）的研究表明，树皮是空气二氧化硫酸度极优秀的指示材料。Kuik & Wolterbeek（1994）建议使用树皮作为 Netherlands 地区重金属污染的生物监测器。Panichev & McCrindle（2004）在非洲南部的格鲁格国家公园大部分地区进行了空气重金属污染的生物监测研究，调查 Phalaborwa 炼铜炉和铜矿对动植物的影响，他们的结果表明，生物监测器诸如树皮的应用对于监测大气重金属沉积物的研究是非常重要的。树皮监测器被推荐用于大范围调查，因为其具有更大的实用性（Poikolainen, 1997）。

1.2.2 滞留污染物的植物材料

1. 国内外用于空气污染监测的叶片材料

木本植物分布广泛，种类繁多，不同种类的木本植物对大气污染物的富集能力不同。植物叶片是植物的主要组成部分，植物叶片是大气污染物的重要吸收器官。目前，用作监测大气重金属污染的植物叶片种类（表 1-1）。其中，应用较为广泛的是松柏科和壳斗科植物，主要以常绿树种居多，采样不受季节影响，体内重金属含量可反映当年和往年的变化状况，且分布较广，采样容易，叶内重金属含量能很好地反映空气状况等因素而备受青睐，应用前景广阔。

2. 国内外用于空气污染监测的树皮材料

在监测空气重金属污染的研究中，使用较为广泛和常见的树种树皮有多种（表 1-2）。最为常见的就是松柏科植物，其树皮表面积大，表面具有皮孔，累积能力强，应用较为广泛。

监测空气污染的叶片材料表　　　　　　　　　　　　　表 1-1

植物名称	生长习性	参考文献
冬青栎（*Quercus ilex*）	常绿乔木	Gratani et al., 2008; Nicola et al, 2008; Madejón et al., 2006；李晶，等，2019
夏栎（*Quercus robur*）	落叶乔木	Little, 1973
柔毛栎（*Quercus palustris*）	落叶或常绿乔木	Bargagli et al., 2003
黎巴嫩雪松（*Cedrus libani*）	常绿乔木	Onder & Dursun, 2006
红花羊蹄甲（*Bauhinia blakeana*）	常绿乔木	Lau and Luk, 2001
欧洲赤松（*Pinus sylvestris*）	常绿乔木	Yılmaz & Zengin, 2003; Lamppu & Huttunen, 2003; Yilmaz & Zengin, 2004
阿拉伯橡胶树（*Robinio pseudo-acacia*）	常绿乔木	Aksoy et al., 2000a
夹竹桃（*Nerium oleander*）	常绿灌木	Rossini & Fernández, 2007
马缨丹（*Lantana camara*）	蔓性灌木	Rossini & Fernández, 2007
海枣（*Phoenix dactylifera*）	常绿乔木	Abdelaziz, et al. 2007
欧洲桦（*Betula pubescens*）	落叶乔木	Reimann et al., 2007; Maher et al., 2008
欧洲花楸（*Sorbus aucuparia*）	落叶乔木	Reimann et al., 2007
欧洲云杉（*Picea abies*）	常绿乔木	Reimann et al., 2007
地中海白松（*Pinus halepensis*）	常绿乔木	Al-Alawi & Mandiwana, 2007
橄榄树（*Olea europaea*）	落叶乔木	Madejón et al., 2006
悬铃木（*Platanus hispanica*）	落叶乔木	Gregg et al., 2007；王爱霞，等，2015
海桐（*Pittosporum tobira*）	常绿乔木	Lorenzini et al., 2006；王爱霞，等，2010
黄杨（*Buxus sinica*）	落叶灌木	Myeong Ja Kwak, et al., 2020
木荷（*Schima superba*）	落叶乔木	Li Xiaolu, et al.,2021
桂花（*Osmanthus fragrans*）	常绿乔木	Li Xiaolu, et al.,2021
银杏（*Ginkgo biloba*）	落叶乔木	Zhang Li, et al., 2019
玉兰（*Magnolia denudata*）	落叶乔木	Li Xiaolu, et al.,2021
火棘（*Pyracantha fortuneana*）	常绿灌木	沈晓蔚，等，2018

监测空气污染的树皮材料表 表 1-2

植物名称	生长习性	参考文献
樱桃核桧（*Monosperma juniperus*）	常绿乔木	Shin et al., 2007
欧洲黑松（*Pinus nigra*）	常绿乔木	Haapala & Kikuchi, 2000
欧洲赤松（*Pinus sylvestris*）	常绿乔木	Narewski et al., 2000；Harju et al., 2002；Saarela et al., 2005
油橄榄树（*Olea europaea*）	落叶乔木	Freitas et al., 2003；Pacheco et al., 2004
欧洲山毛榉（*Fagus silvatica*）	常绿乔木	Bellis et al., 2002, 2004；Conkova & Kubiznakova, 2008
欧洲云杉（*Picea abies*）	常绿乔木	Conkova & Kubiznakova, 2008
黑杨（*Populus nigra*）	落叶乔木	Berlizov et al., 2007
意大利柏（*Cupressus semervirens*）	常绿乔木	Tayel et al., 2002
赤桉（*Eucalyptus camaldulensis*）	落叶乔木	Kongsuwan et al., 2009
落叶松（*Larix spp.*）	常绿乔木	张力平，等，2004
马尾松（*Pinus massoniana*）	常绿乔木	王海洋，等，2021；李汇丰，等，2016
蒙古栎（*Quercus crispula*）	落叶乔木	Bellis et al., 2002
欧洲白蜡树（*Fraxinus excelsior*）	落叶乔木	Catinon et al., 2009
桦木（*Betula sp.*）	落叶乔木	Herman, 1992；Adrian Lukowski et al.,2020
梧桐（*Firmiana simplex*）	落叶乔木	Karen Wuyts et al.,2018
栎树（*Quercus*）	落叶乔木	韩照祥，等，2012
新疆杨（*Populusalbavar pyramidalis*）	落叶乔木	美合日阿依，等，2019
油松（*Pinus tabulaeformis*）	常绿乔木	Xu et al., 2018；Song et al., 2015

1.2.3 园林绿地及树木滞留污染物的发展路径

1. 国外研究进展

（1）园林绿地及树木滞留颗粒物国外研究进展

国外关于绿地、树种吸滞大气颗粒物的研究起步较早，技术先进，应用广泛。联邦德国早在 20 世纪 60 年代就开展了挪威云杉和欧洲赤松抗大气污染的选育研究，Bake 等人在 20 世纪 70 年代研究了空气环境对植物叶蜡的影响（Hofman et al., 2014），此类研究已经在欧美等许多发达国家和地区开展，利用绿地、树种消减大气颗粒物已经成为一种首选的环境治理技术。

世界各国开展的前沿性研究工作具体表现在，采用较为先进的地面激光雷达成像技术、生物磁监测技术等对树冠形态、尺寸、叶片密度等与大气颗粒物沉降之间的关系进行了研究，并证明城市树种叶磁学监测是一项较好的大气颗粒物监测技术（Hofman et al.,2013; 2014; 2016）；对城市森林去污能力与社区交通的分布做了模型预测和相关分析，强调社区树种合理规划的重要性（King et al., 2014）；对森林斑块内不同距离的大气颗粒物浓度进行了研究，发现了大气颗粒物浓度的负梯度现象（Cavanagh et al., 2009），为城市森林斑块缓解大气颗粒物的作用提供了证据；对道路绿化带的密度、季节变化与大气颗粒物消减的关系进行了研究（Islam et al., 2012）等。

目前，国外在该领域的其他研究工作还有：利用植物叶片微形态结构、叶面积指数、叶外形特征来判别植物吸附大气颗粒物的能力（Sæbø et al., 2012; Räsänen et al., 2013; Mori et al., 2015）；利用大气动力学、气象学等参数，分析森林对大气颗粒物的沉降效应以及时空动态分布特征等（Nguyen et al., 2015; Thomas et al, 2014）。空气动力学领域主要分析大气颗粒物的组成（Valotto et al.,2019）、来源（Viana et al., 2008）、分布特征（Wania et al., 2012）以及治理方法（David et al., 2014）等内容。Valotto 等（2019）在威尼斯大陆交通流量较高的道路附近，收集了不同高度的道路扬尘和总悬浮颗粒物样品，采用电感耦合等离子体原子发射光谱技术,确定了道路污染物主要组成成分及来源。Viana 等（2008）研究发现，欧洲大气污染物来源主要包括车辆源、海盐源、地壳源、工业和燃油源四种，且不同监测点对污染物含量的贡献率不同。研究区域内颗粒物浓度值存在明显的日变化和季节变化规律，主要表现为：白天"双峰双谷"型变化，"夏季＞春秋季＞冬季"（Wania et al., 2012）。颗粒物污染治理的方法主要包括重力沉降、植物吸附、过滤除尘和湿法沉降等（David et al., 2014）。

利用绿地或树木来调节颗粒物浓度，存在积极影响的同时也存在一定的消极作用。城市道路污染常采用两侧种植树木的方式以减少街道峡谷中颗粒物浓度，同时增加街道景观美感和绿化效用。街道两侧种植树木有时也会阻碍颗粒物的扩散与流动，从而造成颗粒物浓度升高和污染加重，所以道路绿化既有积极作用也存在一定的消极影响。道路两侧绿化带可有效调节和缓解颗粒物污染，消减率最高可达 60%（王雪艳，2015）。Salmond 等（2013）实测了有绿化的道路及道路绿地内部颗粒物浓度并发现，颗粒物主要积聚在树木树冠周围，且不容易扩散，造成了空气流动阻碍和污染加剧。Lin 等（2016）则发现夏季绿带对超细颗粒物的消减效率达 37.7%~63.6%，由于冬天植物落叶，消减效应则不明显。Tong 等（2016）发现随着道路绿带宽度的增加，绿地对 PM 的消减能力增强。

国外一些学者将预测方法分为五类，分别是：数学模型方法、软件模拟方法、趋势外推方法、经验性方法和其他方法（何然，等，2015）。在空气污染领域使用较多的为数学模型和软件模拟方法，如对城市树种清除污染物的数量以及对人体健康的影响进行了计算机模拟与评估（Nowak et al., 2018）；对多种森林类型去除大气颗粒物的数量进行了评估（Bottalico et al., 2017）；利用 UFORE 模型对树冠每年去除大气颗粒物的数量、未来年代的大气颗粒物浓度进行了预测，并提出了针对性的理想种植模式（Tallis et al., 2011）；采用先进的 I-TREE 生态模型对城市树木清除污染物的数量进行了评估，发现城市树种去除大气颗粒物比其他污染物效果明显（Selmi et al., 2016）。

城市绿地的类型和群落结构显著影响大气颗粒物的扩散，不同绿地类型、植物种类对 PM 的消减与滞尘的作用具有一定的差异（Amos et al., 2010）。目前采用较多的大气颗粒物污染模拟模型主要有高斯模型、拉格朗日模型、CFD 流体力学模型、机器学习模型和神经网络模型等。高斯模型仅适用于点污染源和平坦地形；拉格朗日模型仅适用于平坦地形，且数据需求量较大，计算量大；CFD 模型算法较复杂，耗时较长，数据需求量大（周姝雯，等，2017）。Wania 等利用 ENVI-met 城市微气候软件模拟发现植被的布局形式会影响街道内空气流动速度，从而影响 PM 的扩散和分布（Wania et al., 2012）。McKeridry（2002）、Kukkonen 等（2003）使用神经网络模型分别预测了加拿大菲莎河谷下游区域和芬兰赫尔辛基城区 PM_{10} 和 $PM_{2.5}$ 的质量浓度。支持向量机（SVM）具有较强的非线性拟合能力，基于结构风险最小化的原则，在解决小样本量、非线性拟合时具有显著优势（史峰，2010）。Sanchez 等（2011）采用 2006~2008 年间监测的西班牙空气污染数据，利用支持向量机和各污染指数之间的数理关系建立预测模型。

（2）园林绿地及树木滞留重金属国外研究进展

国外使用植物叶片监测重金属的研究始于 20 世纪 60 年代，60 年代德国学者测试了挪威云杉和欧洲赤松叶片内的重金属含量，70 年代美国宾夕法尼亚州立大学筛选出部分耐空气污染植物。Little 等（1973）在 70 年代早期的研究表明，树种叶片适合监测空气重金属污染。目前，国际上利用植物叶片作为监测环境的重要材料，用于判断环境的污染程度，Gajbhiye 等（2019）对道路两侧的树木进行了监测重金属研究，利用扫描电子显微镜（SEM）结合能量色散光谱法研究了叶片表面环境颗粒物（PM）的吸收模式，发现整个叶片（例如气孔、毛状体和表皮附属物）中的 PM 含有 12 种空气中的金属，包括 Pb、Cr、Cu、Ni 和 Zn；在对刺槐、假金合欢叶片对空气重金属的监测能力观察的研究中发现，作为广布种的刺槐显示出较好的滞留重金属能力（Capozzi et al., 2020）。磁相是大气颗粒物的一种常见成分，因此在空气质量研究中得到越来越多的利用，可采用叶表面生物磁学评估空气中重金属污染状况（Norouzi et al., 2016），McIntosh 等（2007）在 2001 年和 2004 年的春季和夏季对西班牙马德里的悬铃木进行了叶磁性研究，发现叶片显示出由部分氧化的磁铁矿颗粒携带的稳定磁信号，大部分或全部的污染物质残留在叶片表面，且污染物磁信号来源于道路。

国外使用树皮监测空气重金属污染约开始于 20 世纪 70 年代（Heichel & Hankin, 1972; Hampp & Höll, 1974），树皮作为重金属被动吸收器，其最重要的用途是利用古老树木的分层树皮进行历史重金属污染的分析（Raunemaa et al., 1987）。目前，国外利用树皮进行空气重金属污染的监测技术已经非常成熟，对高等植物树皮中重金属元素的分布特征和污染评价已有较多研究。Rusu 等（2006）对罗马尼亚 Zlatna 地区欧洲鹅耳枥树皮中的重金属元素进行了分析，探讨了铜矿对当地环境的影响。Samecka-Cymerman 等（2006）利用柏松的松针和树皮对波兰南部 Stalowa Wola 工业中心主要重金属元素的污染状况进行了监测和评价。Berlizov 等（2007）研究了 Kiev 地区黑杨树皮中重金属元素的质量分数，探讨了树皮对大气污染的生物指示作用。Wuyts 等（2018）利用悬铃木树内和树间的树枝等温剩磁（SIRM）进行了研究，发现树木的位置、树冠的高度和深度以及分枝年龄对树枝 SIRM 有显著影响，并证明树枝可以作为微粒污染生物磁性监测的极有价值的替代品。Chaparro 等（2020）利用环境磁学法、电感耦合等离子体发射光谱法和扫描电子显微镜对 3 种街道树树皮吸附空气污染物的性能进行了测定，并利用地质统计学方法进行分析，确定了污染物的来源为交通衍生排放物，认为大多数富铁颗粒是可吸入的 $PM_{2.5}$，并且含有多种潜在有毒元素。

2. 国内研究进展

（1）园林绿地及树木吸滞颗粒物国内研究进展

国内对园林绿地及树木吸滞颗粒物的研究起步相对较晚，20 世纪 80 年代末随着我国大规模的工业发展和经济建设，才开始针对 $PM_{2.5}$ 进行综合观测。就研究对象而言，分为树种个体水平方面和树种群体水平方面。树种个体水平方面，国内对树种个体吸滞大气颗粒物的效应进行了大量研究，主要包括：不同树种叶的滞尘量研究（刘璐，等，2013；Zhang et al., 2017；阿衣古丽·艾力亚斯，等，2014），不同生长期树叶对大气颗粒物的吸附效应（Wang et al., 2015；Liu et al., 2016）；叶表面颗粒物的定量研究（Yan et al., 2016），树冠去除大气颗粒物的效率（Chen et al., 2015）；基于树种叶磁学参数的指示大气污染研究（曹丽婉，等，2016）以及大气颗粒物对树种叶表皮形态的影响（Zhang et al., 2015）等方面做了探索性研究。林木群体水平方面，国内在植物群落结构和绿地的滞尘效应方面做了大量研究，主要包括：城市森林和道路绿化带消减大气颗粒物的效应

（Nguyen et al., 2015；孙晓丹，等，2017；李新宇，等，2014）；基于景观异质性和计算机模拟的城市绿地对大气颗粒物的消减作用研究（丁宇，等，2011；刘文平，宇振荣，2016）；不同气象条件下城市森林对大气颗粒物的吸滞能力（郭二果，等，2013；陈博，等，2015）等。

目前，国内关于园林绿地及树种吸滞颗粒物的研究区域多集中于半湿润区（杨貌，2016）的北京，湿润区（殷杉，等，2017）的上海、成都、重庆和武汉，以及干旱区（阿丽亚·拜都热拉，2019）的银川和乌鲁木齐等地区。殷杉等人（2017）研究表明，随着道路绿带宽度的增加，绿地对总悬浮颗粒物 TSP 的消减能力逐渐减弱，其中距离道路边缘 5~10m 时绿地对其消减率最高。李新宇等人（2014）研究成果则表明，距道路边缘 26m 和 36m 时，绿化带对 $PM_{2.5}$ 的消减率最高。绿地内植物群落结构不同，对各粒径颗粒物的消减和滞留能力不同。杨貌等人（2016）指出乔—灌、乔—草、乔木及灌木植物群落结构绿地对 $PM_{2.5}$ 均存在一定消减能力，其中以乔—灌—草结构对 $PM_{2.5}$ 的吸滞效果最佳。丁文等人（2018）在北京市选取密集型和疏透型两处的道路绿地，分别在绿地与道路边缘的垂直距离为 0~60m 内设置五个测试点，实时监测 $PM_{1.0}$、$PM_{2.5}$ 和 PM_{10} 的浓度和各气象因素，研究结果发现颗粒物粒径越大，绿地对颗粒物的吸附效果越显著。阿丽亚·拜都热拉等人（2019）验证了干旱区乌鲁木齐快速路的林带宽度与颗粒物浓度呈负相关关系，当测试点距道路边缘 3m 时，针叶林对颗粒物的消减作用最显著。

国内使用较多的预测方法为 ENVI-met 城市微气候模拟法、遥感估算法、BP 神经网络模型模拟法和多元统计分析与预测法等。郭云等（2020）结合人口发展趋势，采用 IER 模型分别对保定市各县区 $PM_{2.5}$ 污染低、中和高浓度区进行预测分析，预测了 2020~2035 年环境污染情况和因污染导致人口死亡数量。王佳、郭晓华等人（2018）在不同季节、不同风向情况下，利用 ENVI-met 城市微气候模拟软件模拟不同道路绿化布局模式、不同道路断面布局形式对颗粒物扩散的影响，研究结果表明高宽比一定的情况下，乔—灌—草结构、两板三带式布局对 PM_{10} 和 $PM_{2.5}$ 浓度降低作用最明显。刘懿枢等人（2020）利用鹰潭市 2015~2019 年 $PM_{2.5}$ 和 PM_{10} 浓度的历史数据，构建了 BP 人工神经网络，对 $PM_{2.5}$ 和 PM_{10} 浓度进行预测分析，精确度达 85% 以上，具有良好的预测性。陈永义和冯汉中（2017）率先将支持向量机引进气象学研究领域。张建磊等人（2007）采用支持向量机预测了臭氧浓度的时间序列，并建立了预测模型，预测结果表明支持向量机能够较好适用于臭氧浓度的模拟。

（2）园林绿地及树木滞留重金属国内研究进展

植物叶片在重金属污染环境下可以有效吸收环境中的污染物，承担着大气污染物吸收器的重要角色。国内使用植物叶片滞留重金属的研究集中于叶片对重金属污染的监测、研究区域环境的评估及叶片滞留能力等。植物的受害症状是评估研究区域环境污染情况和评价环境质量、污染等级的重要方法之一（陈学泽，1997；王建龙，2001）。黄晓华（2000）研究表明黄杨、香樟、海桐、冬青、杉木五种树种对铅元素较为敏感，具有一定的监测指示作用。王爱霞等人（2008）通过对南京市区交通流量大的区域和相对清洁区不同植物叶片重金属元素（Pb、Cd、Cu）含量的分析，研究了大气污染指数，初步探讨了植物重金属含量与城市大气污染之间的关系，并指出美洲黑杨和雪松对铅、镉和铜元素的综合累积能力较强（王爱霞，等，2009）；根据叶片重金属含量得出交通枢纽区中央门、化工厂和沪宁高速属于重污染，生活区新庄属于中轻度污染，远郊林科院属于无污染区，且植物叶片中重金属 Pb、Cd 和 Cu 的累积量与大气中 Pb、Cd 和 Cu 的相对含量呈显著正相关，通过比较南京市交通要道和城郊交通稀疏区绿化树种的重金属含量与交通流量的关系，发现交通流量与重金属含量有明显相关性（王爱霞，等，2010）。为了解不同园林树木重金属的吸收情况，兰欣宇等人（2019）以 6 个公园为样地，采用 ICP 光谱仪测定了 8 种园林树木叶片内 3 种重金属的含量，发现不同树种重金属含量有显著差异且因重金属种类而异，对 Cd、Pb、Cu 吸收量最大的分别是紫薇、锦带和金银木，在程佳雪等人（2020）的研究中则发现针叶树种中圆柏、侧柏、油松富集 5 种重金属的综合能力显著高于白皮松；而通过对测定的 30 种树种 Hg 含量分析发现，阔叶树种单位重量吸收 Hg 的能力比针叶树种强（程佳雪，等，2020）。

植物树皮相比树木的其他部位，如叶片、根茎等接触空气的时间更久，暴露于大气中的累积时间更长，可以真实有效地反映大气环境的质量变化和污染状况。国内利用树皮监测空气重金属污染起步相对较晚，开展工作较少。蒋高明（1996）应用主分量分析（PCA）和排序技术（OA）对承德市 10 种木本植物的 S 及重金属含量进行了分析。结果表明，Z1 和 Z2 主成分值基本代表了所有元素反映的信息，累积贡献率 >98%。S 对主成分 Z1 贡献最大（元素负荷量 >0.96），Fe、Zn、Mn 和 Pb 等对 Z2 有较大的影响，且重金属污染以 Zn、Fe、Mn 和 Pb 较显著，而木本植物的污染物以树皮为最高，其次是枝条，叶最低。徐学华等人（2006）对保定市河道公路不同年龄毛白杨的 Zn、Ni、Cd、Cu、Cr 和 Pb 及其根基土壤的重金属含量进行了研究。研究结果表明，土壤 Cd 污染最为严重。整体上 3a 生的毛白杨吸收重金属的能力大于 5a 生和 10a 生的毛白杨，并且重金属含量呈现 Zn>Cu>Cd>Cr>Pb>Ni 的规律。毛白杨吸收的重金属表现为叶、根部和树皮较大，枝和树干较小的基本趋势。卡得力亚·加帕尔等人（2022）监测了城市 6 种树木树皮的重金属滞留情况，发现以丁香树皮的重金属含量最大。王爱霞等人（2015）对污染区及清洁区的二球悬铃木的老树皮中的 4 种重金属进行了分析，发现 4 种重金属元素的污染指数及其分布比例则在老树皮中最高。赵策等人（2019）分析了北京市路旁国槐的叶片、树枝、树皮、树干与树根中 7 种重金属浓度，发现 7 种重金属元素浓度在树皮中最高，树皮和树干为重金属元素的主要累积器，且以相对稳定的形态储存在树皮和树干中。

总之，国内利用树叶和树皮对重金属的滞留机制尚处于起步阶段，开展工作较少，对其吸收及转运机理的探究不多，需要日后不断地进行相关领域的探索。

1.2.4 污染物组成与树木截留的影响因素

1. 污染物的组成

空气污染物是由气态物质、挥发性物质、半挥发性物质和颗粒物质（PM）的混合物组成，其组成成分变异非常明显。空气污染的组成受多种因素的影响，包括气象条件、每天的不同时间、每周的不同天数、工业活动和交通密集度等。由于来源不同，空气中颗粒物的化学成分非常复杂。例如，地壳颗粒（土壤和沙滩）主要为二氧化硅，而工业活动和交通运输使用的化石燃料燃烧产生的颗粒物中含有大量的碳，空气污染物中各种成分之间不断相互作用，并且它们与大气之间也存在相互作用（吴寿岭，2015），也会合成新的污染物。

空气污染物的分类情况表　　　　　　　　　　　　　表 1-3

名称	属性
一氧化碳（CO）	无色、无味、无臭的易燃有毒气体，含碳燃料不完全燃烧的产物，在高海拔城市或寒冷的环境中，一氧化碳污染问题比较突出
氮氧化物（NO、NO_2）	机动排放是城市氮氧化物主要来源之一，会引起光化学烟雾
臭氧（O_3）	由空气中的氮氧化物和碳氢化合物在强烈阳光的照射下，经过一系列复杂的大气化学反应而形成和富集。城市低空的臭氧是一种非常有害的污染物
碳氢化合物（CH_x）	自然界中的碳氢化合物主要由生物的分解作用产生，如甲烷、乙烯等。人为的碳氢化合物排放主要来自不完全燃烧过程和挥发性有机物的蒸发
硫氧化物（SO_x）	主要是指二氧化硫（SO_2）、三氧化硫（SO_3）和硫酸盐，如燃烧含硫煤和石油等
颗粒物质（PM）	烟尘、粉尘的总称
重金属元素	空气中含有微量有毒物质，也会对植物和动物产生严重危害

2. 空气污染物的分类

空气污染物主要包括 CO、NO_x、O_3、CH_x、SO_x、PM、重金属元素等，具体分类情况见表 1-3。

3. 颗粒物的分类

颗粒物，又称尘，气溶胶体系中均匀分散的各种固体或液体微粒。颗粒物可分为一次颗粒物和二次颗粒物。一次颗粒物是由直接污染源释放到大气中造成污染的颗粒物，例如土壤粒子、海盐粒子、燃烧烟尘等。二次颗粒物是由大气中某些污染气体组分（如二氧化硫、氮氧化物、碳氢化合物等），或这些组分与大气中的正常组分（如氧气）之间通过光化学氧化反应、催化氧化反应或其他化学反应转化生成的颗粒物，例如二氧化硫转化生成硫酸盐。

大气颗粒物（Atmospheric Particulate Matters，PM）指空气中存在的各种固态和液态颗粒物物质的总称（Hinds, 1999）。颗粒物的粒径是大气颗粒物污染物研究中主要考虑的特性之一，根据空气动力学直径，可将颗粒物分为直径 $\leqslant 100\mu m$ 的总悬浮颗粒物（Total Suspended Particulate，TSP）、直径 $\leqslant 10\mu m$ 的可吸入颗粒物（Inhalable Particles，PM_{10}）、直径 $\leqslant 2.5\mu m$ 细颗粒物（Fine Particles，$PM_{2.5}$）和直径 $\leqslant 0.1\mu m$ 超细颗粒物（Ultrafine particles，$PM_{0.1}$），具体分类见表 1-4。颗粒物粒径不同，污染物排放量与浓度及绿地吸尘与滞尘能力也不同。各粒径颗粒物不仅会对环境造成影响，还会影响人的身体健康。

大气颗粒物按照空气动力学直径分类表 表 1-4

分类	空气动力直径	影响
TSP	$d \leqslant 100\mu m$	参与雨雪等湿沉降，吸收、反射太阳光
PM_{10}	$d \leqslant 10\mu m$	通过呼吸侵入人体上呼吸道
$PM_{5.0}$	$d \leqslant 5.0\mu m$	可进入呼吸道的深部
$PM_{2.5}$	$d \leqslant 2.5\mu m$	通过呼吸侵入人体细支气管和肺泡，可堵塞肺泡
$PM_{1.0}$	$d \leqslant 1.0\mu m$	能够进入肺泡或血液
$PM_{0.5}$	$d \leqslant 0.5\mu m$	可穿过肺部气血屏障，直接进入心血管系统
$PM_{0.3}$	$d \leqslant 0.3\mu m$	可穿过肺部气血屏障，直接进入血液

4. 树木截留污染物的影响因素

（1）植物本征

植物本身特征，如树种类型、树龄高度（Yang et al., 2020）、树冠形状（周姝雯，等，2018）、冠高宽比（Morakinyo et al., 2016）、叶面积指数（Wang et al., 2020b）等，均会对植物的截留作用有重要影响。不同树种枝叶的茂密度不同，对雨水的截留效果也不同，其中针叶树种的截留能力＞常绿阔叶乔木＞灌木和落叶乔木＞地被植物。同一树种的截留效果与树龄有关，一般情况下树龄越大，枝叶的茂密程度越大，对雨水的截留能力越强。树木自幼年至壮年的生长过程中，枝叶越来越密，而由壮年至老年期又出现自然稀疏过程，有观测结果表明，树龄在 30~40 年的植物，林冠截留量最大。行道树的种植密度越大，树冠的重叠面积越大，进而对降雨的截留效果越好，树冠覆盖度和叶面积指数是确定树冠截留量的关键因素，这两个因素的准确度会直接影响林冠截留量的精度。此外，常绿树种对雨水的截留能力要高于同时期的落叶树种。

（2）气象因素特征

影响树木截留污染物能力的主要气象因子有空气温度、相对湿度、风速、风向、降雨量、降雨强度等。通过研究东北三省省会地区街谷 PM_{10} 浓度与气象因子之间的相关性发现，相关性最高的为湿度、温度、风速（赵彦博，等，2020）。空气温度较高时，颗粒物中水溶性较强的离子如硫酸盐等易膨胀，在空中不发生沉降作用，导致污染物累积，特别是冬季，温度较低，湿度较大，颗粒物浓度累积较为严重，植物对其难以消除（刘大锰，2006）。颗粒物本身质量较轻，当空气湿度较大时，颗粒物与空气中的水分子结合，从而变得有利于沉降。绿地还可以通过控制风速改变大气颗粒物浓度，风速较高时，大气对流充分，湍流较强，风从地面吹回空气，可有效减少颗粒物的数量，促进颗粒物的扩散。甘振涛（2020）指出风速越大，越利于颗粒物的稀释和扩散，但颗粒物浓度衰减效率与风速并非简单的线性关系。周丽等人（2003）指出风在进入林带后会形成湍流，改变风速和风向，通过减弱风携带颗粒物的能力，促使其发生堆积和沉降，有效防止颗粒物污染的扩散。徐宁等人（2018）指出风速对空气颗粒物浓度影响因地域环境的不同而存在较大差异。降雨量及降雨强度对树木截留也存在显著影响。降雨初期，雨水全部截留在枝叶表面，随着降雨强度的增加，截留量增加，最后趋于一个常数，即林冠最大截留量，截留量与降雨量的关系通常呈对数函数或幂函数关系。

第 2 章

园林树木吸滞污染物的测试技术

2.1 园林树木表皮滞留污染物的测试技术

园林树木叶表面和树皮具有表皮毛、褶皱、蜡质等附属结构，叶表面具有气孔，树皮具有皮孔，这些结构是很好的污染物滞留器和吸收器，吸滞在植物表皮系统和内部的污染物质，需要用多种技术进行识别、测量和计算，因而需要对近些年发展起来的测试技术进行梳理，形成较为全面的总结，为以后的研究提供技术指引。

2.1.1 叶面滞尘直接测算法

叶面滞尘直接测算法：利用地面激光雷达、磁测仪（Hofman et al., 2014; Hofman et al., 2016；彭舜磊，等，2017）、环境扫描电镜—X 射线能谱仪（ESEM-EDX）（Castanheiro et al., 2016）、全反射 X 射线荧光光谱仪（TXRF）（Biloa et al., 2017）等进行树种叶表面和树冠颗粒物的直接测算。

2.1.2 叶表面颗粒物洗脱称重法

叶表面颗粒物洗脱称重法：用去离子水将树种叶表面的颗粒物洗脱下去，然后测试洗脱液中颗粒物的质量浓度，进而得出叶片表面颗粒物的滞纳量；国际上对洗脱液的检测方法主要有滤膜称重法、激光粒度分析法等（Chen et al., 2017; Dzierżanowski et al., 2011）。

1. 样品采集

选择在树龄相近、树木生长状况良好，叶片发育成熟的树木上采集受试样品。样品采集时间为连续一周无阴雨、强风的天气。从树木冠层的东南西北四个方向、上下左右四个部位采集足够的叶样。样品保存在自封袋中，采集结束后应尽快带回实验室。同时记录采样地点、时间、植物名称、样本数量和采样人等信息。

2. 实验方法

（1）实验前处理

首先将本实验所使用的微孔滤膜置于已称重的培养皿中，滤膜孔径为 0.1μm、2.5μm 和 10μm。然后将培养皿移入 40℃ 烘箱中烘干，烘干 8h 后取出放置于干燥器中冷却至室温，最后称量滤膜的初始重量。

（2）颗粒物洗脱

叶片样本放入盛有 250mL 超纯水（PURELAB Option S-R7-15，ELGA，UK）的烧杯中，用超声波清洗机（KQ-600E，中国）振荡清洗 10min，该清洗时长能够最大程度清洗掉叶片表面附着的颗粒物，同时不至于损坏叶片表面结构。

（3）颗粒物分级

采用循环水式多用真空泵和磨砂玻璃过滤装置对洗脱液进行抽滤。洗脱液依次通过直径 47mm，孔径分别为 10μm、2.5μm 和 0.1μm 的 PET 微孔滤膜，分别用于获取粒径范围 >10μm（PM_{10}）、2.5~10μm（$PM_{2.5\sim10}$）、<2.5μm（$PM_{2.5}$）的颗粒物重量。

（4）颗粒物重量测定

过滤完成后，滤膜采用预处理方法进行干燥称重，记录重量。过滤前后微孔滤膜的重量差，即测试叶片样本表面颗粒重量。

3. 叶面积的测定

将水洗后夹出的阔叶叶片晾干后置于扫描仪中扫描，之后用 Image J 图像处理软件计算阔叶叶片的单面面积。随机选取 40~50 个针叶叶片，用扫描仪扫描后用 Image J 图像处理软件测定针叶的长度 $L(\mathrm{m})$ 和使用依排水法测定针叶样品的体积 $V(\mathrm{m^3})$，依据公式（2-1）计算针叶的叶面积 $S(\mathrm{m^2})$：

$$S = 2L(1+\frac{\pi}{n})\sqrt{\frac{nV}{\pi L}} \tag{2-1}$$

式中：n—— 为每束针叶数。

4. 数据分析

采用单因素方差进行树种间颗粒物滞留量差异分析，并采用最小显著性差异法（LSD）进行多重比较分析。使用 SPSS 18.0、Excel 2020 软件对实验数据进行统计分析，绘制图表。

2.1.3 图像识别法

图像识别法使用较多的为扫描电镜法和原子显微镜法。即：扫描电镜法（Scanning Electron Microscope，SEM）测试树木表皮滞留的污染物具有分辨率高、成像富有立体感、景深长和视野大等特点。Maeda 等 1973 年首次采用扫描电镜观察植物叶表皮的微观形态结构。扫描电镜可以清晰地观测到植物气孔、毛状体、细胞等表面结构，可以清晰地展示植物表面的形态特征。扫描电镜由六个系统组成，分别是：电子光学系统（镜筒）、扫描系统、信号收集系统、图像显示和记录系统、真空系统、电源系统。

原子显微镜（Atomic Force Microscope，AFM）法相对于扫描电镜具有三维成像、样品要求低等优点和成像范围小、速度慢、受探头影响大等缺点。Binnig 等 1986 年在扫描隧道显微镜（STM）的基础上发明了世界第一台原子力显微镜。目前，AFM 已广泛地应用于环境监测和生命科学领域，承担着观察表面信息和纳米加工、操作的双重角色。植物叶片是感受外界环境变化的敏感器官，以往的研究多是从宏观角度出发。而电镜的样品处理过程在一定程度上破坏了叶片表面的真实形态，AFM 的出现使接近活体状态的研究成为可能。

1. 样品采集

选择在树龄相近、树木生长状况良好，叶片发育成熟的树木上采集受试样品。样品采集时间为连续一周无阴雨、强风的天气。从树木冠层的东南西北 4 个方向、上下左右 4 个部位采集足够的叶样。样品保存在自封袋中，采集结束后应尽快带回实验室。同时记录采样地点、时间、植物名称、样本数量和采样人等信息。但需要注意的是，采集的叶样应立即进行显微图像观察，不宜在 4℃ 冷藏箱中长期保存。

2. 实验方法

（1）实验前处理

选取生长良好的叶片，避开主脉，从叶片上表面和下表面不同部位，切成 5mm×8mm 的组织样品叶片，迅速完全浸泡在 2%~4% 的戊二醇溶液中，4℃ 固定两小时。

（2）叶面显微结构观察

选择样品中需要研究的部位，用导电胶粘至样品台上，用精密刻蚀镀膜仪喷金后，用场发射扫描电子显微镜在低真空模式（15kV，80Pa）和放大 1000 倍（可清晰观察到叶面微结构和颗粒物）条件下观察叶片上、下表面的图像。

（3）颗粒物数量和粒径统计

选取放大倍数为 1000 倍的场发射扫描电镜图片，用 Image J（Version1.46，National Institutes of Health，USA）图像处理软件，将颗粒物假定为球体的情况下，测定叶片上、下表面滞留颗粒物的等效球直径，作为颗粒物粒径，并统计 $d \leqslant 2.5\mu m$、$2.5\mu m < d < 5\mu m$、$5\mu m < d \leqslant 10\mu m$、$d > 10\mu m$ 粒径段颗粒物的数量。4 个粒径段颗粒物数量之和即扫描电镜图片上的颗粒物数量。

（4）显微图像面积的测定

使用 Image J 图像处理软件测定显示图像的叶面积。

3. 叶面上滞留颗粒物的质量测定

依据 Speak 等（2012）的方法，计算单位叶面积滞留的不同粒径颗粒物量。根据公式（2-2）计算单位面积上叶片滞留的颗粒物的体积，根据公式（2-3）计算单位面积叶片滞留的颗粒物数量。

$$V = \pi \times D^3 \times \frac{N}{6}$$

$$(2-2)$$

式中：V—— 为单位叶面积上颗粒物体积（$\mu m^3/\mu m^2$）；

N—— 为单位叶面积上颗粒物的数量（个 /μm^2）；

D—— 为颗粒物粒径（μm）。

$$W = \rho \times V$$

$$(2-3)$$

式中：W—— 为单位面积滞留的颗粒物量（g/m^2）；

ρ—— 为颗粒物密度，按 $1.3g/cm^3$。

4. 叶表面微观形态的观测

将样品放入干燥箱（60℃）中至叶片完全干燥。选取每个干燥叶片较平坦处，沿叶脉两侧剪下 2 小块（5mm×5mm）叶片。随机选择一片观察上表面，另一片观察下表面。用导电胶将叶片粘到样品台上，样品表面用离子溅射镀膜机（E-1045, HitachiCo., Ltd.,Tokyo, Japan）喷金处理后，在真空条件下，利用扫描电子显微镜（SU8000, Hitachi Co., Ltd., Tokyo, Japan）观察叶表面的微观结构及颗粒物状态，调整至合适倍数并拍照保存。对放大倍数为 500 倍的 SEM 图像，用 Image J 图像处理软件测量气孔密度、气孔宽度、长度和沟槽宽度。

5. 数据分析

采用单因素方差进行树种间颗粒物滞留量差异分析，并采用最小显著性差异法（LSD）进行多重比较分析。使用 SPSS 18.0、Excel 2020 软件对实验数据进行统计分析，绘制图表。

2.1.4 环境磁学法

环境磁学（Study of Environmental Magnetism）的原理是通过测定树叶、土壤、岩石、沉积物等自然物质和人类活动所产生的物质在磁场中的磁性响应，从而获得地理或地质环境信息（姜月华，等，2004）。1926 年 Gustavlsing 最先使用磁学方法研究沉积物，他通过研究瑞典一个冰湖层状沉积物的磁化率和剩磁，发现春季形成的沉积物磁化率比其他季节高几倍。1986 年，以 Thompson 和 Oldfield 发表的专著《Environmental Magnetism》

为标志，环境磁学作为一个新的分支学科被明确下来。在此之后岩石磁学理论飞速发展。由于人与环境相互作用，促使环境中的磁性物质发生改变和磁学在环境污染监测方面得到广泛的应用和发展。同样，园林树木吸滞的污染物不同程度上都含有一定的磁性，环境磁学方法可以有效评估其环境状况。

1. 磁学方法在环境污染监测方面的应用

目前，环境磁学方法在环境污染监测方面主要涉及城市土壤污染、大气污染、河流污染、湖泊污染等。环境中的磁性污染物主要来自燃料燃烧取暖、工业、建筑和汽车尾气排放等，这些污染排放物可通过渗透、吸附、迁移等作用被植物、微生物吸收和汇集。因此，采用环境磁学方法有效分析城市土壤和大气环境污染情况的同时，也可以研究道路交通、燃料燃烧、工业活动等对城市环境污染的影响程度。

环境磁学方法主要用来判别大气污染颗粒物的来源。磁性测量可鉴别不同来源的颗粒物，包括来自汽车尾气排放、化石燃料燃烧、钢铁加工、非金属熔化及表层建筑材料等污染源。工业活动及汽车排烟释放到大气中的粉尘或气溶胶富含铁磁性矿物。磁学参数的综合分析及其与贵金属元素含量的比值可以进一步揭示不同污染源的相对贡献率。

2. 环境磁学指标参数

在环境污染和质量评估方面主要的环境磁学指标参数有磁化率、频率磁化率、剩磁、等温剩磁和非磁滞剩磁等（表 2-1）。

环境磁学指标参数表 表 2-1

磁学参数	表征意义
磁化率	指样品在外加弱磁场中感应磁化强度与外场磁场强度的比值。通常以单位质量或单位体积的磁化率表示，称为质量磁化率 X 或体积磁化率 K
频率磁化率	指样品在低频（通常 0.47kHz）磁场及高频（通常 4.7kHz）磁场中磁化率的相对差值
剩磁	样品在天然状态下所测量出的磁性叫作天然剩磁（NRM），包括方向（偏角 D 及倾角 l）和强度（M）。当清洗完次生成分而揭示出的原生磁性称特征剩磁。这是古地磁研究最重要的参数
等温剩磁（IRM）	正常温度的条件下，经受到地磁场的长时期作用而产生的剩磁。由于天然剩余磁性的方向是原生剩余磁性和次生剩余磁性的矢量和。当外加磁场增加而等温剩磁 IRM 不再增加时的剩磁称为饱和等温剩磁（SIRM）
非磁滞剩磁（ARM）	样品在逐渐衰减的交变磁场（通常是 100mT 至 0mT）与恒定的直流弱磁场（如 0.04mT）相叠加的磁场中磁化。通常用 ARM 与弱直流外加场的比值 XARM 来表示非磁滞剩磁

2.1.5 小结

对树木表皮滞留的污染物进行测试时可采用叶表面滞尘直接测算法、叶表面颗粒物洗脱称重法、图像识别法和环境磁学法等，但颗粒物计数方法测定的结果受多种因素的影响，如叶面尘埃分布不均匀、观测视野限制等。因此，进行实验时必须严格控制，确定导致误差的原因，根据实验要求和环境进行测试，选择最佳的测试方法。

2.2 园林树木器官内污染物含量测试技术

园林树木通过与环境污染物接触，会以被动或主动的方式吸入污染物质，沉积于植物体内的污染物质，可采用能谱分析法、消化后测定等方式，识别植物体内污染物质的类型和含量，这些技术的发展，为污染物质的识别和鉴定提供了技术支持，也为利用园林植物监测空气污染提供了较为有效的定量手段。

2.2.1 电子能谱分析法（SEM-EDS）

电子能谱分析法是发展于 20 世纪 70 年代的表面成分分析方法。这种方法是对用光子（电磁辐射）或粒子（电子、离子、原子等）照射或轰击材料（原子、分子或固体）产生的电子能谱进行分析的方法。扫描电镜（SEM）是利用细聚焦电子束在样品表面逐点扫描，与样品相互作用产生各种物理信号，这些信号经检测器接收、放大并转换成调制信号，最后在荧光屏上显示反应样品表面各种特征的图像，工作原理如图 2-1 所示。能谱仪（EDS）是利用 X 光量子有不同的能量，由 Si（Li）探测器接收后给出电脉冲信号，经放大器放大整形后送入多道脉冲分析器，然后在显像管上把脉冲数——脉冲高度曲线显示出来，这就是 X 光量子的能谱曲线，工作原理如图 2-2 所示。

能谱仪（EDS）的优点：

（1）快速且可以同时探测不同能量的 X 光能谱；

（2）接收信号的角度大；

（3）仪器设计较为简单；

（4）操作简单。

能谱仪（EDS）的缺点：

（1）能量解析度有限；

（2）对轻元素的探测能力有限；

（3）探测极限；

（4）定量能力有限。

对于叶片表面的微观形态特征，使用冷冻干燥机将采集的 3~5 片叶片干燥后进行表面结构观察。将冷冻干燥的叶子样品切成 1mm×1mm 的大小，然后将它们放在金属短柱上并涂上铂。使用扫描电子显微镜对每张图像的毛状体和气孔数进行评分，并测量毛状体和保卫细胞的大小（以下称为气孔大小，μm）。此外，通过能谱仪分析吸附在叶片表面的细粉尘的化学成分。SEM-EDS 分析用于评估微形态结构在 PM 沉积中的有效性和分析 PM 结合元素的含量（Gajbhiye et al., 2019）。

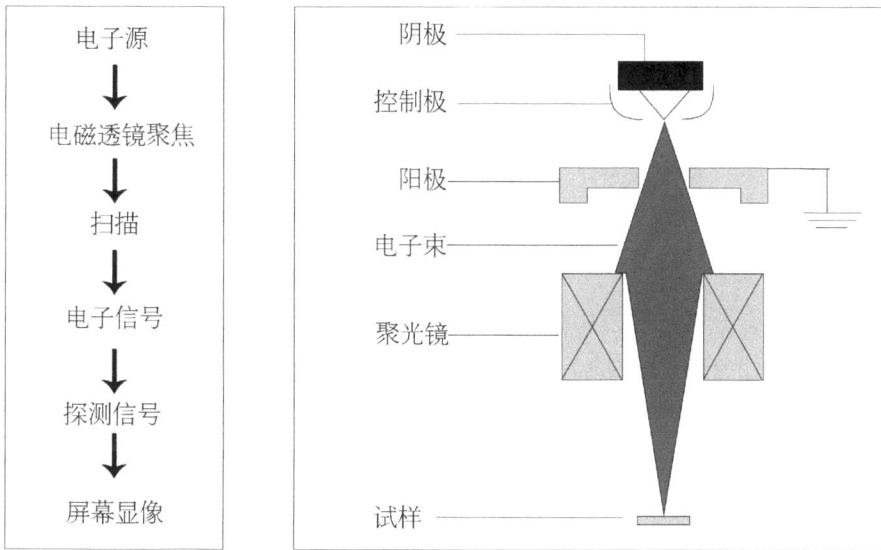

图 2-1 扫描电镜（SEM）的工作原理

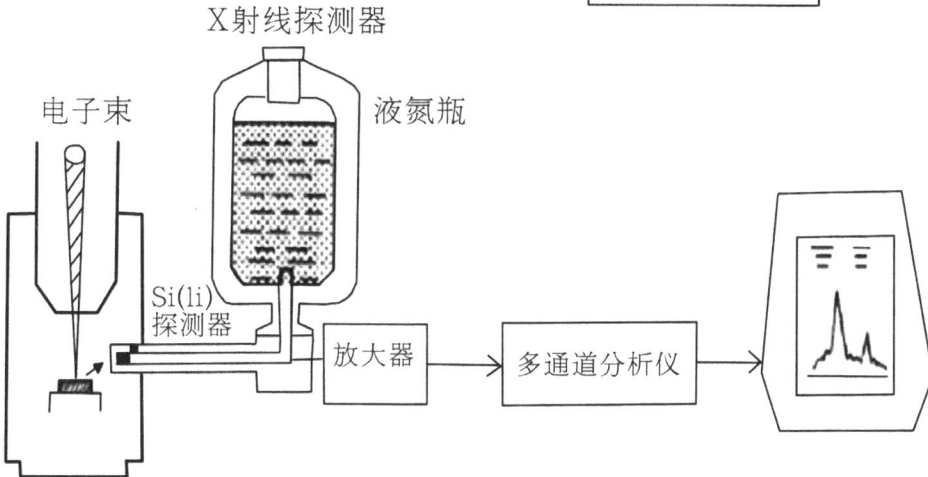

图 2-2 能谱仪（EDS）的工作原理

2.2.2 电感耦合等离子体质谱法（ICP-MS）

电感耦合等离子体质谱法（Inductively Coupled Plasma Mass Spectrometry，ICP-MS）始于 1803 年第一台 ICP-MS 商品仪面世，可以分析 Li 到 U（Ar 除外）同位素组成，一般电感耦合等离子体都用 Ar 做载体，主要应用于环保、食品、医药等领域，应用范围广泛，被公认为最强有力的同位素分析方法。随着 ICP-MS 仪器的改进、优化及普及，ICP-MS 成为大量样品元素分析的有力武器，几乎成为取代传统元素分析的技术，越来越多的先进测试技术应用于该领域。

电感耦合等离子体质谱法（ICP-MS）的优点：

（1）分析元素种类广泛：绝大多数金属元素和部分非金属元素；

（2）能够迅速获取同位素信息；

（3）检出限低：多数元素具有非常低的检出限，具有痕量检测能力非常快的分析速度，多元素同时分析；

（4）线性范围宽：大于 9 个数量级的线性范围；

（5）尤其适合分析其他方法难以测定的元素如稀土元素、贵金属、铀等；

（6）进行半定量分析，能与色谱分析联用进行元素形态研究。与传统无机分析技术相比，ICP-MS 技术提供了最低的检出限、最宽的动态线性范围、干扰最少、分析精密度高、分析速度快、可进行多元素同时测定以及可提供精确的同位素信息等分析特性。

ICP-MS 的工作原理：在 ICP-MS 中，ICP 作为质谱的高温离子源（8000K），样品在通道中进行蒸发、解离、原子化、电离等过程。离子通过样品锥形接口和离子传输系统进入高真空的 MS 部分，MS 部分为四极快速扫描质谱仪，通过高速顺序扫描分离测定所有离子，扫描元素质量数范围 6~260，并通过高速双通道分离后的离子进行检测。工作原理如图 2-3 所示。

环境样品种类繁多，低基体样品主要包含各类水样，高基体样品包含污水、土壤、岩样及各类沉积物和空气中的粉尘，基体适中的样品还包括动植物样品。

环境样品分析的特点以及对仪器的要求如下：①分析元素种类较多，更偏重于有毒有害元素及重金属测定，要求仪器具有多种元素同时检测能力。②分析元素浓度范围变化较大，需要分析主量元素同时分析微量元素，要求仪器具有宽动态线性范围（超微量元素、稀土元素）。③某些元素，例如 Cd、As、Hg 等的法规要求限值较低，因此要求仪器具有极低的检测下限。④对于高基体样品，希望仪器的基体效应和干扰尽量的少。⑤仪器具有高通量分析能力，满足繁忙的实验室工作需要，并与色谱联用进行元素的形态和价态分析。

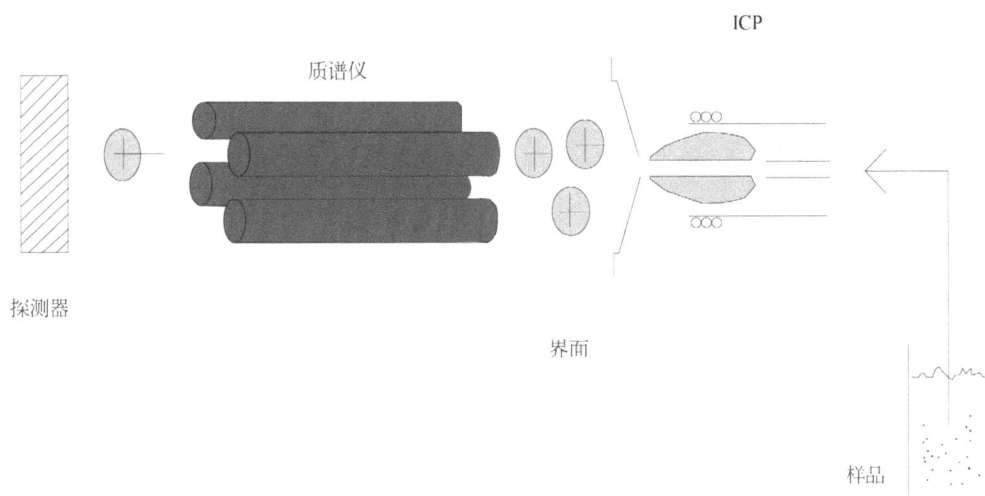

图 2-3 电感耦合等离子体质谱仪（ICP-MS）的工作原理

2.2.3 原子吸收光谱法（AAS）

原子吸收光谱法（Atomic Absorption Spectroscopy，AAS），又称原子分光光度法，G.D.Christian 和 F.J.Feldman 等于 1968 年提出间接原子吸收光谱法（王吉德，等，1995），扩大原子吸收光谱分析的应用范围，将 AAS 用于非金属元素与有机化合物的测定。20 世纪 60~70 年代环境科学的发展，80 年代以后生命科学的发展，不仅对分析灵敏度提出更高的要求，分析内容更加多样化，而且要求分析元素的形态。AAS 是基于气态的基态原子外层电子对紫外线和可见光的吸收为基础的分析方法。

原子光谱仪由光源、原子化系统（类似样品容器）、分光系统和监测系统组成，工作原理如图 2-4 所示。因原子吸收光谱仪的灵敏、准确、简便等特点，现已广泛用于冶金、地质、采矿、石油、轻工、农业、医药、卫生、食品及环境监测等方面的常量及微量元素分析。

原子吸收光谱法（AAS）的优点：

（1）灵敏度高；

（2）精密度和准确度高；

（3）选择性极好，干扰小，易消除；

（4）测定范围广，可测 70 种元素（主要是阳离子）；

（5）样品少，分析速度快。

原子吸收光谱法（AAS）的缺点：

（1）多元素同时测定有困难；

（2）对非金属及难熔元素的测定尚有困难；

（3）对复杂样品分析干扰也较严重；

（4）石墨炉原子吸收分析的重现性较差。

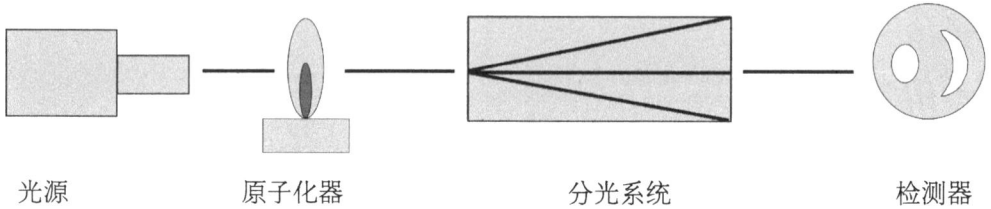

光源　　　　　原子化器　　　　　　　分光系统　　　　　检测器

图 2-4 原子吸收光谱仪（AAS）的工作原理

2.2.4 小结

对树木器官内污染物含量进行测试时可采用能谱分析法（SEM-EDS）、电感耦合等离子体质谱仪（IPC-MS）、原子吸收法（AAS）等。因此，必须根据实验要求和环境进行测试，选择最佳测试方法。

2.3 园林绿地对空气污染物的消减率测量技术

城市中分布着各种各样的绿色空间，这些绿色空间具有消减污染物的重要作用，为了探明各种园林绿色空间对污染物的消减能力，依据研究目标和植物维度的不同，需要对测试空间场地大小、点位设置、测试时间、测试指标等进行规范和总结，下面对测试绿色空间消减污染物常用的测量技术进行汇总，并对研究实践中已经采用、修正的技术进行说明，为以后的研究奠定技术基础。

2.3.1 园林树木对空气污染物消减率测量技术

1. 植物叶片消减

植物叶片滞尘是以植物叶片为样本研究植物叶片滞留空气污染物的能力。植物叶片滞尘是一个复杂的动态过程。如今大多数研究关注于影响叶片滞尘量的因素、植物叶面粉尘分布规律、植物叶片滞留重金属的能力、不同植物叶片滞尘量的比较等。通常以植物表面滞留颗粒物的能力作为指标，以此筛选净化空气污染物较强的植物，研究结果可为改善城市环境和空气质量提供科学依据。本书选择南京市海桐（Pittosporum tobira）和悬铃木（Platanus hispanica）作为研究对象，从东、南、西、北四个方向采集健康叶片，用扫描电镜观察其叶表面及颗粒物分布特征，用以衡量不同树木叶吸附颗粒物的特点。

2. 植物单木消减

植物单木滞尘是以植株个体为单位在一定时间内滞留大气颗粒物的能力，植物单木滞尘能力由单叶因素和植株个体的差异特性共同决定。不同种类植物如乔木、灌木、藤本、草本植物滞尘能力差异显著，部分研究者对不同种类植株的滞尘量进行研究，结论不尽相同。部分研究者专门研究不同植物滞尘量的比较。本书选择南京的 14 种常见绿化树种进行单木消减能力测算。

3. 植物群落消减

大气细颗粒物靠自身重力难以沉降，通常借助风、温度等气象因子进行扩散传播。植物群落通过阻止大气颗粒物的扩散、促进细颗粒物沉降、减少二次扬尘来实现净化空气的作用（刘晨书，2009）。植物群落的树干和枝叶对风有明显的摩擦消减作用，并使携带颗粒物的空气在经过之后风速减弱，风向改变，使颗粒物在植物群落内难以扩散或传播（郑少文，等，2008）；植物群落复杂的表面结构也增加了更复杂的空气对流模式，提高了表面的边界阻力，从而对颗粒物的沉降和吸附有积极作用；植物群落有效地固定在土壤表面，由于地表径流以及地面湿润有效地杜绝了二次扬尘。总体来讲，较高的森林比较矮植物和草地对颗粒物的沉降作用要强（Lovett et al., 1994）。

影响植物群落滞尘的因素通常包括：群落尺度、绿量、群落结构类型、郁闭度、构成群落的植物种类、片林的宽度等。这些因素有一定的相关性，并综合影响植物群落的滞尘能力。本书主要以城市 9 种树木纯林植物群落为研究对象，探讨其消减大气颗粒物的能力。

2.3.2 公园绿地对大气颗粒物消减率测量技术

1. 实验方法

以呼和浩特市严重污染区（新钢公园）、中度污染区（青城公园）和轻度污染区（敕勒川公园）为研究对象，公园植物群落景观较好，且包含多种植物群落结构，其中灌木多为自然生长，样地内植物基本情况如表 2-2 所示。树种组成结构为 I 针叶纯林（油松）、

II 阔叶纯林（白杜）、III 针叶混交林（油松＋云杉）、IV 阔叶混交林（榆树＋杨树）和 V 针阔混交林（油松＋白杜）及森林垂直结构为 VI 乔 — 灌 — 草（油松＋榆叶梅＋高羊茅）、VII 乔 — 草（油松＋高羊茅）、VIII 灌 — 草（榆叶梅＋高羊茅）和 IX 草（高羊茅），每种城市森林结构内树种年龄、高度、胸径等保持一致，林地面积大小统一，选取约为 20m×20m 的 2 块相似区域，在每块区域的中心位置选择 10m×10m 范围作为测试样地，样地内选择一处广场空地作参照点（CK），林地按照林外、林缘、林间和林中心对角线平均分布，如图 2-5 所示。

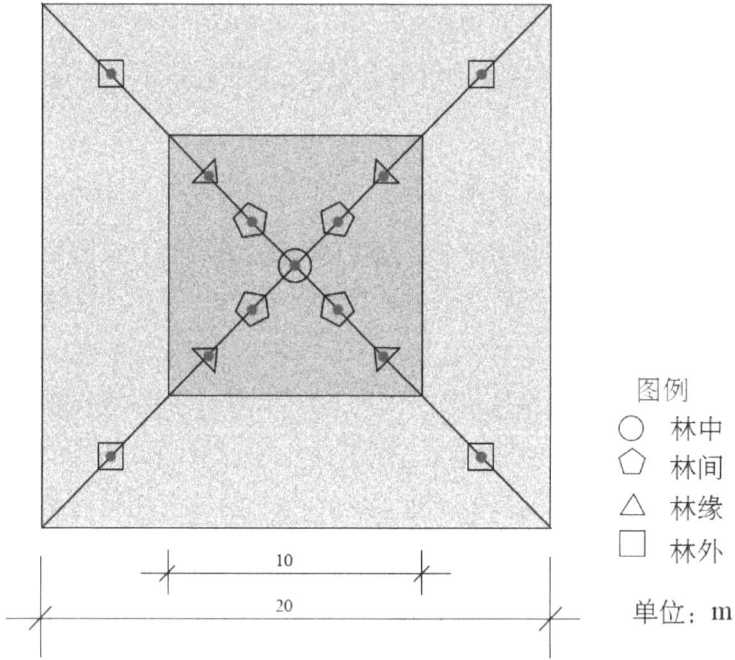

图例
○ 林中
⬠ 林间
△ 林缘
□ 林外

单位：m

图 2-5 各样点监测点分布图

测试时间为 2019 年 3 月、7 月、9 月和 12 月，每月各选取两周晴朗的天气，对各样的六种粒径颗粒物的质量浓度（$PM_{0.3}$、$PM_{0.5}$、$PM_{1.0}$、$PM_{2.5}$、$PM_{5.0}$、PM_{10}）及气象因子（空气温度、相对湿度、风速）进行测试。日测试时间为 8:00~18:00。在各样的成人呼吸平均高度 1.5m 处（树下）进行数据采集，每隔一个小时测量一次，共有 19 台仪器同时运行，每个监测点重复测量 3 次，取其平均值，各样的测量用时控制在 30 分钟内。使用 Gray Wolf 6 通道 PC-GW3016-A 大气颗粒物测试仪测量各种粒径颗粒物浓度，使用 Testo-405-v1 风速仪、Testo625 温湿度仪测量风速、温度和湿度。实验仪器参数如表 2-3 所示。

各样地植被基本情况表 表 2-2

植物种类	植物特征					
	生长习性	树冠	高度	胸径	叶片形状	图示
油松 *Pinus tabuliformis*	常绿乔木	伞形	5~8m	10~16m	2 针一束针叶	
白杜 *Euonymus maackii*	落叶乔木	卵形或卵圆形	4~7m	8~14m	叶卵状椭圆形、卵圆形或窄椭圆形	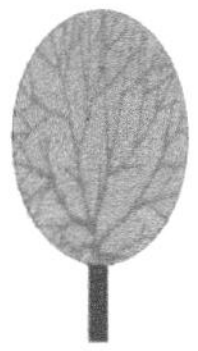
云杉 *Picea asperata*	常绿乔木	圆锥形	5~8m	8~15m	子叶 6~7 枚，条状锥形	
杨树 *Populus tomentosa*	落叶乔木	圆锥形至圆形	12m	20m	叶阔卵形或三角状卵形	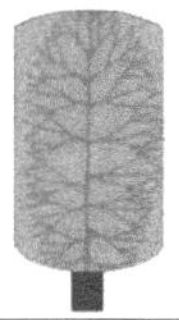
榆树 *Ulmus pumila*	落叶灌木	圆球形	6~10m	12~15m	叶互生，卵状长椭圆形	
榆叶梅 *Amygdalus triloba*	落叶灌木	心形	1~2m	2~4m	叶宽椭圆形至倒卵形	
高羊茅 *Festuca elata*	多年生草	—	0.25m	0.02m	叶片线状披针形	—

2. 数据处理

采用 SPSS18.0、Excel 2010、Adobe Photoshop CS6 等软件进行数据统计、处理和绘图。不同样地间的颗粒物消减能力以及林地内不同位置对颗粒物的消减能力按公式（2-4）计算（Sharma et al., 1997）：

$$P = \frac{C_S - C_M}{C_S} \times 100\%$$

(2-4)

式中：P—— 消减率（%）；

C_S—— 参照点及林外的大气颗粒物质量浓度（$\mu g \cdot m^{-3}$）；

C_M—— 各样地及各样地内不同位置大气颗粒物质量浓度（$\mu g \cdot m^{-3}$）。

实验测试仪器参数表 表 2-3

测量参数	测量仪器	型号	精度	量程
颗粒物浓度（PM）	GrayWolf	PC-GW3016-A	±5%	0.3~10μm
空气温度（AT）	温湿度计	Testo 625	±0.5℃	−10℃~+60℃
相对湿度（RH）	温湿度计	Testo 625	±2.5℃RH	0~+100℃RH
露点温度（DP）	GrayWolf	PC-GW3016-A	±0.5℃	−10℃~+60℃
湿球温度（WB）	GrayWolf	PC-GW3016-A	±0.5℃	−10℃~+60℃
瞬时风速（V）	微风速仪	Testo-405-v1	±0.1m/s+5%	0~10m/s

2.3.3 道路绿地对大气颗粒物消减率测量技术

1. 实验方法

以呼和浩特市重度污染区（东二环）、中度污染区（腾飞路、丁香路）、轻度污染区（滨河北路和万通路）为研究对象，五条受试道路在道路等级、道路宽度、交通流量和污染程度上有明显分级。道路绿地群落景观较好，且包含多种植物群落结构。道路绿地垂直结构为乔 — 灌 — 草（油松＋丁香＋高羊茅）、乔 — 灌（油松＋丁香）、灌 — 草（丁香＋高羊茅）、灌木（丁香），道路绿地植被基本情况如表 2-4 所示。每种森林结构内树种年龄、高度、胸径等植物特征保持一致。测试道路绿地内选择一块无植被的广场作对照点（CK），各绿地距离道路最边缘 0m、15m、30m、45m、60m 布点，每个点重复 3 次，测点概况如图 2-6 所示。

使用 GrayWolf 6 通道 PC-GW3016-A 大气颗粒物测试仪测量 6 种粒径（$PM_{0.3}$、$PM_{0.5}$、$PM_{1.0}$、$PM_{2.5}$、$PM_{5.0}$、PM_{10}）的颗粒物质量浓度，Tsto405-v1 微风速仪（量程：0~10m/s，精度：±0.1m/s）测量温度、湿度、风速等微气候因子。实验仪器参数见表 2-3。测量高度选择在成年人呼吸位置，距离地面约 1.5m。测试时间为测试时间为 2019 年 3 月、7 月、9 月和 12 月，每月各选两周晴朗、气流平稳、无风少云的天气，每小时记录一次，每次 5 个重复，取其平均值。

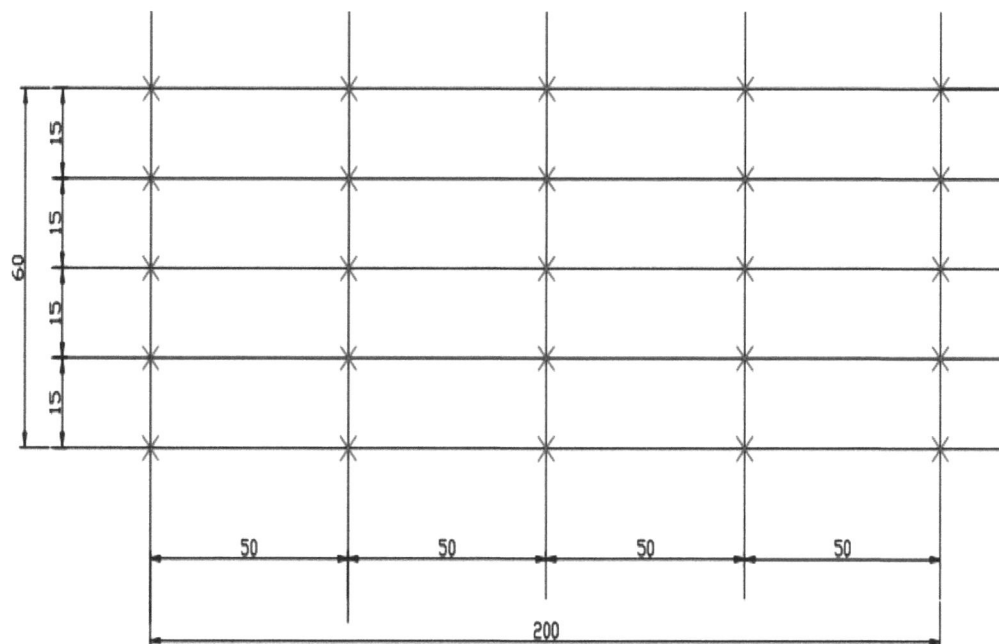

图 2-6 各样点监测点分布图（单位：m）

各样地植被基本情况表 表2-4

植物种类	植物特征					
	生长习性	树冠	高度	胸径	叶片形状	图示
槐树 *Sophora japonica*	落叶乔木	球形	6.2m	10m	叶互生，羽状复叶	
油松 *Pinus tabuliformis*	常绿乔木	伞形	10m	15m	2针一束针叶	
旱柳 *Salix matsudana*	落叶乔木	球形	8m	10m	披针叶形叶	
毛白杨 *Populus tomentosa*	落叶乔木	圆锥形至圆形	12m	20m	叶阔卵形或三角状卵形	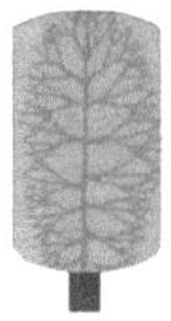
美国红梣 *Fraxinus pennsylvanica*	落叶乔木	心形	5m	10m	叶互生，羽状复叶	
丁香 *Syringa oblata* Lindl.	落叶灌木	球形	2.5m	—	嫩叶簇生，后对生，卵形，倒卵形或披针形	
金叶榆 *Ulmus pumila*	落叶灌木	圆球形	2.0m	—	叶互生，卵状长椭圆形	
高羊茅 *Festuca elata*	多年生草	—	0.5m	0.02m	叶片线状披针形	—

2. 数据处理

使用 Excel 2020 软件对实验数据进行统计分析，采用 SigmaPlot14.0 软件对消减率与气象因子、重金属元素含量进行皮尔逊（Pearson）相关性分析，P 值小于 0.05 为显著相关；采用消减率表示路侧绿带对大气颗粒物的消减能力（公式 2-4），DR 数值越大，绿带对 PM 的消减效应越强。

$$P = \frac{C_S - C_M}{C_S} \times 100\%$$ (2-4)

式中：P—— 消减率（%）；

C_S—— 无植被区对照点 PM 的质量浓度（$\mu g \cdot m^{-3}$）；

C_M—— 植被区测试点 PM 的质量浓度（$\mu g \cdot m^{-3}$）。

2.4 园林树木对重金属累积能力测量技术

园林树木具有累积污染物的重要功能，这些污染物分为有机污染物和无机污染物，无机污染物中包括多种重金属物质，树叶和树皮能很好地吸滞重金属物质，为了探明园林树木吸滞重金属的能力，需要对植物体内的重金属进行识别和定量分析，为了更准确地进行测定，需设置采样地点位置、规范采样流程，并涉及样品保存、处理等步骤，本书对这些流程进行总结，为进一步研究提供技术支持。

2.4.1 实验方法

以南京市污染区与对照区受试树种为研究对象，测量其叶片和树皮重金属含量及叶内生理指标。实验目的为比较不同木本植物叶片对重金属的吸收能力及其累积能力，科学地筛选出累积能力强的树种和更好的分级方法，为更进一步筛选耐受和富集空气污染物的城市绿化树种提供理论依据。

实验 1：本研究选择污染区和对照区作为采样地。以南京化工厂作为污染区，其位于南京市江北大厂镇的化学工业园区内，其中心地理坐标为 118°45′24″E，32°12′31″N。南京化工厂是以生产二盐基亚磷酸铅、二盐基硬脂酸铅、三盐基硫酸铅、硬脂酸铅、粒（粉）氧化铅和硅酸铅等产品为主的工厂，其南连华能南京电厂，并与南京钢铁厂相接，此污染区空气污染源主要以重金属为主。江苏省林科院地处南京市江宁区东善桥镇南首，远离市镇，地理位置偏僻，无污染源，空气相对清洁，故作为对照区。供试树种基本情况见表 2-5 所示，共 14 种，用于树种叶片吸附颗粒物（方法见 2.1.2）及叶片、树皮的吸

受试树种基本情况表 表 2-5

树种名称	拉丁学名	生长习性
珊瑚树	*Viburnum awabuki*	常绿灌木或小乔木
广玉兰	*Magnolia grandiflora*	常绿乔木
栾树	*Koelreuteria paniculata*	落叶乔木或灌木
夹竹桃	*Nerium indicum*	常绿灌木
构树	*Broussonetia papyrifera*	落叶乔木
杜英	*Elaeocarpus decipiens*	常绿乔木
紫叶李	*Prunus cerasifera*	落叶乔木
雪松	*Cedrus deodara*	常绿乔木
马褂木	*Liriodendron chinese*	落叶乔木
海桐	*Pittosporum tobira*	常绿灌木或小乔木
女贞	*Ligustrum lucidum*	常绿灌木或小乔木
二球悬铃木	*Platanus hispanica*	落叶乔木
香樟	*Cinnamomum camphora*	常绿乔木
杨树	*Populus deltoides*	落叶乔木

滞重金属差异研究，以及树皮表皮微形态研究（方法见 2.1.3）。

实验 2：用于园林树木器官、叶组织细胞实验；本实验选择污染区（中央门）和对照区（紫金山灵古寺）作为采样地，以广布绿化树种二球悬铃木（*Platanus hispanica*）为测试树种。采样时间选在悬铃木未凋落前（10 月）进行一次采样，采集叶、主干、腋芽、一年生枝、二年生枝、老树皮和果实在 10 月一次性采集。用于悬铃木吸附动力学研究的采样时间从新叶刚长出时（4 月）开始，每月采集一次，一直到 9 月为止。用于叶和茎组织内重金属元素测定的样品主要利用采集的悬铃木叶、一年生枝条用脱脂棉蘸酒精去掉表面灰尘。在低温干燥箱中分别将所取材料的横断面粘贴于电镜（荷兰 FEI 公司 Quanta200 环境扫描电镜）样品台上，抽真空喷碳，使用英国 EmitechK450X 喷碳仪做导电处理。在污染区和对照区附近选择同龄二球悬铃木进行采样，随机选取每树种样树 5～10 株，直径 30cm，距地面 3m 高，在同一枝上的相同部位采集各器官，且重复样树的树高、树龄、生长情况发育状况等保持一致，测定悬铃木器官、叶组织和细胞内的重金属含量。

实验 3：用于园林树木对交通污染物响应研究；本研究在南京市选择城郊交通稀疏点（江苏省林科院）和交通繁忙点（新庄到南京火车站路段）作为受试点（采样样地排除土壤污染），于各点采集上述 14 种绿化树种叶片，用于生理指标测定。

2.4.2 样品处理

将 14 种受试树种采集的植物叶片和树皮用自来水冲洗干净，再用蒸馏水漂洗，烘干粉碎后，过 1mm 筛，放入清洁密封袋中备用。称取 0.500g 样品于三角瓶中，加入硝酸和高氯酸（5：1）混合酸 10ml，在通风柜中消煮至溶液澄清，加入 2ml 稀硝酸（浓硝酸和水 1：1），消煮至白烟冒尽。将煮好的溶液移到 25ml 容量瓶定容，同时做空白实验，摇匀后置于塑料瓶中待测（中国土壤学会，1983）。把采集的悬铃木叶、一年生枝条用脱脂棉蘸酒精去掉表面灰尘。在低温干燥箱中分别将所取材料的横断面粘贴于电镜（荷兰 FEI 公司 Quanta 200 环境扫描电镜）样品台上，抽真空喷碳，使用英国 EmitechK450X 喷碳仪做导电处理。把采集分离后的悬铃木叶片用蒸馏水清洗，参照前人（Hans, 1980; Rathore, 1972; 陈同斌，等, 2005）的方法进行各亚细胞组分的分离。匀浆液组成为：0.25mmol/L 蔗糖、50mmol/L 顺丁烯二酸盐（Tris-maleate）缓冲液（PH 7.8）、1mmol/L $MgCl_2$ 和 10mmol/L 半胱氨酸。匀浆液的 pH 为 7.8，所有匀浆过程和分离过程温度均控制在 4℃。具体步骤如下：取叶片和叶脉 0.5000g 鲜样，在玻璃匀浆器中匀浆，冷冻离心机 300g 下离心 30 s，下部沉淀，底层碎片为细胞壁组分。上清液再在 20000g 下离心 45min 以沉淀细胞器。底层碎片为细胞器组分，上层清液为胞质组分（含胞质及液泡内高分子和大分子有机物质及无机离子）。分离出的细胞壁组分在显微镜下主要呈现为纤维状物质；细胞器组分在显微镜下主要呈现为绿色块状物，同时在缓冲液中有许多绿色椭圆形物质游离。胞液组分在显微镜下呈澄清透明的胶状物质。分离后的细胞壁、胞质和细胞器组分用上述方法消煮、定容，叶、叶柄各组分元素总回收率均大于 95%，根、叶柄和羽叶亚细胞各组分的元素含量均以相应器官的干物重计。标准样为 GBW10020（GSB-11 柑橘叶）。

2.4.3 元素测定及生理指标测定

用美国 PerkinElmer 公司 4300DV 型电感耦合等离子体发射光谱仪（ICP）测定消煮液中的元素铅（Pb）、镉（Cd）等元素；可溶性蛋白采用愈创木酚法测定（王晶英，等，2003），游离脯氨酸采用磺基水杨酸法测定（王晶英，等，2003），丙二醛采用硫代巴比妥酸法测定（中国科学院，1999）；悬铃木茎和叶重金属含量测定方法参见文献（常崇艳，等，2002；周劲松，2003）。将样品喷碳后直接用于 X 射线能谱显微分析仪（英国 Oxford 公司 INCA-250 EDS）进行成分分析。在成分测定时，对悬铃木枝条分别进行表皮、皮层、木质部、韧皮部和髓组织区域的测定，对叶片的表皮、栅栏组织、海绵组织区域进行测定，其中，表皮直接从表面进行测定，其余取横切面。EDS 加速电压为 20 kV，电子束流 1.2×10-10A，分辨率为 150 eV，能谱仪的探头检出角为 38°，样品倾角 0°，工作距离 10mm，分析时间为 100s，液氮制冷，扫描部位重复 3 次，最后采用定量计算，经 ZAF 修正后得到结果，样品元素质量分数测定值为各个重复的平均值。

2.4.4 数据处理

采用 SPSS18.0 统计分析软件对采样区与对照区 14 种绿化树种重金属含量的数据进行方差分析、t—检验分析和聚类分析。数据处理和表格绘制采用 Excel 2020 工具。

第 3 章

园林树木吸滞
污染物的种间差异

3.1 园林树木吸滞颗粒物的种间差异

城市的空前发展带来了环境恶化等负面效应，尤其是"雾霾"的频繁发生，引发了人们对环境变化的极大关注，如何治理空气污染物成为热点研究领域之一。而利用植物清洁空气已得到了越来越多的证据支持（Popek et al., 2017b），园林植物是很好的空气清洁器，可利用绿带、植物群落、树冠等阻挡、滞纳空气污染物，城市中的园林植物分布广、种类多，植物叶形态各异，叶表皮结构千差万别，树皮有很多裂隙、皮孔，且构造精妙，这些结构均是极好的颗粒物吸滞器，为清除空气污染物提供了极好的材料。

3.1.1 不同木本植物叶片对颗粒物吸附能力的比较研究

园林树木种类多、分布广，形态和叶表面结构差异大，同单位面积分布的气孔数量有很大区别，通过对植物表皮的扫描电镜图像可直观地观察到叶表皮颗粒物分布状况，如图 3-1 显示为海桐和悬铃木叶表皮情况，海桐表皮较平展而气孔分布相对较多，而悬铃木表皮皱缩，但气孔相对较稀疏，通过对比发现，较为平展的叶片分布的颗粒物粒径较大，而表面皱缩的植物叶片吸附的细小颗粒物较多，在图 3-1d 的叶表面褶皱中可观察到被吸附的颗粒物质。另外，表面有蜡质、毛状结构的植物吸附颗粒物较强，蜡质对颗粒物的滞留作用体现在黏附、嵌入、固定等，表皮毛的作用主要表现为抓取、吸附、积存等。植物叶表面的气孔、蜡质、毛状附属物等形成一个完整的颗粒物捕集体，完成对颗粒物的吸附、滞留作用。

3.1.2 不同木本植物对颗粒物消减能力的比较研究

园林树木整个植株置于城市空气中，比表面积大，可全天候地与空气颗粒物接触，可吸附颗粒物。通过采集 13 种城市树木叶片，选取等质量叶片用蒸馏水进行冲洗，洗脱叶表面的空气颗粒沉积物，并把洗脱液烘干后称重，得出树木吸滞颗粒物的质量比，如图 3-2 所示。通过对城市常见的 13 种树木消减颗粒物的能力进行比较发现，树种截留颗粒物的能力因树种的不同而表现不同，其中以悬铃木滞留量最大，为 $1.12mg \cdot g^{-1}$，依次为雪松＞构树＞马褂木＞广玉兰＞香樟＞珊瑚树＞杨树＞夹竹桃＞女贞＞杜英＞紫叶李＞海桐＞栾树，悬铃木表皮毛较多，叶表皮褶皱较多，因此吸附颗粒物较多，雪松为针形叶，叶表有鳞片、粗糙、比表面积大，捕获颗粒物的能力较强，构树、马褂木与广玉兰叶片大而不光滑，吸附颗粒物的能力也较强，相比之下，叶片小、表面较光滑的叶片，吸附颗粒物的能力较弱。

3.2 园林树木吸滞重金属的种间差异

置于城市中的园林树木是很好的空气污染物累积器，通过吸附、吸收等途径富集在植物体内，在一定程度上可降低空气中污染物含量。园林树木种类多样，其生态习性有很大差异，因而对空气重金属的吸滞能力也不同。很多研究表明，植物各器官对空气重金属均有不同程度的吸滞能力（卡得力亚·加帕尔等，2022; 王爱霞，2017），可根据植物体内重金属含量判断植物吸滞重金属的能力，并对空气污染物的来源进行识别，起到治理空气污染等的作用（Song et al., 2015），从而为城市绿化、绿地设计提供技术指标和选择依据。

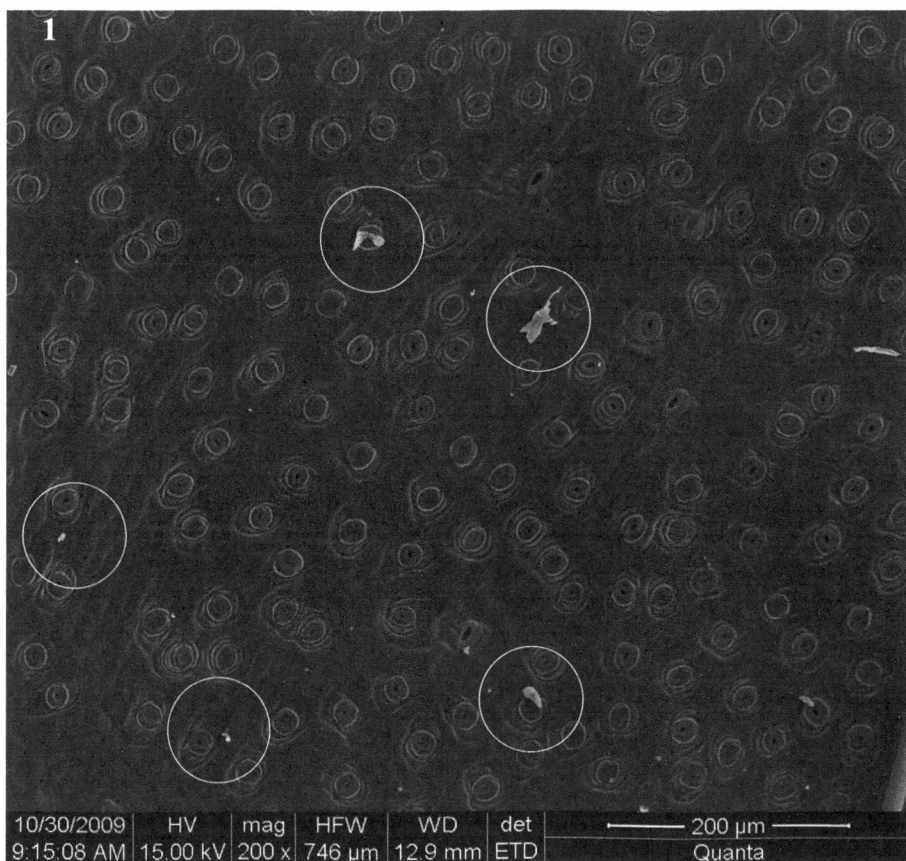

(a)

图 3-1 不同树种表面及吸附颗粒物扫描电镜图像特征（一）

（注：图 a、c 为海桐叶表面特征；图 b、d 为悬铃木叶表面特征。）

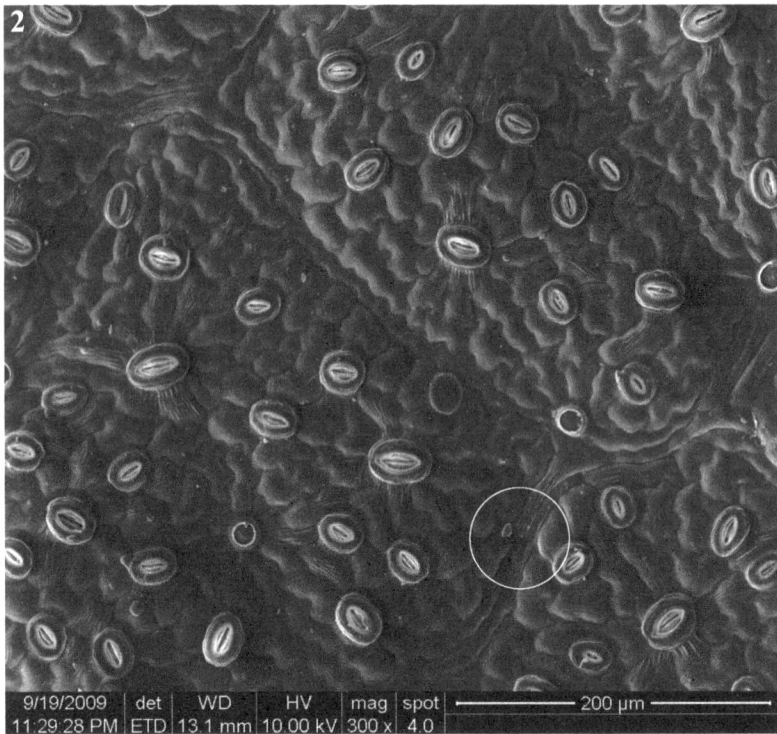

(b)

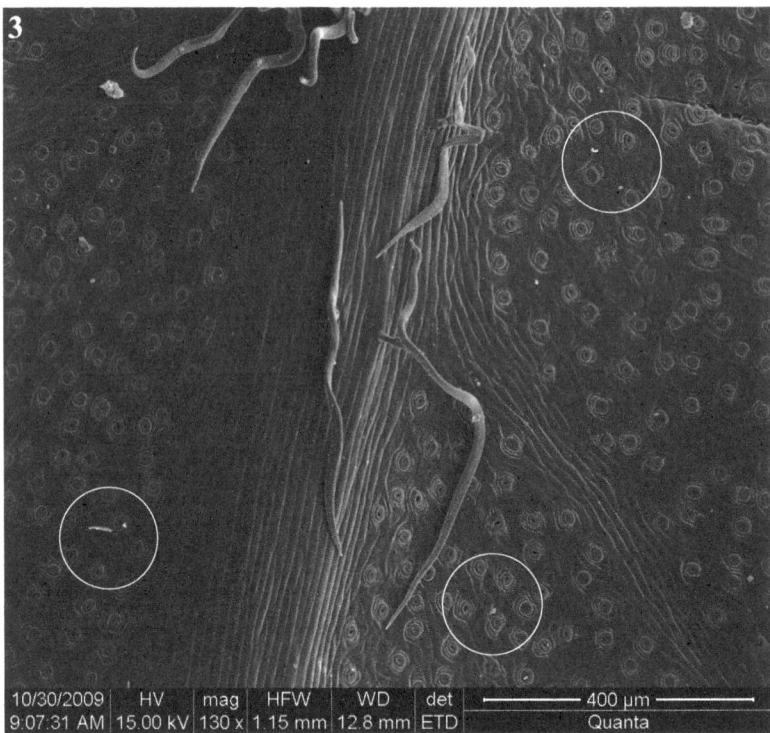

(c)

图 3-1 不同树种表面及吸附颗粒物扫描电镜图像特征（二）

（注：图 a、c 为海桐叶表面特征；图 b、d 为悬铃木叶表面特征。）

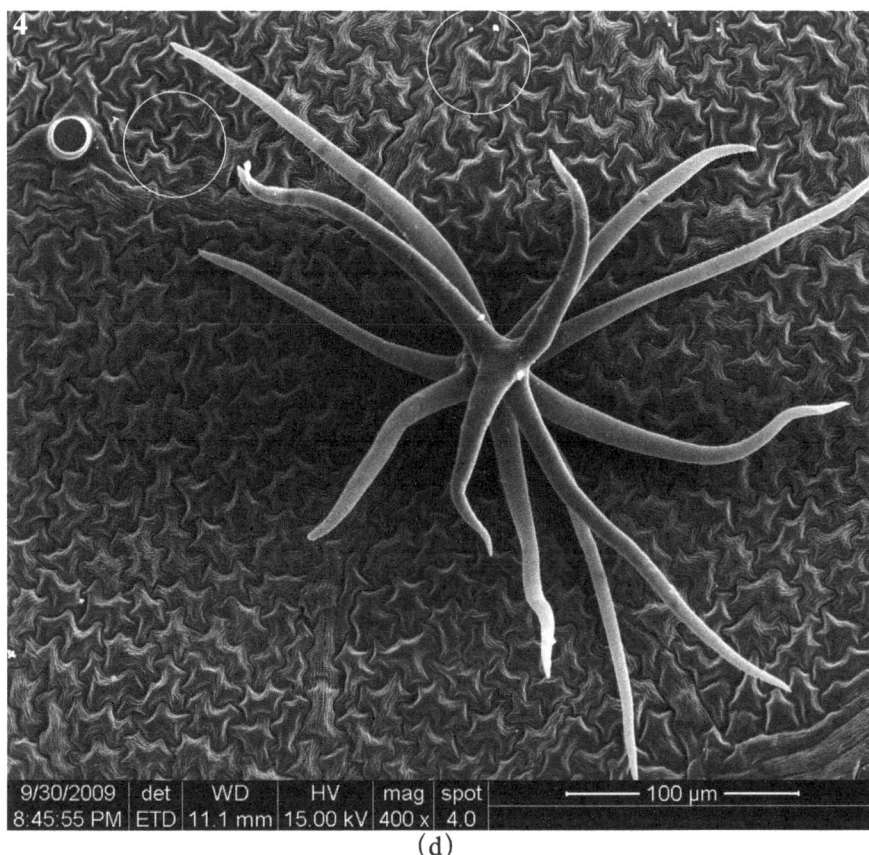

（d）

图 3-1 不同树种表面及吸附颗粒物扫描电镜图像特征（三）

（注：图 a、c 为海桐叶表面特征；图 b、d 为悬铃木叶表面特征。）

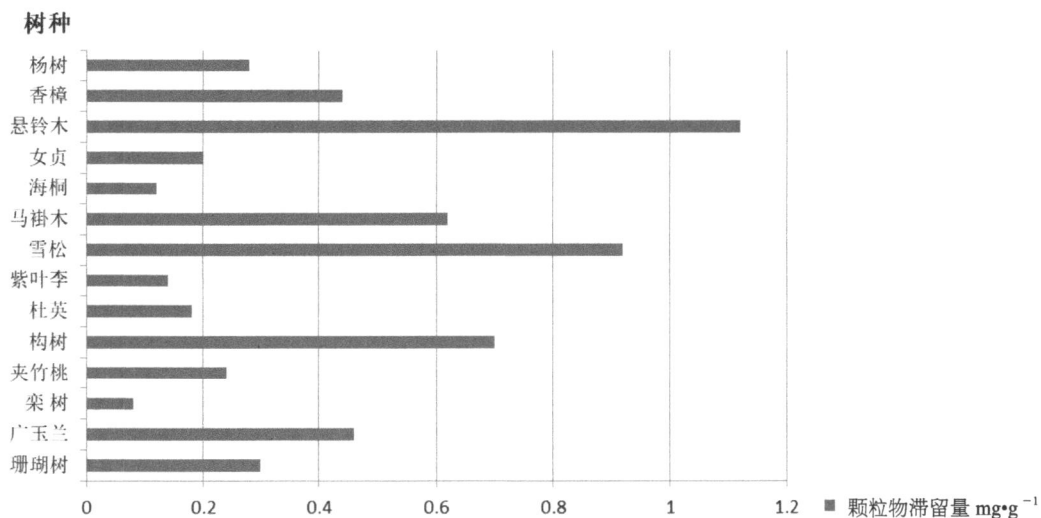

图 3-2 不同树种叶片吸附颗粒物质量比较

3.2.1 园林树木叶片对空气重金属累积能力的比较研究

1. 园林树木叶片对空气重金属的累积能力

基于城市树种吸收重金属污染的需要，在城市选取了 14 种常见园林树木，测定了 4 种重金属（表 3-1），并进行聚类分析、方差分析等，结果发现，污染区园林树木叶片重金属含量高于对照点，同一采样点不同植物种类之间表现不同，同种植物对几种重金属的吸收量也有很大差异，对 Pb（铅元素）而言，紫叶李叶片浓度最高，高达 6.47mg·kg^{-1}，含量较低的是珊瑚树（1.63mg·kg^{-1}）；对 Cd（镉元素）而言，杨树（1.32mg·kg^{-1}）含量较高，而广玉兰、马褂木相对较低，均为 0.05mg·kg^{-1}；Cu（铜元素）含量最高的是构树，其浓度达到 13.88mg·kg^{-1}，比含量较低的香樟（5.97mg·kg^{-1}）高 132.5%，比海桐（5.90mg·kg^{-1}）高 135.25%。相同区域园林树木叶片 Pb、Cu 的含量差异极显著，而其他两种金属则差异不显著。同一树木对不同重金属元素的累积量不同，其中 Pb 和 Cu 的含量较高，Cd 的含量较低，其中 Cu 的含量最高。Cu 是植物体的重要组成部分，可以 Cu$^+$ 和 Cu^{2+} 的形式从植物表皮或根部进入植物体内，经过长期累积而使得体内含量升高（王成，等，2007）；Pb 主要来源于外部污染，化工厂、印染厂以及道路车辆汽油、车身等的 Pb 排放（任乃林，等，2004），树木叶片可被动或主动吸收 Pb 元素，并累积于叶片内；Cd 的含量较少，但其毒性不可小觑。此外，金属之间会有相互作用，可能会影响树木叶内重金属含量的高低变化（Albasel & Cottenie, 1985）。

2. 两样区园林树木叶片中重金属元素含量比较分析

两样区园林树木叶内重金属差异采用方差分析法及显著性 t2 检验法。结果表明，各树种叶片的 Cu 含量，采样区和对照区相比存在显著性差异；Pb 含量，则以广玉兰、栾树、紫叶李、雪松和杨树存在显著性差异；Cd 含量（杨树除外）在两个区无显著性差异。杨树中三种元素含量在采样区和对照区均存在显著性差异。对于对照区和采样区各重金属元素含量的差异性分析见表 3-2，表中数据显示采样区的 Pb、Cd 和 Cu 的平均含量明显高于对照区，这表明叶内重金属含量是污染源重金属污染程度的反映。采样区与对照区不同树种叶片元素累积量的差异性水平可能与植物本身有关，也与采样区大气重金属污染程度、重金属种类等密切相关（王成，等，2007）。

不同植物叶片中重金属元素的含量（干重）及数据分析表（*P*=95%）　　　表 3-1

元素	树种名称	元素含量（mean±SD）		元素累积量	差异性分析
		采样区	对照区	(mg·kg⁻¹DW)	
Pb	1. 珊瑚树 *Viburnum awabuki*	1.63±0.18h	0.83±0.04h	0.80	NS
	2. 广玉兰 *Magnolia grandiflora*	4.28±0.43de	1.45±0.15gh	2.83	*
	3. 栾树 *Koelreuteria paniculata*	6.12±0.38ab	4.22±0.35a	1.90	*
	4. 夹竹桃 *Nerium indicum*	3.17±0.19fg	2.58±0.60de	0.59	NS
	5. 构树 *Broussonetia papyrifera*	4.68±0.39bc	3.15±0.14cd	1.53	NS
	6. 杜英 *Elaeocarpus decipiens*	3.05±0.85fg	2.15±0.85ef	0.90	NS
	7. 紫叶李 *Prunus cerasifera*	6.47±0.77a	4.05±0.69ab	2.42	*
	8. 雪松 *Cedrus deodara*	5.30±0.14bc	3.40±0.28bc	1.90	*
	9. 马褂木 *Liriodendron chinese*	2.30±0.18gh	2.18±0.23ef	0.12	NS
	10. 海桐 *Pittosporum tobira*	2.30±0.35gh	1.28±0.11gh	0.92	NS
	11. 女贞 *Ligustrum lucidum*	4.20±0.57de	1.73±0.74fg	2.47	NS
	12. 悬铃木 *Platanus hispanica*	4.12±0.31de	3.00±0.64cd	1.12	NS
	13. 香樟 *Cinnamomum camphora*	3.53±0.60ef	2.82±0.23cde	0.71	NS
	14. 杨树 *Populus deltoides*	4.90±0.28cd	1.18±0.04gh	3.12	*

元素	树种名称	元素含量（mean±SD）		元素累积量	差异性分析
		采样区	对照区	(mg/kg⁻¹DW)	
Cd	1. 珊瑚树 *Viburnum awabuki*	0.17±0.03cd	0.15±0.00b	0.02	NS
	2. 广玉兰 *Magnolia grandiflora*	0.05±0.00e	0.05±0.00c	0.00	NS
	3. 栾树 *Koelreuteria paniculata*	0.15±0.00cd	0.15±0.00b	0.00	NS
	4. 夹竹桃 *Nerium indicum*	0.13±0.03cde	0.08±0.03c	0.05	NS
	5. 构树 *Broussonetia papyrifera*	0.12±0.03cde	0.13±0.03b	−0.01	NS
	6. 杜英 *Elaeocarpus decipiens*	0.17±0.16bc	0.03±0.03c	0.14	NS
	7. 紫叶李 *Prunus cerasifera*	0.10±0.00de	0.13±0.03b	−0.03	NS
	8. 雪松 *Cedrus deodara*	0.27±0.03b	0.18±0.06b	0.09	NS
	9. 马褂木 *Liriodendron chinese*	0.05±0.00e	0.05±0.00c	0.00	NS
	10. 海桐 *Pittosporum tobira*	0.15±0.00cd	0.07±0.03c	0.08	NS
	11. 女贞 *Ligustrum lucidum*	0.08±0.03de	0.05±0.00c	0.03	NS
	12. 悬铃木 *Platanus hispanica*	0.08±0.03de	0.07±0.03c	0.01	NS
	13. 香樟 *Cinnamomum camphora*	0.13±0.03cde	0.07±0.03c	0.01	NS
	14. 杨树 *Populus deltoides*	1.32±0.08a	0.88±0.03a	0.44	*

元素	树种名称	元素含量（mean±SD）		元素累积量	差异性分析
		采样区	对照区	(mg·kg⁻¹DW)	
Cu	1. 珊瑚树 *Viburnum awabuki*	7.17±0.23h	5.82±0.15e	1.35	*
	2. 广玉兰 *Magnolia grandiflora*	10.22±0.15d	6.22±0.14de	4.00	*
	3. 栾树 *Koelreuteria paniculata*	9.33±0.37fg	4.80±0.26fg	4.53	*
	4. 夹竹桃 *Nerium indicum*	9.78±0.28def	9.27±0.43a	0.51	NS
	5. 构树 *Broussonetia papyrifera*	13.88±0.51a	6.98±0.42c	6.90	*
	6. 杜英 *Elaeocarpus decipiens*	6.70±0.09h	4.93±0.19fg	1.77	*
	7. 紫叶李 *Prunus cerasifera*	10.23±0.38d	7.88±0.23b	2.35	*
	8. 雪松 *Cedrus deodara*	9.52±0.18ef	3.53±0.03h	5.99	*
	9. 马褂木 *Liriodendron chinese*	11.34±0.25c	6.35±0.36d	4.99	*
	10. 海桐 *Pittosporum tobira*	5.9±0.18i	5.22±0.25f	0.68	*
	11. 女贞 *Ligustrum lucidum*	8.87±0.28g	7.53±0.20b	1.34	*
	12. 悬铃木 *Platanus hispanica*	10.02±0.20de	4.57±0.08g	5.45	*
	13. 香樟 *Cinnamomum camphora*	5.97±0.21i	5.18±0.03f	0.79	*
	14. 杨树 *Populus deltoides*	12.68±0.59b	7.58±0.23b	5.10	*

注：同列不同字母之间表示在5%水平上存在显著性差异；NS 表示采样区与对照区植物重金属含量在5%水平上无显著性差异，* 表示有显著性差异，下同。

重金属元素平均含量（干重）及数据分析表（*P*=95%） 表3-2

元素	元素含量（mean±SD）		元素累积量	差异性分析
	采样区	对照区	(mg·kg^{-1}DW)	
Pb	4.35±1.46	2.50±1.12	1.85	*
Cd	0.21±0.32	0.15±0.21	0.06	*
Cu	9.40±2.32	6.13±1.54	3.27	*

3. 园林树木叶内重金属元素的累积能力分析

表3-1数据表明，同一种植物对不同类型污染物吸收净化能力不同，不同种植物对同一类型污染物的吸收净化能力也不同。采样区树种叶片的重金属含量总体上高于对照区，两个区因环境条件的综合效应不同而有差异。对Pb、Cd累积能力最强的树种是杨树，而Cu累积能力较强的依次有构树、雪松、二球悬铃木和杨树。上述结果表明，污染区植物除了具有一定的抗污能力外，还有一定的吸污能力，通过吸收、降解、累积和排出（王成，等，2007），达到净化大气污染物的目的。不同植物叶片对大气污染物具有不同程度的吸附能力，其吸附量主要通过测量和计算植物在污染区和对照区某类污染物含量的差而获得（任乃林，等，2004；刘艳菊，等，2001）。同一调查点各树种对某一元素的累积能力因树种的不同而存在明显差异，植物叶片重金属累积量的不同可能受生长季节、雨水径流（杨清海，等，2008）、所处环境风向（Veranth et al., 2003）以及叶片的外部结构、内部生理生化特征和基因的差异（Dockery, 2001）等内外因素影响。

3.2.2 园林树木树皮累积空气重金属能力分析

快速发展的城镇化使得城市污染加重，树木因其固定性和长期生活性，使用园林树木对空气污染进行评估成为比较常见的监测方法（Nakatani et al., 2004），全年暴露于空气污染的植物部分，除叶子外，树皮也是很重要的一部分。用湿纸巾擦拭树皮收集的颗粒进行分析显示，树枝和树干树皮的监测强度是树叶的50倍和200倍（Lehndorff et al., 2006）。Am等（2005）利用剥离的针叶树皮和阔叶树皮作为材料研究比较了其对污水重金属的去除能力，发现阔叶树皮能有效去除Cu、Pb和Zn，而阔叶树皮是否比针叶树皮对空气重金属更具吸附能力，尚未见报道。带着上述这两个问题，本书的研究采集城市中13种常见绿化树种的树皮，通过对其几种重金属含量的化学分析，以期找到累积重金属能力强的新树种树皮；与针叶树种作比较，验证阔叶树种是否更能有效吸收空气重金属污染物。

不同树种树皮中重金属元素（Cd、Cr、Cu）的含量及数据分析表（P=95%）　表 3-3

元素	树种名称	元素含量（mean±SD）		元素累积量	差异性分析
		采样区	对照区	(mg·kg^{-1}DW)	
Cd	1. 女贞 *Ligustrum lucidum*	0.523±0.033b	0.571±0.034e	0.048	NS
	2. 香樟 *Cinnamomum camphora*	0.297±0.0004d	1.196±0.065b	0.900	*
	3. 栾树 *Koelreuteria paniculata*	0.200±0.0002e	0.574±0.036e	0.375	*
	4. 马褂木 *Liriodendron chinese*	0.347±0d	1.693±0.061a	1.347	*
	5. 紫叶李 *Prunus cerasifera*	0.324±0.035d	0.498±0.001e	0.174	*
	6. 杨树 *Populus deltoides*	0.421±0.034c	1.168±0.099b	0.747	*
	7. 悬铃木 *Platanus hispanica*	0±0g	0.075±0.036f	0.075	NS
	8. 杜英 *Elaeocarpus decipiens*	0.2240.035±e	0.919±0.035d	0.695	*
	9. 银杏 *Ginkgo biloba*	0.4240.037±c	0.597±0.071e	0.173	NS
	10. 构树 *Broussonetia papyrifera*	0.1±0f	0.174±0.034f	0.074	NS
	11. 广玉兰 *Magnolia grandiflora*	0.645±0.001a	1.040±0.003c	0.394	*
	12. 雪松 *Cedrus deodara*	0.570±0.034b	0.820±0.033d	0.250	*
	13. 圆柏 *Sabina chinensis*	0.545±0.003b	0.901±0.020d	0.356	*

元素	树种名称	元素含量（mean±SD）		元素累积量	差异性分析
		采样区	对照区	(mg·kg^{-1}DW)	
Cr	1. 女贞 *Ligustrum lucidum*	3.814±0.333def	10.651±0.120cd	6.836	*
	2. 香樟 *Cinnamomum camphora*	4.352±0.064cde	14.683±0.732bc	10.330	*
	3. 栾树 *Koelreuteria paniculata*	1.600±0.006fg	8.241±0.624de	6.642	*
	4. 马褂木 *Liriodendron chinese*	2.327±0.731efg	24.813±2.614a	22.486	*
	5. 紫叶李 *Prunus cerasifera*	6.256±0.026dc	12.786±0.545bc	6.529	*
	6. 杨树 *Populus deltoides*	12.537±0.543a	13.810±0.382bc	1.274	NS
	7. 悬铃木 *Platanus hispanica*	0.623±0.039g	4.365±0.116e	3.742	*
	8. 杜英 *Elaeocarpus decipiens*	4.781±0.070cd	10.984±1.054cd	6.203	*
	9. 银杏 *Ginkgo biloba*	4.030±0.006cde	25.797±0.417a	21.767	*
	10. 构树 *Broussonetia papyrifera*	2.400±0.141defg	6.635±0.002e	4.235	*
	11. 广玉兰 *Magnolia grandiflora*	8.342±0.503b	15.251±2.282b	6.909	*
	12. 雪松 *Cedrus deodara*	2.898±0.241defg	12.574±0.386bc	9.675	*
	13. 圆柏 *Sabina chinensis*	1.753±0.241fg	13.737±0.214bc	11.984	*

续表

元素	树种名称	元素含量（mean±SD）		元素累积量	差异性分析
		采样区	对照区	(mg·kg^{-1}DW)	
Cu	1. 女贞 *Ligustrum lucidum*	21.103±0.451a	23.079±0.678d	1.977	NS
	2. 香樟 *Cinnamomum camphora*	9.026±0.092f	31.252±0.983b	22.226	*
	3. 栾树 *Koelreuteria paniculata*	9.990±0.127e	16.983±0.117f	6.993	*
	4. 马褂木 *Liriodendron chinese*	8.094±0.245g	31.222±0.951b	23.128	*
	5. 紫叶李 *Prunus cerasifera*	14.008±0.051c	20.324±0.204e	6.316	*
	6. 杨树 *Populus deltoides*	9.960±0.477e	26.313±0.293c	16.353	*
	7. 悬铃木 *Platanus hispanica*	3.885±0.233i	8.034±0.586h	4.149	*
	8. 杜英 *Elaeocarpus decipiens*	13.098±0.704d	33.101±0.828b	20.004	*
	9. 银杏 *Ginkgo biloba*	7.886±0.187g	25.924±0.026c	18.039	*
	10. 构树 *Broussonetia papyrifera*	5.7±0.141h	14.165±0.080g	8.465	*
	11. 广玉兰 *Magnolia grandiflora*	16.261±0.409b	46.163±0.024a	29.902	*
	12. 雪松 *Cedrus deodara*	7.383±0.340g	32.454±0.174b	25.070	*
	13. 圆柏 *Sabina chinensis*	5.650±0.002h	20.175±0.137	14.525	*

注：同列不同字母之间表示在 5% 水平上存在显著性差异；NS 表示采样区与对照区植物重金属含量在 5% 水平上无显著性差异，* 表示有显著性差异，下同。

園林绿地及树木的空气污染物滞留机制

不同树种树皮中重金属元素（Ni、Pb、Zn）的含量及数据分析表（P=95%） 表 3-4

元素	树种名称	元素含量（mean±SD）		元素累积量	差异性分析
		采样区	对照区	(mg·kg^{-1}DW)	
Ni	1. 女贞 *Ligustrum lucidum*	1.320±0.012bcd	3.728±0.046def	2.304	*
	2. 香樟 *Cinnamomum camphora*	0.816±0.004dce	7.077±0.605bc	6.262	*
	3. 栾树 *Koelreuteria paniculata*	0.349±0.002ef	3.199±0.005ef	2.847	*
	4. 马褂木 *Liriodendron chinese*	0.743±0.070de	10.301±0.900a	9.558	*
	5. 紫叶李 *Prunus cerasifera*	1.545±0.021bc	5.547±0.113cd	4.002	*
	6. 杨树 *Populus deltoides*	1.412±0.033bcd	8.619±1.603ab	7.206	*
	7. 悬铃木 *Platanus hispanica*	0f	1.338±0.043f	1.338	*
	8. 杜英 *Elaeocarpus decipiens*	1.046±0.070bcde	5.417±0.141cde	4.372	*
	9. 银杏 *Ginkgo biloba*	0.945±0.042bcde	4.736±0.0914de	3.791	*
	10. 构树 *Broussonetia papyrifera*	0.725±0.007de	1.913±0.024f	1.188	*
	11. 广玉兰 *Magnolia grandiflora*	3.054±0.012a	10.619±0.065a	7.565	*
	12. 雪松 *Cedrus deodara*	1.685±0.038b	7.455±0.033bc	5.770	*
	13. 圆柏 *Sabina chinensis*	1.013±0.012bcde	7.278±0.002bc	6.265	*

元素	树种名称	元素含量（mean±SD）		元素累积量 (mg·kg^{-1}DW)	差异性分析
		采样区	对照区		
Pb	1. 女贞 *Ligustrum lucidum*	14.076±0.086c	16.823±0.528h	2.747	*
	2. 香樟 *Cinnamomum camphora*	6.503±0.026ef	44.536±0.385e	38.033	*
	3. 栾树 *Koelreuteria paniculata*	5.420±0.098f	23.052±0.280g	17.633	*
	4. 马褂木 *Liriodendron chinese*	11.040±0.420d	61.225±1.803c	50.185	*
	5. 紫叶李 *Prunus cerasifera*	35.094±1.173a	38.408±0.650f	3.314	
	6. 杨树 *Populus deltoides*	2.428±0.037g	17.763±1.763h	15.335	*
	7. 悬铃木 *Platanus hispanica*	0.075±0.006h	3.048±0.860j	2.973	*
	8. 杜英 *Elaeocarpus decipiens*	36.006±0.704a	78.976±0.640b	42.970	*
	9. 银杏 *Ginkgo biloba*	14.926±0.725c	94.123±1.654a	79.197	*
	10. 构树 *Broussonetia papyrifera*	0.55±0.005h	11.281±0.500i	10.731	*
	11. 广玉兰 *Magnolia grandiflora*	26.217±0.950b	52.179±0.356d	25.962	*
	12. 雪松 *Cedrus deodara*	7.532±0.550e	43.959±0.237e	36.428	*
	13. 圆柏 *Sabina chinensis*	6.905±0.401ef	44.027±0.250e	37.122	

续表

元素	树种名称	元素含量（mean±SD）		元素累积量 (mg·kg⁻¹DW)	差异性分析
		采样区	对照区	$\text{mg·kg}^{-1}\text{DW}$	
Zn	1. 女贞 *Ligustrum lucidum*	88.332±1.389c	100.373±1.229ef	12.041	*
	2. 香樟 *Cinnamomum camphora*	34.001±0.617g	207.134±1.028b	173.134	*
	3. 栾树 *Koelreuteria paniculata*	25.650±0.707h	94.457±0.323f	68.807	*
	4. 马褂木 *Liriodendron chinese*	40.074±0.455f	191.387±0.091c	151.313	*
	5. 紫叶李 *Prunus cerasifera*	52.691±0.842e	93.333±0.783fg	40.641	*
	6. 杨树 *Populus deltoides*	128.937±3.814a	235.445±1.913a	106.508	*
	7. 悬铃木 *Platanus hispanica*	9.789±1.006j	40.864±0.208g	31.075	*
	8. 杜英 *Elaeocarpus decipiens*	30.129±1.409g	111.332±1.818e	81.203	*
	9. 银杏 *Ginkgo biloba*	83.533±0.243d	96.993±0.323ef	13.460	*
	10. 构树 *Broussonetia papyrifera*	20.55±0.282i	46.520±0.160g	25.970	*
	11. 广玉兰 *Magnolia grandiflora*	95.732±0.662b	198.534±0.529bc	102.807	*
	12. 雪松 *Cedrus deodara*	40.508±0.412f	131.478±0.921d	90.970	*
	13. 圆柏 *Sabina chinensis*	40.007±0.235f	144.267±0.178de	104.26	*

注：同列不同字母之间表示在 5% 水平上存在显著性差异；NS 表示采样区与对照区植物重金属含量在 5% 水平上无显著性差异，* 表示有显著性差异，下同。

1. 园林树木树皮内重金属元素含量

树皮具有累积空气中重金属污染物的能力，本书分析了对照点与交通繁忙点绿化树种树皮中 6 种重金属的含量（表 3-3、表 3-4），各表显示，两采样区各树种树皮中同一重金属的含量因树种的不同而表现不同。同一树种树皮中 6 种重金属的含量也各不相同，但所有树种 Zn 的含量最高、Cd 的含量最低。且污染区树皮的重金属含量均高于对照区，在两区中，除女贞树皮对 Cd 和 Cu，悬铃木、银杏和构树树皮对 Cd，美洲黑杨树皮对 Cr 无明显差异外，其余树种都存在显著差异。

对照区和采样区各树种 6 种重金属元素平均含量的差异性分析如表 3-5 所示。结果显示，采样区和对照区各树种 6 种重金属元素平均含量存在显著差异，两区的金属含量大小依次为 Zn > Pb > Cu > Cr > Ni > Cd，这可能与空气中各金属污染物的含量有关。采样区金属含量明显高于对照区，这表明重金属污染物的释放在逐渐加重。

2. 园林树木树皮重金属元素的累积量

表 3-3、表 3-4 显示，污染区树种树皮的重金属含量明显高于对照区，两个区因环境条件的综合效应不同而有差异。其中，对 Cd、Cr 和 Ni 累积能力最强的树种树皮是马褂木，累积量分别达到 $1.347mg \cdot kg^{-1}$、$22.486mg \cdot kg^{-1}$ 和 $9.558mg \cdot kg^{-1}$；对 Pb 累积能力最强的树种是银杏，累积量达到 $79.197mg \cdot kg^{-1}$；对 Cu 累积量较强的树种是广玉兰和雪松，累积量分别是 $29.902mg \cdot kg^{-1}$ 和 $25.070mg \cdot kg^{-1}$；对 Zn 累积能力较强的树种是香樟和马褂木，累积量分别是 $173.134mg \cdot kg^{-1}$ 和 $151.313mg \cdot kg^{-1}$。通过比较发现对 Cd、Cu、Pb 和 Zn 的累积量最小的是女贞树皮，累积量分别为 $0.048mg \cdot kg^{-1}$、$1.274mg \cdot kg^{-1}$、$2.747 mg \cdot kg^{-1}$ 和 $12.041mg \cdot kg^{-1}$；对 Cr 累积量较小的分别为杨树和女贞，累积量分别为 $1.274mg \cdot kg^{-1}$ 和 $2.747mg \cdot kg^{-1}$，对 Ni 累积量较小的是构树，累积量为 $1.188mg \cdot kg^{-1}$。

各树种的树皮对 6 种重金属元素平均累积量的差异性分析见表 3-5。结果显示，且所有调查树种树皮中重金属的平均累积量也存在差异，Zn 累积量最高——$74.828mg \cdot kg^{-1}$，大小依次为 Zn > Pb > Cu > Cr > Ni > Cd，这表明 Zn 和 Pb 是主要污染物，而 Cd 的污染较轻，这与我们前面的研究趋同。

不同树种树皮中重金属元素（Ni、Pb、Zn）的含量及数据分析表（*P*=95%）　表 3-5

研究区域	重金属元素					
	Cd	Cr	Cu	Ni	Pb	Zn
对照区平均含量	0.355f	4.285d	10.157c	1.127e	12.829b	53.071a
污染区平均含量	0.787f	13.410d	25.322c	5.933e	40.723b	130.163a
元素平均累积量	0.431f	9.124d	15.165c	4.805e	27.895b	77.092a

3.2.3 园林树木树皮累积空气重金属的微形态差异

树皮是空气污染很好的监测器和累积器，很多学者对空气污染物和树皮中元素之间的联系进行了研究（Suzuki, 2006）。一些树皮也被用于空气重金属污染物的监测（Ayrault et al., 2007），Barnes 等（1976）的研究表明，表面粗糙的树皮比表面光滑的树皮累积重金属能力强。树皮是一层非原生质的亲脂性表层，覆盖在有生命的组织上，没有真正的生物学调节，主要作为物理化学表层而起作用，而这种作用与树皮的表面结构有很大的关系。然而，树皮沉积和累积空气污染物的机制至今仍不清楚，对树皮表面结构与空气重金属污染关系的研究几乎未见报道。本书通过对 13 种绿化树种树皮中 6 种重金属含量的测定，发现其吸收重金属的能力各不相同，假设这种不同于树皮的形态与解剖构造有极大关系，本书通过比较树皮表面的超微结构，以期揭示树皮结构与重金属累积之间的联系，为更好地利用树皮监测空气污染提供科学依据，从而解决一些实际问题。

1. 不同树种树皮外部形态与重金属含量关系

由表 3-6 和图 3-3 可知，树种树皮呈现多种形态，如纵裂状、片状、鳞片状等，其吸滞重金属能力与树皮表面特征、粗糙度及皮孔密度有关，树皮吸滞重金属能力等级越高，其树皮的粗糙度与皮孔密度均很大。马褂木和香樟树皮最粗糙，皮孔密度大，其吸滞重金属能力最强，属于 I 级，II 级的树种与 I 级相比，粗糙度和皮孔数量居中，吸滞重金属能力处于中等，吸滞能力为圆柏＞雪松＞广玉兰＞杜英＞杨树＞银杏＞栾树；处于 III 级的树皮均为平滑树皮，且吸收能力为紫叶李＞构树＞悬铃木＞女贞。

2. 不同树种树皮的表面形态和微形态观察

树种树皮在扫描电镜下呈现不同的形态特征（图 3-4），树种不同，树皮差异很大，

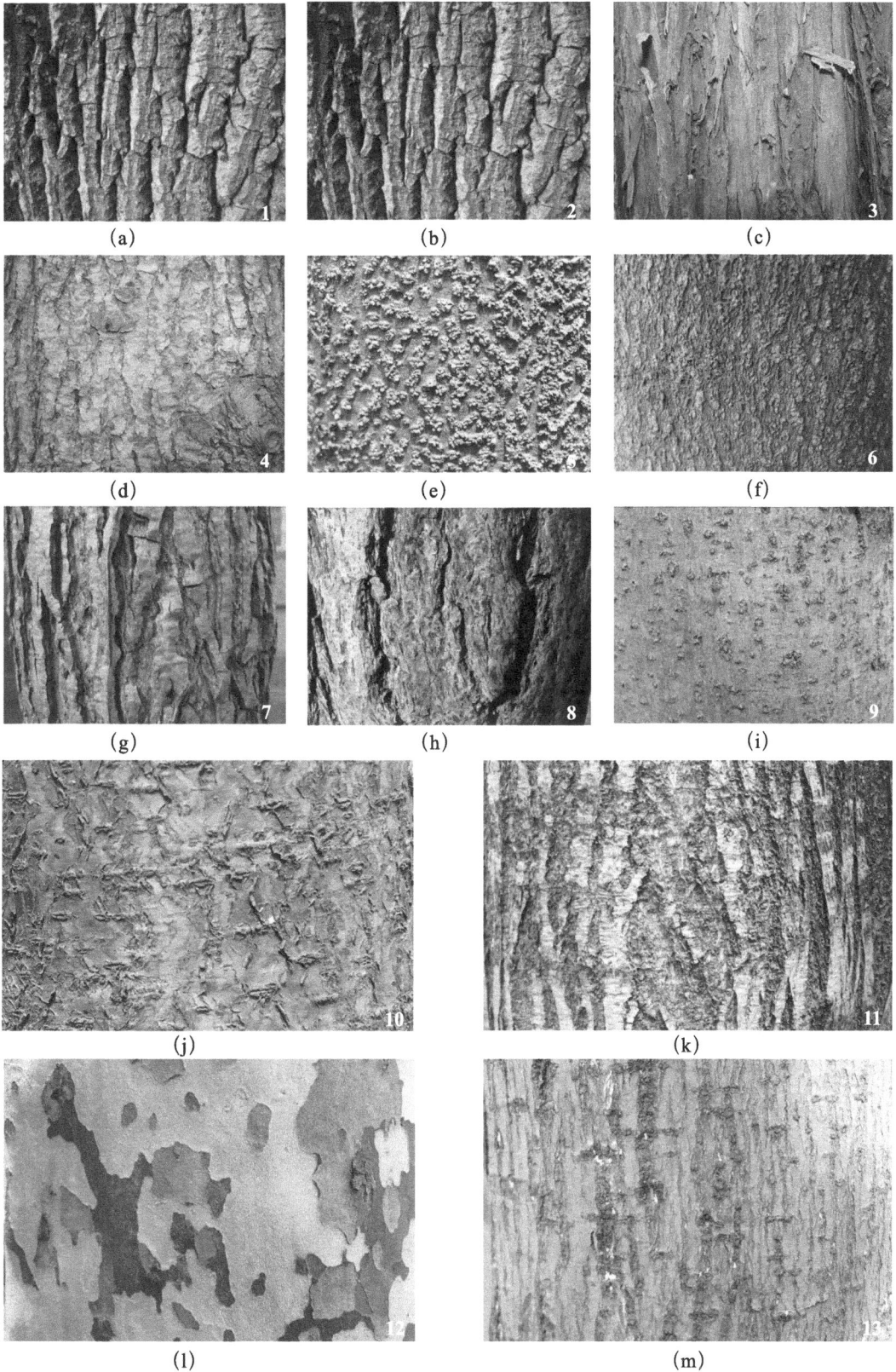

图 3-3 不同树种树皮外部形态

不同树种树皮的微形态结构不同。马褂木（图 3-4a）表面呈现不规则褶皱状，香樟（图 3-4b）表面呈现大小不同的乳突沟壑交错状，圆柏（图 3-4c）和雪松（图 3-4d）表面呈不规则鳞片状，广玉兰（图 3-4e）和杜英（图 3-4f）表面呈现不规则旋涡状，杨树（图 3-4g）和构树（图 3-4k）表面呈长形浅槽状，银杏（图 3-4h）和悬铃木（图 3-4l）呈圆形浅槽状，紫叶李（图 3-4j）呈网状，而栾树（图 3-4i）和女贞（图 3-4m）具不规则凹槽且浅裂。这些形态各异的树皮超微结构与树种的吸附能力有极大关系，粗糙树皮中吸附力大小次序为马褂木＞香樟＞圆柏＞雪松＞广玉兰＞杨树＞银杏，平滑树皮中吸附力大小次序为杜英＞栾树＞紫叶李＞构树＞悬铃木＞女贞。

由上可见，不同树种的树皮具有各式纹理，且其表面超微结构也显示出不同的形态，这些纹理和微观结构决定了树种作为污染物吸附体的客观存在，而其离子吸附能力与其表面形态和微观结构密不可分。相关研究表明（Mickaël Catinon et al., 2009; Berlizov et al., 2007）树皮是极好的重金属吸附体。表 3-6 数据显示粗糙树皮比平滑树皮（除杜英外）重金属含量高，这与 Barnes 等（1976）的研究结果趋同，而平滑树皮中杜英又高于银杏和杨树，这可能与杜英表皮密生皮孔有关，也可能与三者表皮的超微结构有关，杜英的超微结构呈不规则旋涡状，银杏和杨树都为浅槽状，前者更容易吸附重金属颗粒物。

本书的研究结果表明粗糙树皮中吸附能力的大小与树皮的粗糙程度以及表皮超微结构有密切关系。马褂木和香樟的表面树皮呈交叉网状纵裂，且裂痕交错密集，吸附表面积大，因而比树皮呈剥落状的圆柏、雪松树皮，呈密生点状突起的广玉兰，以及树皮呈宽条状纵裂的杨树、银杏的吸附能力强。吸附能力大小依次为马褂木＞香樟＞圆柏＞雪松＞广玉兰＞杨树＞银杏。这种吸附能力大小也与树皮表面微形态有关，马褂木为褶皱状、香樟为乳突沟壑交错状，因为这种形状更容易吸附和滞留金属颗粒物，尤其是细颗粒物，因而其吸附量大，而圆柏、雪松为不规则交错鳞片状，广玉兰为不规则交错旋涡状，比杨树、银杏的浅槽状更易吸附重金属，因此表皮的微形态决定了吸附离子能力的大小为：褶皱状＞乳突沟壑交错状＞不规则鳞片状＞不规则旋涡状＞浅槽状，因此其树皮的重金属含量有了很大的区别。

不同树种树皮中重金属元素（Ni、Pb、Zn）的含量及数据分析表（P=95%） 表 3-6

树种	吸滞等级	树种表皮形态特征
a. 女贞 *Ligustrum lucidum*	I	粗糙，呈黑褐色，交叉纵裂，具细小圆形皮孔，密生
b. 香樟 *Cinnamomum camphora*	I	粗糙，呈黄褐色或灰褐色，网状纵裂，呈条片状脱落，皮孔密生

树种	吸滞等级	树种表皮形态特征
c. 栾树 *Koelreuteria paniculata*	II	粗糙，呈灰褐色，纵裂，裂成长条片，成狭条纵裂脱落，皮孔密生
d. 马褂木 *Liriodendron chinese*	II	粗糙，呈灰褐色，较薄，质硬脆，裂成鳞片，老时剥落，皮孔密生
e. 紫叶李 *Prunus cerasifera*	II	粗糙，呈淡褐色或灰色，薄鳞片状开裂，皮孔突出，密生
f. 杨树 *Populus deltoides*	II	平滑，深褐色，平滑不裂，有明显皮孔，密生
g. 悬铃木 *Platanus hispanica*	II	粗糙，呈灰褐色，交叉深纵裂，裂脊平宽，皮孔密生
h. 杜英 *Elaeocarpus decipiens*	II	粗糙，呈黄褐色，部分或大部分裂沟与裂沟相交而呈深交叉纵裂，皮孔圆或椭圆形，数量中等
i. 银杏 *Ginkgo biloba*	II	平滑，呈褐色，上有圆形至椭圆形皮孔，数量中等
j. 构树 *Broussonetia papyrifera*	III	平滑，呈灰褐色，皮孔明显突出，树皮易脱落，树干光滑，皮孔数量中等
k. 广玉兰 *Magnolia grandiflora*	III	平滑，呈浅灰色，不易裂，皮孔明显，数量中等
l. 雪松 *Cedrus deodara*	III	较平滑，不规则浅裂，灰绿或灰白色，光滑、片状脱落，具有斑痕，有细小皮孔，数量中等
m. 圆柏 *Sabina chinensis*	III	平滑，呈灰色，圆形或长圆形皮孔，疏生

平滑树皮中重金属吸附能力的大小不仅与表皮形态、树表皮超微结构有关，可能也与树皮的皮孔多少有关，杜英表皮较其他平滑树皮树种粗糙，且皮孔突出密生，故其吸附能力也较强，甚至高于杨树和银杏。平滑树皮树种吸附能力大小为：杜英＞栾树＞紫叶李＞构树＞悬铃木＞女贞，这可能与表皮粗糙程度有关，其粗糙程度大小次序与重金属含量大小次序几乎一致，平滑树皮树种表皮的微形态也可能影响树皮吸附重金属能力，如杜英为不规则旋涡状，这种形状是比浅裂（栾树）、网络（紫叶李）和浅槽（构树、悬铃木）的吸附能力强。由上所述，树皮吸附重金属能力既与表面粗糙程度、皮孔多少有关，也与表皮的超微结构有关，几种因素决定了树皮的吸附特性。

因此，树皮的粗糙程度与其重金属吸附能力有密切关系，结果表明粗糙树皮比平滑树皮（除杜英外）吸附能力强。树皮的重金属吸附能力也与表皮的超微结构有关，粗糙树皮的超微结构中不规则褶皱状＞乳突沟壑交错状＞鳞片状＞不规则旋涡状＞浅槽状；而平滑树皮超微结构中，不规则旋涡状比浅裂状、网络状和浅槽状的吸附能力强。

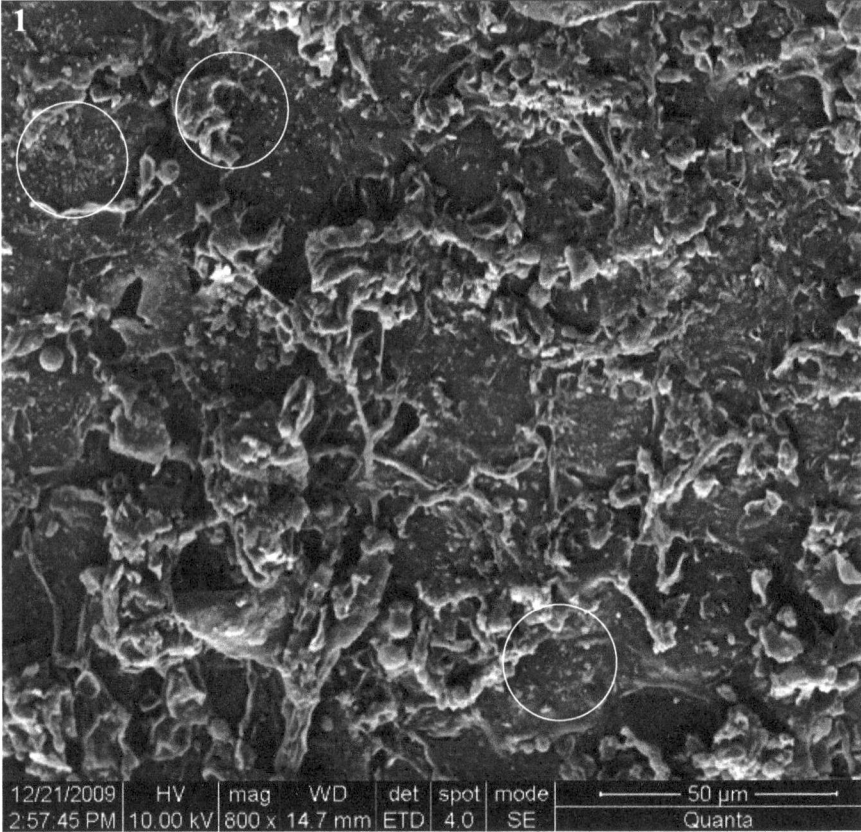

（a）

图 3-4 园林树木树皮表面微形态扫描电镜图像（一）

（注：a~m 树种编号与表 3-6 对应。）

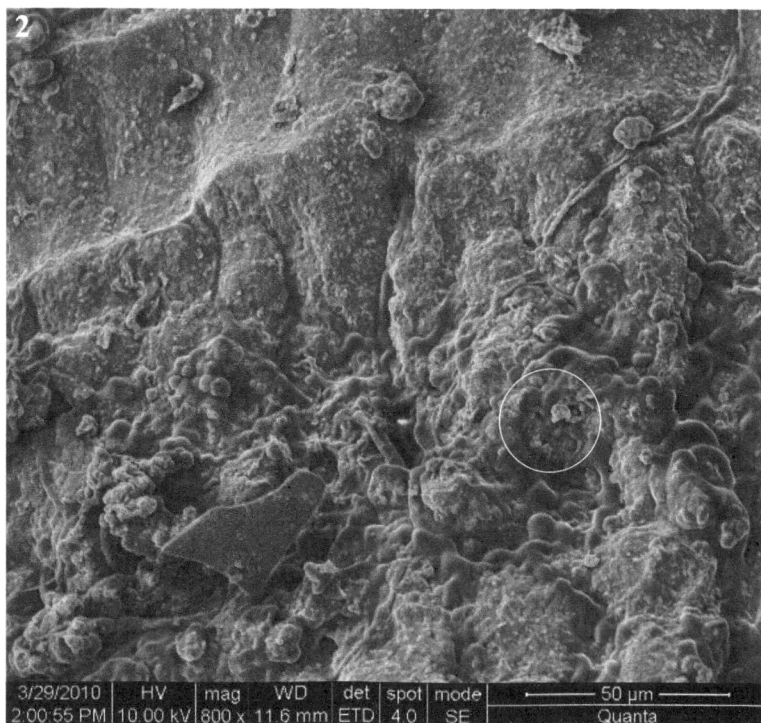

(b)

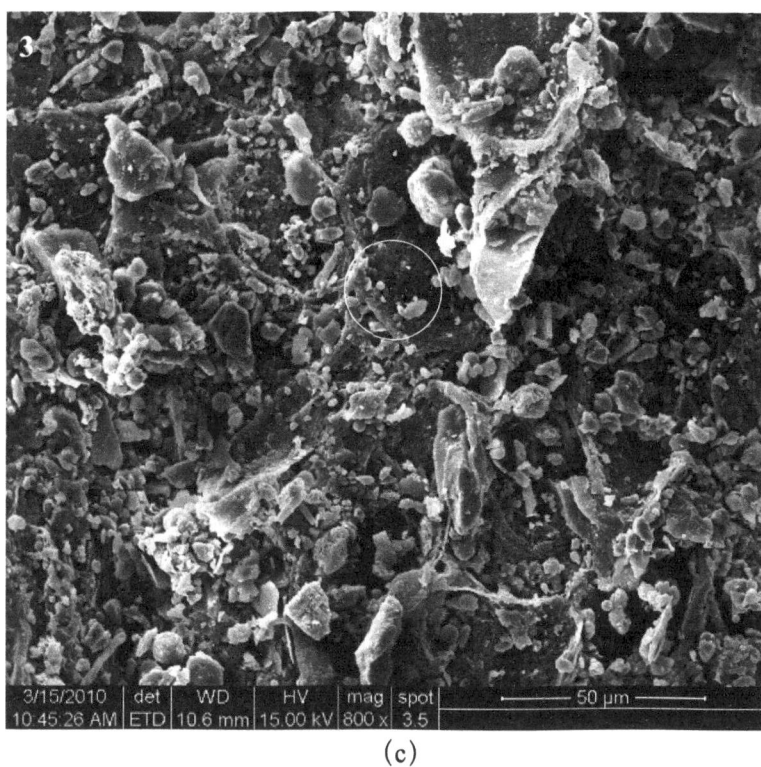

(c)

图 3-4　园林树木树皮表面微形态扫描电镜图像（二）

（注：a~m 树种编号与表 3-6 对应。）

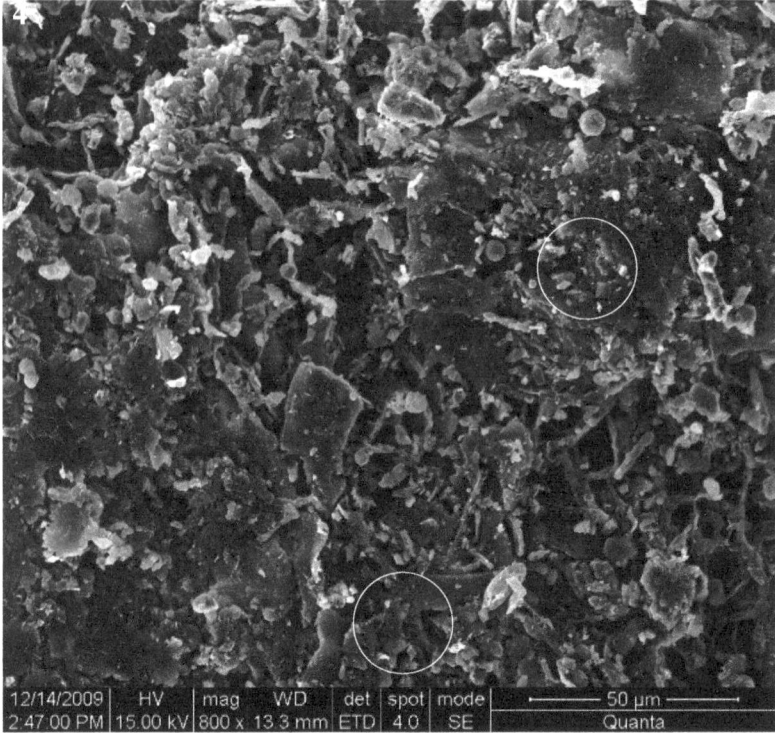
(d)

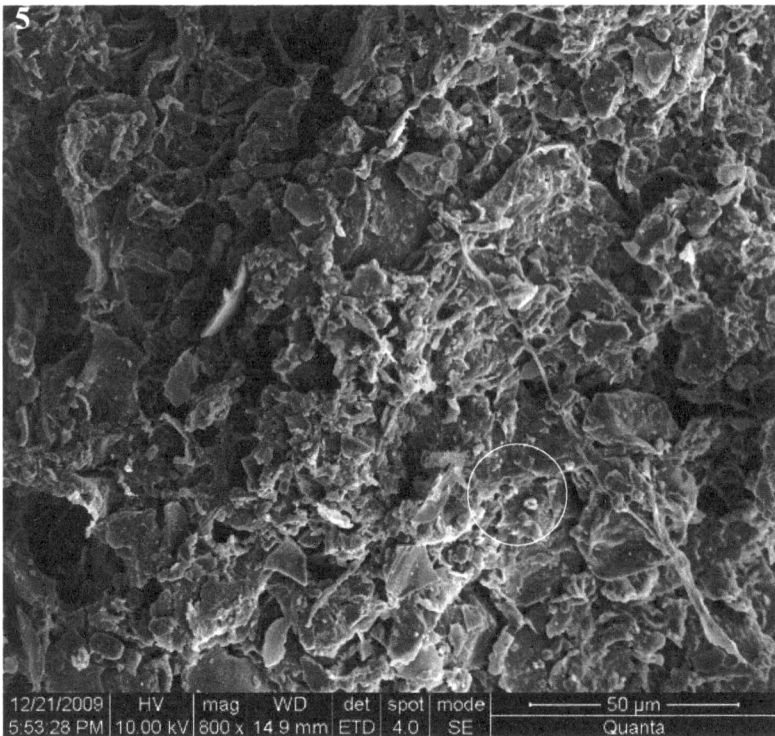
(e)

图 3-4 园林树木树皮表面微形态扫描电镜图像（三）

（注：a~m 树种编号与表 3-6 对应。）

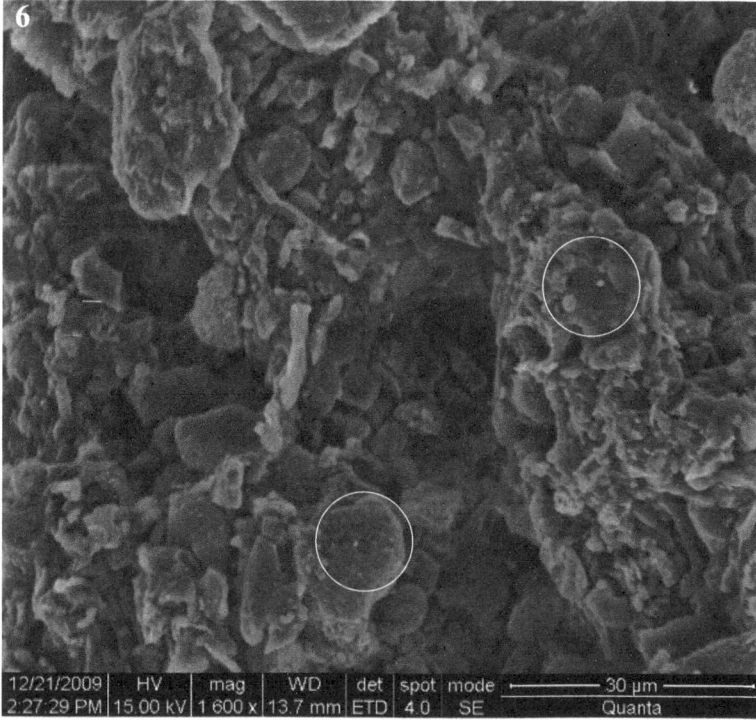

(f)

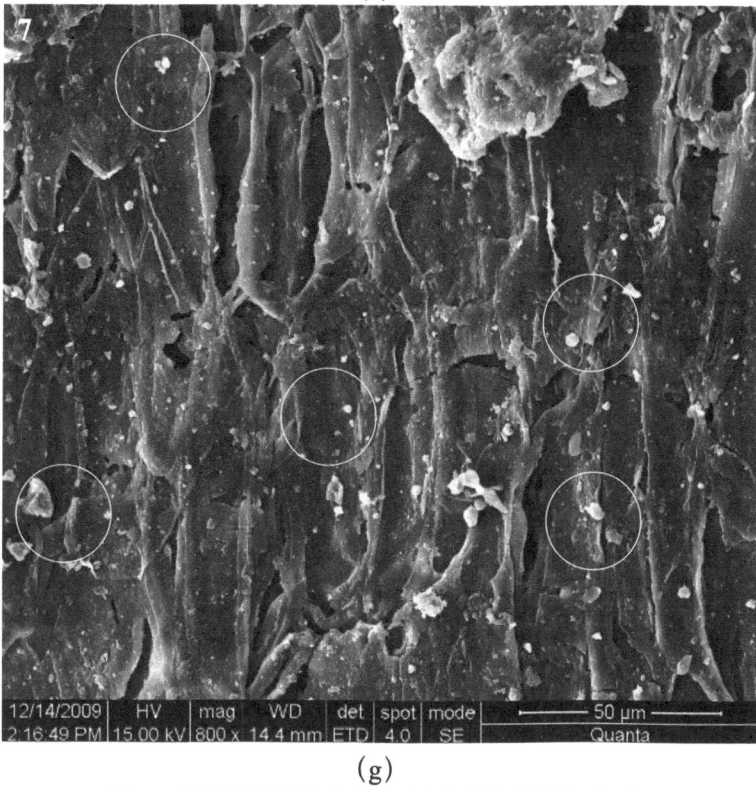

(g)

图 3-4 园林树木树皮表面微形态扫描电镜图像(四)

(注：a~m 树种编号与表 3-6 对应。)

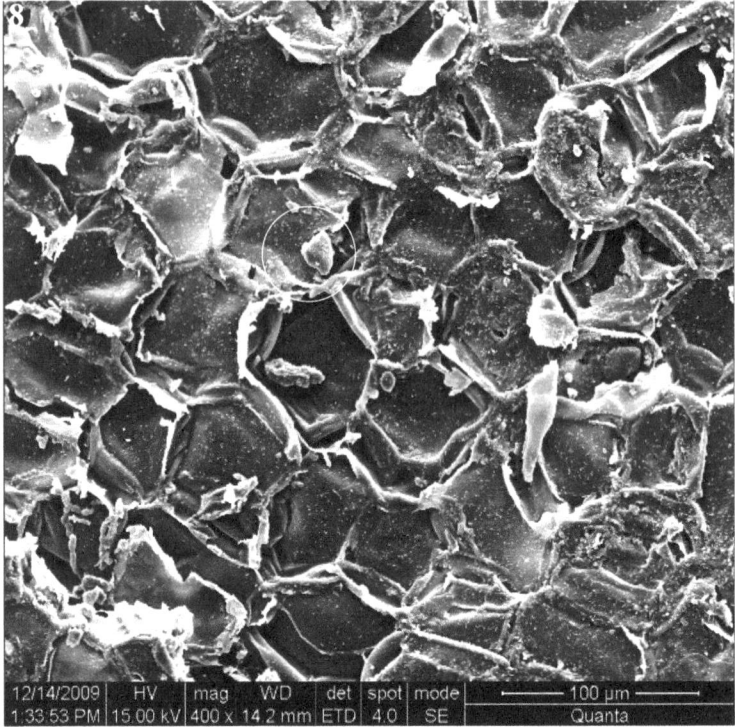

(h)

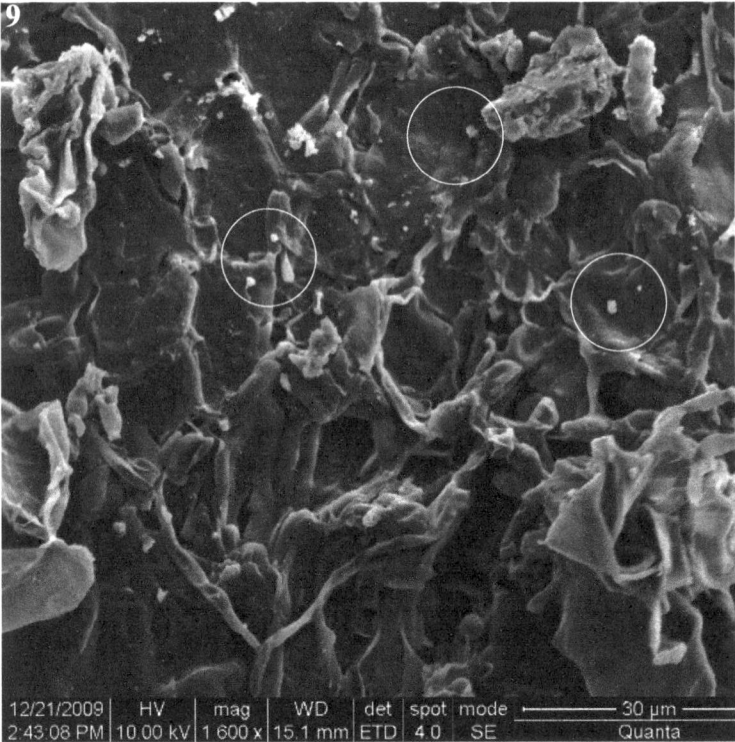

(i)

图 3-4 园林树木树皮表面微形态扫描电镜图像（五）

（注：a~m 树种编号与表 3-6 对应。）

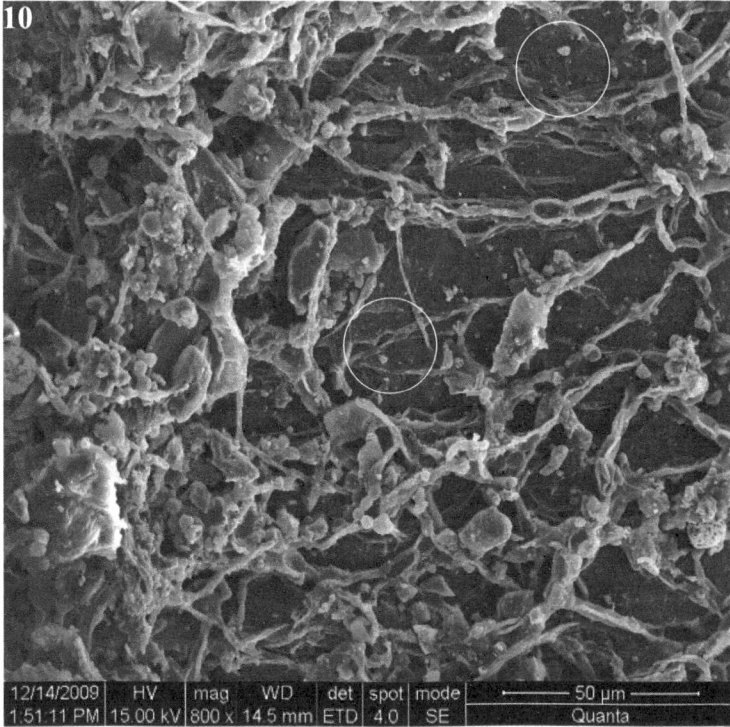

(j)

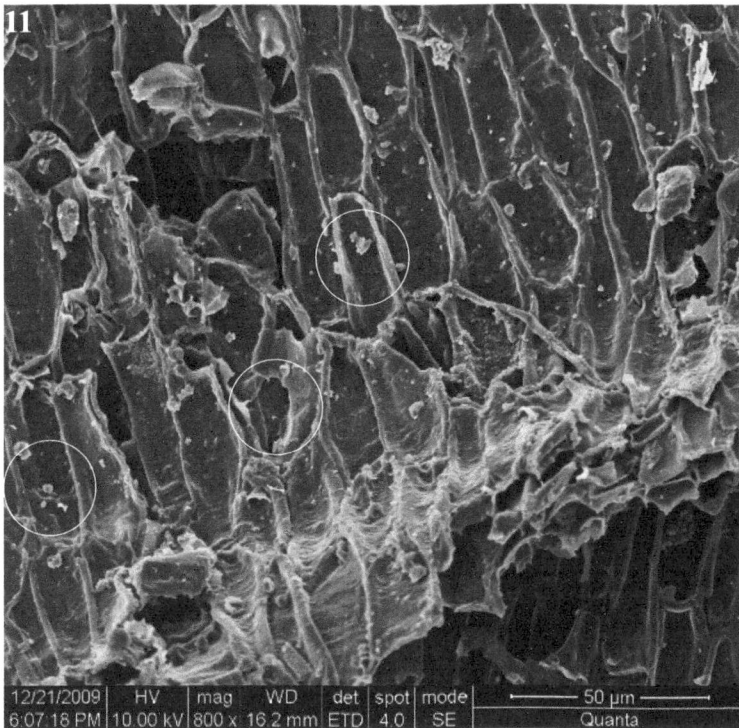

(k)

图 3-4 园林树木树皮表面微形态扫描电镜图像（六）

（注：a~m 树种编号与表 3-6 对应。）

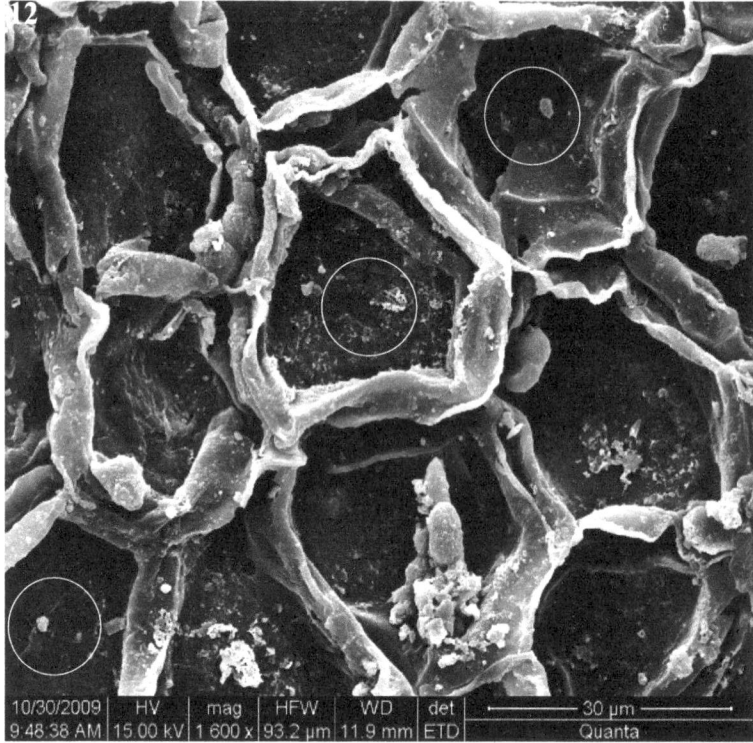

(1)

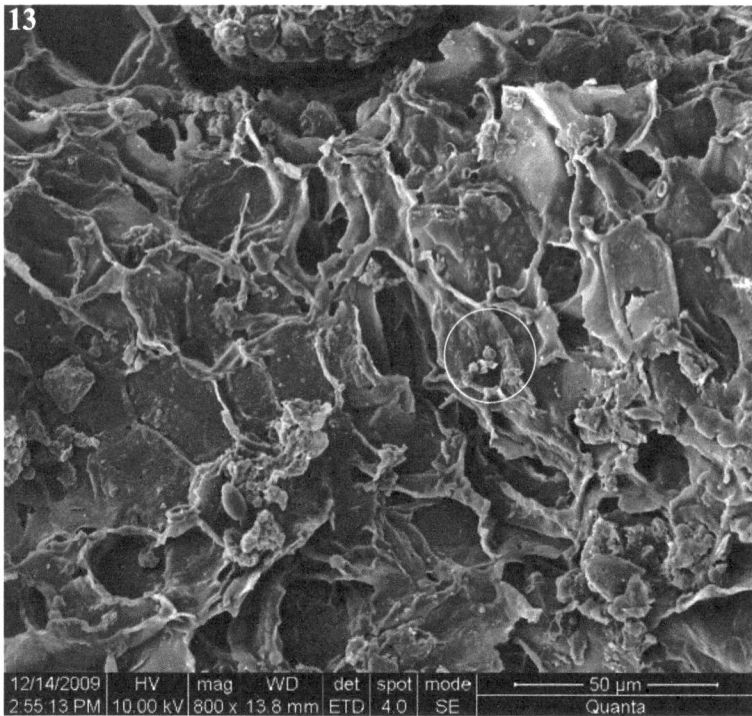

（m）

图 3-4 园林树木树皮表面微形态扫描电镜图像（七）

（注：a~m 树种编号与表 3-6 对应。）

第 4 章

园林树木
吸滞污染物
的动力学机理

4.1 园林树木叶吸滞空气重金属的动力学机理

利用城市园林树木作为监测空气污染的材料已经取得了长足的进步（Sawidis et al.，2001；程佳雪，等，2020）。园林树木具有位置固定性，与空气环境紧密接触，所以置于环境中的植物可以反映与之接触的污染物情况。研究表明，植物体器官内累积的污染物可展示周围环境污染状况，通过分析植物器官内污染物含量可获得重要的污染信息，如测试叶片（王爱霞，等，2008; Abdelaziz & Al-Khlaifat et al.，2007;）、花粉（Bosac et al.，1993; Gottardini et al.，2004）、果实（Paula et al.，2006; 王爱霞，等，2015）、树皮（赵策，等，2019）等。先前的研究大多集中在植物的生物监测和生物指示方面，而对植物体吸附重金属的时间动力学特性研究较少，通过观察不同结构的 4 种金属元素含量的逐月累积特性，以期找出植物体吸附规律，为深入研究其吸附机理提供理论依据。

4.1.1 受试树木器官吸滞 Cu 元素的动态变化

如图 4-1 所示，悬铃木一年生枝条、果实、叶柄、叶片、二年生枝条及其树皮的 Cu 含量污染区均高于对照区，这说明污染的真实存在。两区悬铃木一年生枝条都在 5 月、6 月升高，之后开始下降，逐渐趋于稳定，在 9 月累积量高于 4 月。悬铃木果实的 Cu 含量呈下降 — 上升 — 下降趋势，最后趋于稳定，且果实 Cu 含量 9 月小于 4 月。叶柄、叶片和二年生枝 Cu 含量都呈现先下降后缓慢上升的趋势，而二年生枝树皮则呈缓慢上升趋势。

4.1.2 受试树木器官吸滞 Zn 元素的动态变化

如图 4-2 所示，悬铃木一年生枝条、果实、叶柄、叶片、二年生枝条及其树皮的 Zn 含量污染区均高于对照区，这说明污染的真实存在。两区悬铃木一年生枝条都呈上升 — 下降 — 上升 — 下降的变化趋势，且 9 月与 4 月含量相近。两区悬铃木果实 Zn 含量在 4 月时含量最高，之后逐月下降，到 8 月降至最低，之后略有升高。叶脉和叶片 Zn 含量呈先下降后上升趋势，无论是污染区还是对照区，叶脉 Zn 含量 9 月与 4 月相近，变化很小；而叶片 Zn 含量 9 月略低于 4 月。悬铃木二年生枝条 Zn 含量先上升后下降，并逐渐趋于稳定，9 月总体上高于 4 月。悬铃木二年生枝条树皮 Zn 含量呈逐月上升趋势。

4.1.3 受试树木器官吸滞 Ni 元素的动态变化

如图 4-3 所示，悬铃木一年生枝条、果实、叶柄、叶片、二年生枝条及其树皮的 Ni 含量污染区均高于对照区。两区悬铃木一年生枝条 Ni 含量都呈上升 — 下降 — 缓慢上升

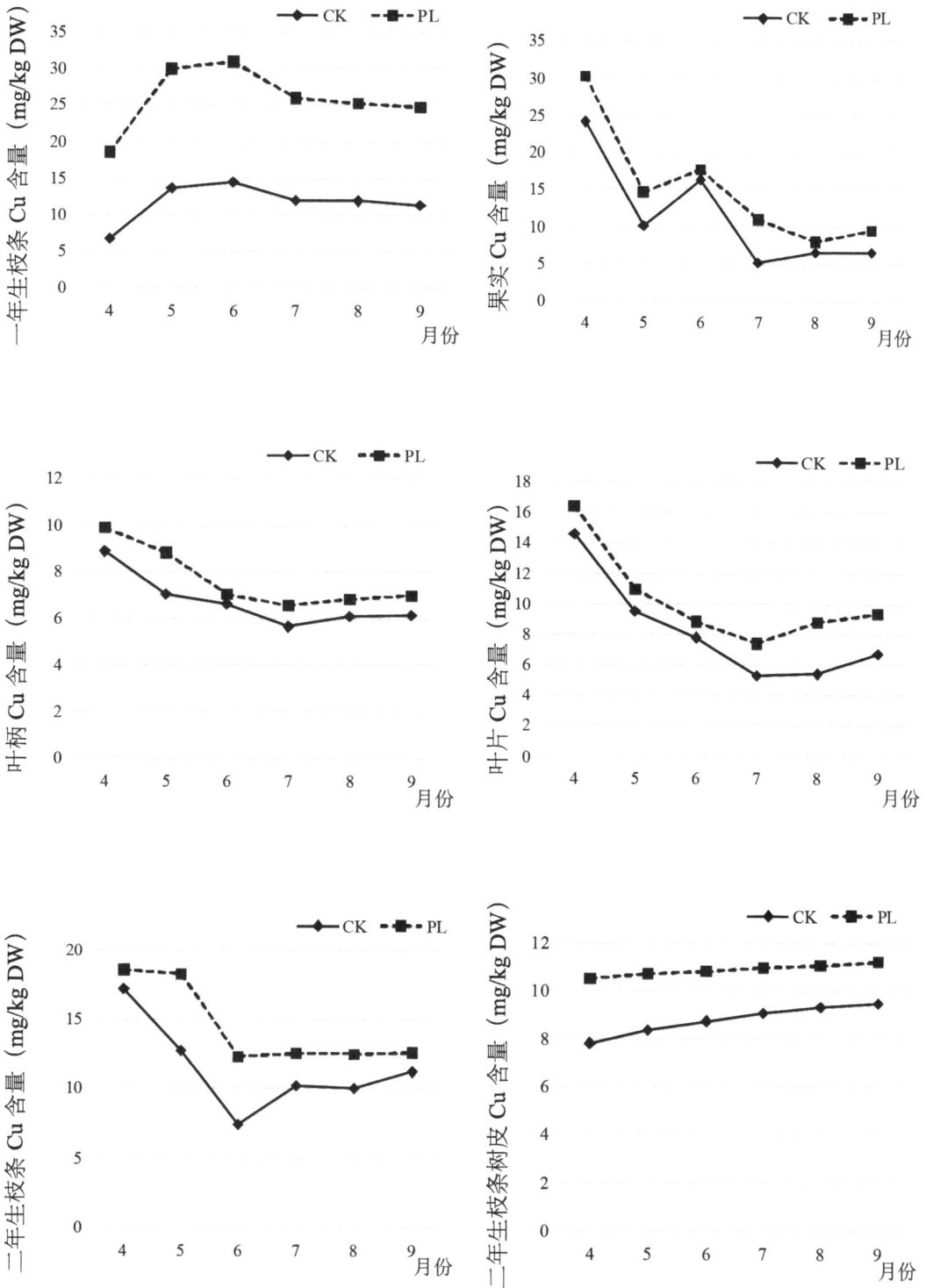

图 4-1 悬铃木一年生枝条、果实、叶柄、叶片、二年生枝条及其树皮 Cu 含量的时间变化图

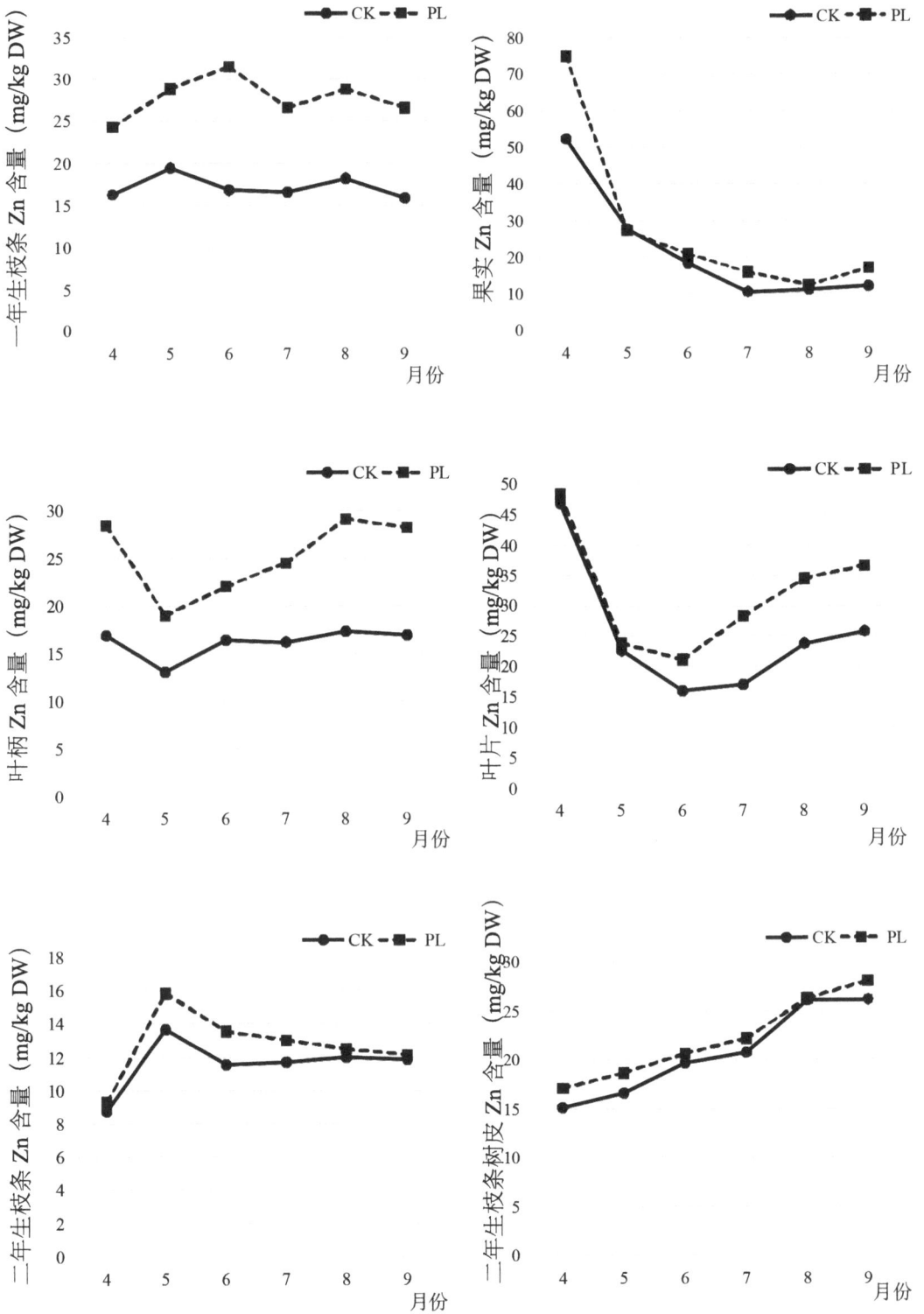

图 4-2 悬铃木一年生枝条、果实、叶脉、叶片、二年生枝条及其树皮 Zn 含量的时间变化

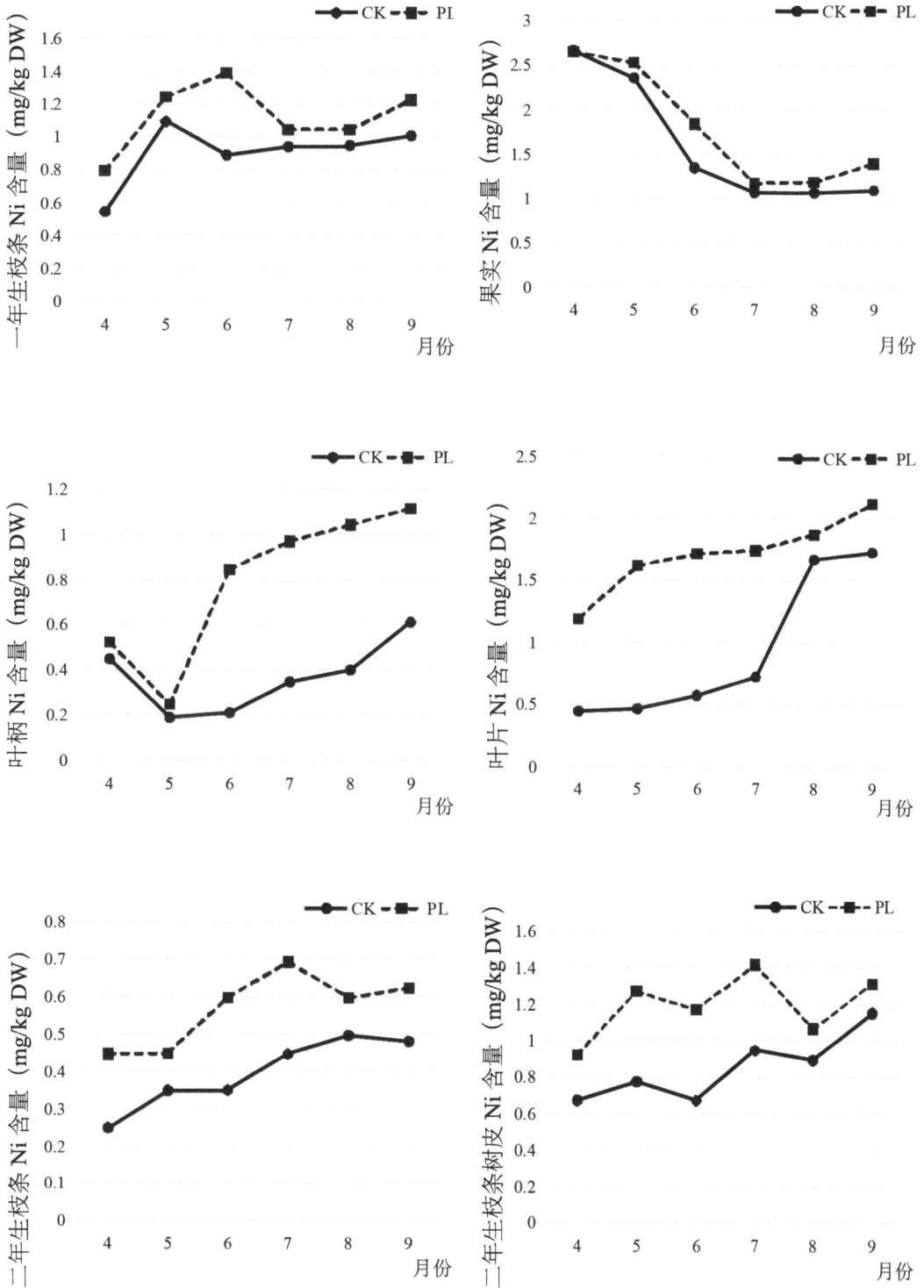

图 4-3 悬铃木一年生枝条、果实、叶柄、叶片、二年生枝条及其树皮 Ni 含量的时间变化

趋势，果实 Ni 含量在 4~7 月呈逐渐下降趋势，此后略有升高。两区叶脉 Ni 呈先下降后上升趋势，而叶片则呈逐月上升趋势。二年生枝条 Ni 含量总体呈上升趋势，二年生枝条树皮 Ni 含量则在上升 — 下降 — 上升 — 下降 — 上升中逐渐累积，且含量 9 月高于 4 月。

4.1.4 受试树木器官吸滞 Pb 元素的动态变化

如图 4-4 所示，悬铃木一年生枝条、果实、叶脉、叶片、二年生枝条及其树皮的 Pb 含量污染区均高于对照区。两区悬铃木一年生枝条在 4~7 月 Pb 含量为 0，8 月、9 月逐月增加。果实、叶脉和叶片 Pb 含量，在 5 月略为下降后，此后逐月升高，二年生枝条 Pb 含量则逐月上升，8 月后开始趋于平稳。二年生枝条树皮则呈下降 — 上升 — 下降 — 上升趋势，且 Pb 含量 9 月高于 4 月。

4.1.5 受试树木吸滞重金属元素的动力学机理分析

实验分析的 4 种微量元素（Cu、Zn、Ni、Pb）中，污染区和对照区悬铃木各部位元素含量明显不同，污染区高于对照区，说明植物体内重金属含量的累积与其生长环境的污染程度密切相关，这与一些作者的结果一致（De Nicola et al., 2008; Gratani et al., 2000）。图 4-1~图 4-4 可以看出，植物体各部位 Zn、Cu 含量较高，而 Ni、Pb 含量较低。因为 Cu、Zn 是植物的必需元素，且通过体表会沉积空气中的一些元素，从而导致含量不同。此外，植物对污染物的累积与植物生物量、生长速率（Echeister et al., 2003）、含水量、pH 值变化（刘家尧，等，1997；吴玉环，等，2002）、生长季节（Couto et al., 2003; Markert., 1989）等因素有关，而且，一种重金属含量的变化会影响植物对其他金属的吸收（Albasel et al.,1985），粒子的大小也会影响元素的分配（Gidhagen et al., 2003）。

如图 4-1 所示，在监测期的 4~9 月，悬铃木一年生 Cu 元素含量先上升后下降，但总体高于监测初期 4 月，说明一年生嫩枝对 Cu 有一定的吸附累积能力，而这种累积能力在 6 月份最强；而一年生嫩枝对 Zn 的累积则呈上升 — 下降 — 上升 — 下降趋势（图 4-2），9 月份的 Zn 含量与 4 月份的含量相近，说明一年生嫩枝对 Zn 的累积是吸收 — 排出相结合的动态过程。而果实中 Cu 和 Zn 含量总体呈下降趋势，可能主要受其生长发育过程对 Cu 和 Zn 需求的影响。叶脉和叶片 Cu 和 Zn 含量的时间变化趋势先下降后上升，但叶片较叶柄上升明显，这表明叶片是主要累积器官；Cu 和 Zn 的先下降后上升的动态吸收特征可能与叶片的物候、叶形态特征有密切关系，金属元素的下降可能是叶表面角质层的脱落造成的，研究表明角质层脱落是去除叶表皮沉积物一种机制（Moorby & Squire, 1963），Martins 等（1999）观察到在 *Q. ilex* 叶生命周期中角质层蜡状物的结构和数量的变化。二年生枝条的 Cu 和 Zn 的累积过程恰好相反，Cu 是先下降然后略有升高，Zn 是

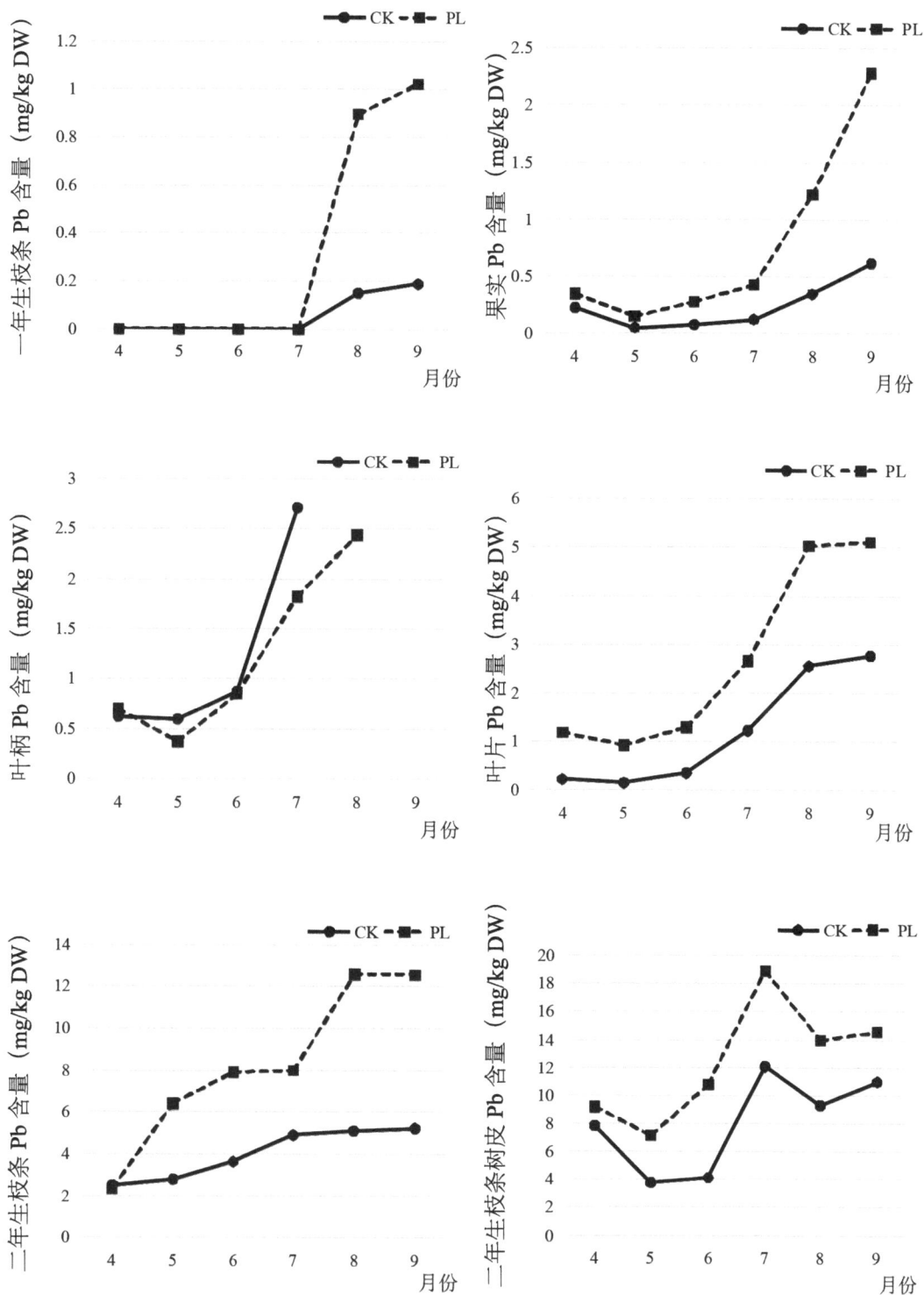

图 4-4 悬铃木一年生枝条、果实、叶柄、叶片、二年生枝条及其树皮 Pb 含量的时间变化

先升高后略有下降，这可能与空气中各元素的含量、金属元素的性质等有关，Cu 和 Zn 在空气中表现为水溶性硫酸盐（Heal et al., 2005; Karthikeyan ct al., 2006），有报道认为每种元素的累积与元素之间的联系、固态的种类相联系（Chester et al., 1993）。

与 Cu 和 Zn 的表现不同，悬铃木各部位 Ni（果实除外）和 Pb 的含量总体呈上升趋势，9 月份高于 4 月份，这说明 Ni 和 Pb 仍旧是这个地区的主要污染物。暴露时间、雨水的冲洗对植物重金属累积量的影响是可以忽略的，且主要与道路交通污染有关系，Tomašević 等（2005）和 De Nicola 等（2008）在其他树种的研究中都有过报道，Ni 与 Pb 随着时间的增加具有明显的累积规律可能与道路交通释放物有关系，我们先前的研究证实叶片中重金属含量与车流量呈正相关，且元素之间具有同源性（王爱霞，等，2010）。二年生枝条树皮对 4 种元素的累积都呈逐月累积趋势，这又一次说明树皮具有监测重金属污染物的累积性，这与一些学者研究结果一致（Conti & Cecchetti, 2001）。

园林树木对重金属的吸附动力学机理与树种本身特性有关，树木不同，其吸附机理不同，且在不同时段的光照强度下，树木的代谢机理有很大区别，因此可针对不同的树木进行分类研究，也可对内部的重金属转运机理进行深入分析，甚至利用分子手段进行溯源，因而，本领域还有极大的拓展空间。

4.2 公园绿地吸滞空气颗粒物的动力学分析

城市的快速化发展使得城市绿地逐渐减少，硬质地面的大量增加、过度的污染物释放，城市空间热量的增加、风速风向的改变，使得城市环境污染复杂化，清洁环境的消失对居民生理和心理健康产生负面影响，甚至导致与环境污染相关的死亡率和发病率。在减缓城市污染方面，城市公园绿地发挥着重要的作用，需要评估城市绿地群落结构、微气候环境、空间特征等对减缓污染的影响，公园绿地及树木可以截留部分大气中的 PM（Hofman et al., 2017），树木由于叶片与空气污染物不断接触，可能会增加 PM 的沉积（Hothorn et al., 2006）。然而，需要探究公园绿地吸滞空气颗粒物随时间如何变化及不同的时间段的消减程度如何，这有利于了解其各时段内颗粒物沉积的变化机理，为进一步研究城市公园绿地对 PM 的消减机理奠定基础。

4.2.1 公园森林结构吸滞空气颗粒物的动态变化

如图 4-5 所示，5 种树种组成结构和 4 种植物群落结构对空气颗粒物的日消减能力存在一定差异，但整体变化趋势较为一致，平均消减能力较弱的时刻为 9：00、12：00 和 18：00，消减能力较强的时间为 10：00~15：00。

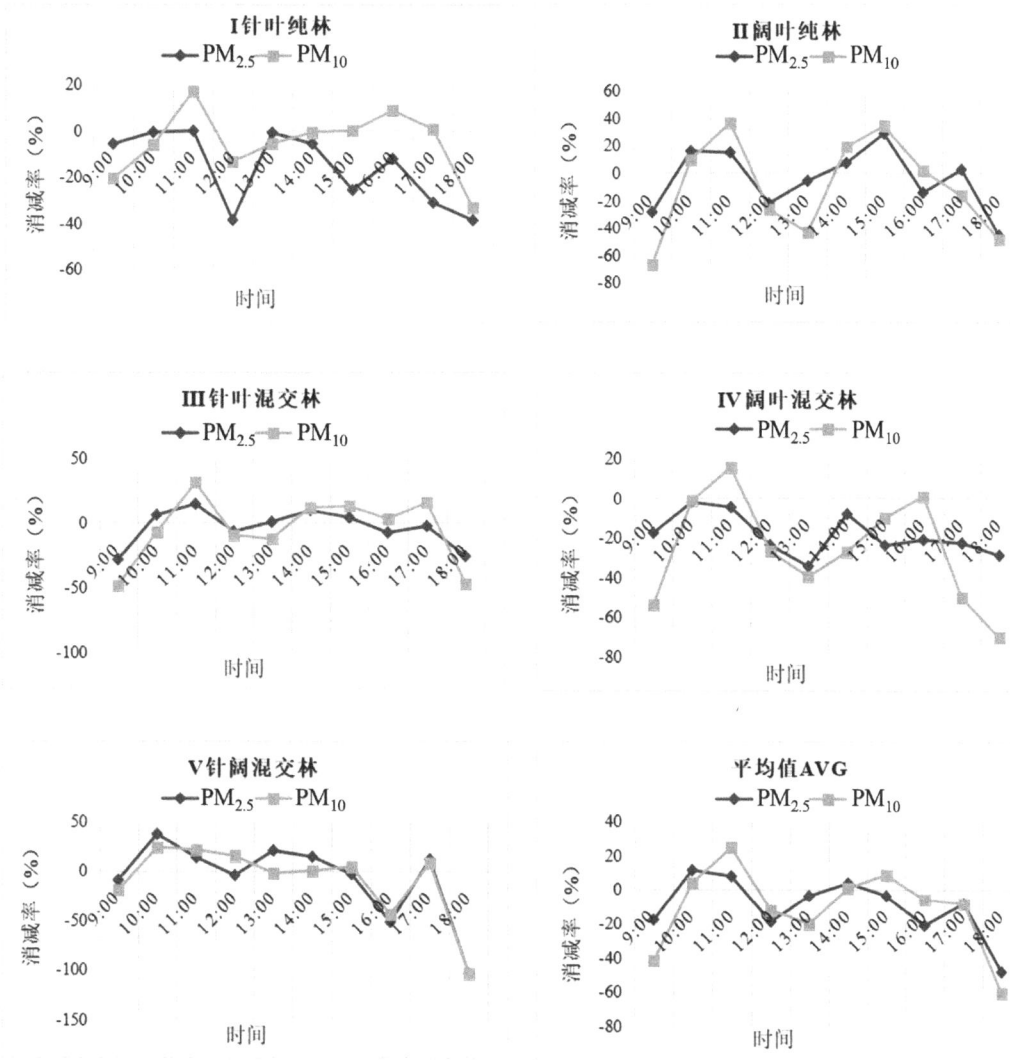

图 4-5　公园绿地中各组成结构吸滞颗粒物日变化分析

样地 I 针叶纯林在 11：00 对 $PM_{2.5}$ 和 PM_{10} 的消减能力最强，平均消减率为 8.52%；在 18：00 的消减能力最差，平均消减率为 −35.89%。样地 II 阔叶纯林对 $PM_{2.5}$ 和 PM_{10} 的消减趋势相同，呈"上升—下降—上升—下降"趋势变化，$PM_{2.5}$ 的消减率在 15：00 时达到最大峰值，消减率为 28.85%，PM_{10} 的消减率在 11：00 达到最大峰值，消减率为 11.54%。样地 III 针叶混交林对 $PM_{2.5}$ 和 PM_{10} 的消减率最高的时刻为 11：00，消减率分别为 14.62%、31.15%，消减率最低的时刻为 18：00，消减率分别为 −25.73% 和 −47%。样地 IV 阔叶混交林仅在 11：00 和 16：00 对 PM_{10} 有一定消减率，其他时刻对 PM_{10} 和 $PM_{2.5}$ 无明显消减作用。样地 V 针阔混交林在日间 10：00~11：00、13：00~15：00 的消减作用均较佳。综合比较各植物组成结构对 $PM_{2.5}$ 和 PM_{10} 的日消减能力可知，日消减趋势为"上升—下降—上升—下降"变化，其中 10：00~11：00、13：00~17：00 这两个时刻区间，公园绿地对空气颗粒物的吸滞能力最强。因此，市民可选择此时间段进行户外活动和锻炼。

4.2.2 公园森林结构吸滞空气颗粒物的能力变化

通过计算公园绿地中各植物群落结构对 $PM_{2.5}$、PM_{10} 的日消减能力发现（图 4-6），乔—灌—草结构在 10：00~11：00、14：00~15：00 对两种粒径颗粒物的消减效果均较佳，消减率为 13.79%~6.79%、9.87%~ −8.76%。乔—草结构分别在 10：00 和 9：00 对 $PM_{2.5}$ 的消减能力最强和最弱，消减率为 22.39% 和 −25.26%；在 11：00 和 18：00 对 PM_{10} 的消减能力最强和最弱，消减率为 23.88% 和 −63.46%。灌—草结构中对 2.5μm 粒径颗粒物消减能力大于 10μm 粒径颗粒物，各时刻平均消减率为 0.29% ＞ −25.84%。草坪结构在 18：00 消减能力急剧下降，消减率低至 − 180%。综合比较公园绿地中各时刻植物群落空间，以 9：00~11：00、14：00~16：00 的消减效果最佳。

4.2.3 公园森林结构吸滞空气颗粒物的动态机理分析

依据图 4-6 的结果显示，4 种群落结构日消减能力最好的时间段为 10：00~15：00，随着太阳的上升，气压逐渐升高，风力呈小—大—小的变化趋势，这样的趋势会促进环境中的颗粒物消散，因而 4 种植物群落结构中的颗粒物浓度较低，而测试环境中温度、湿度等微气候因子及空间特征也可能会影响颗粒物的沉积和消减。此外，太阳辐射强度日变化呈现低—高—低的变化，光强较大的时间段出现在 10：00~15：00，光照强度会引起空间温度、湿度、二氧化碳的变化。因此园林树木光合作用是植物生理代谢的基本过程，也是环境因素影响树木生理活动的重要手段，园林树木光合作用呈单峰或双峰变化，接近中午的前后时段均是代谢旺盛期，因此，在这个时间段，树木叶片活力强、吸滞颗粒物能力强是林内颗粒物减少的可能原因，需要后期进一步用实验证明。

而不同植物群落结构消减能力较好的时间段略有不同，但其日消减趋势为"上升—下降—上升—下降"变化，其中 10：00~11：00、13：00~17：00 这两个时刻区间，公园绿地对空气颗粒物的吸滞能力最强，这与光合作用的双峰变化相契合，可能与植物光合作用、二氧化碳浓度变化及树木空间微气候有直接关系；而其中乔—灌—草结构消减能力最强，有研究表明，植物群落结构越复杂，其生态效益越好，吸滞污染物能力越强（Wang et al., 2022）。

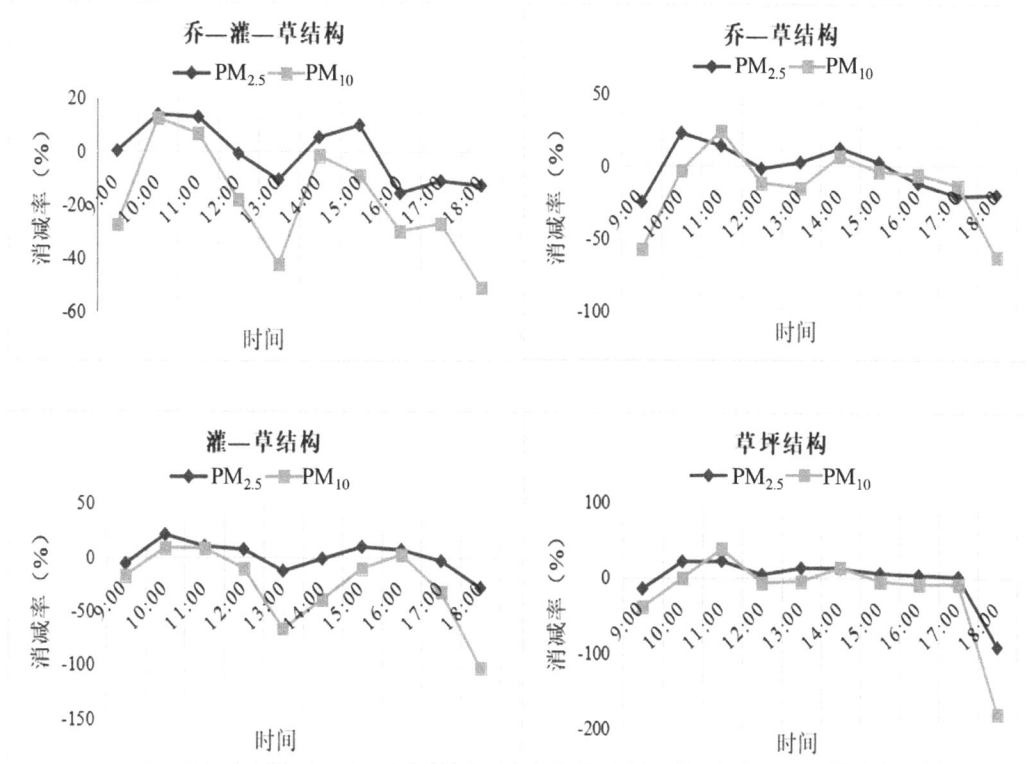

图 4-6 公园绿地中各群落结构吸滞空气颗粒物日变化分析

4.3 道路绿地吸滞空气颗粒物的动力学分析

城市化的快速发展使得城市汽车保有量逐年增加,道路交通是空气污染物的重要释放源,对城市空气污染物的增加贡献极大,尾气、刹车、轮胎等的释放会对健康造成不利影响(Timmers & Achten, 2016)。虽然中国采取了一系列措施缓减空气污染,如电动汽车的推广、清洁燃料的使用及无铅汽油的开发,但道路污染在短时间内不会大幅减轻。相关研究表明,道路交通污染物是颗粒物的主要来源(DEFRA, 2017),高浓度的空气污染物对居民有各种各样的不利健康的影响(Kimbrough et al., 2018)。道路绿地已成为减少街谷附近空气污染物的重要设施(Abhijith & Kumar, 2019),道路绿地消减空气颗粒物效果受气候因子、林地结构、植被状况、街谷特征等有关,但街道林地如何在不同时段消减颗粒物及消减效率如何,需要在上述指标相对一致的情况下,对街道绿地消减颗粒物的动态变化进行研究,有助于探明道路林地消减颗粒物的日变化规律,为进一步防止道路颗粒物污染提供理论支持。

4.3.1 道路群落结构吸滞空气颗粒物的动态变化

如图 4-7 所示，城市道路绿地对 $PM_{2.5}$ 和 PM_{10} 消减效应的日变化曲线整体呈波浪起伏式变化，且每时刻之间波动较大。城市道路绿地各植物群落空间对大气颗粒物的平均消减效应最强的时刻为 14：00~16：00，原因可能为 14：00~16：00 道路中人流量和车流量下降，与此同时空气温度上升，相对湿度下降，植物光合作用活跃，这些因素共同促使绿地内大气颗粒物浓度下降和消减能力增强。

9：00~14：00，城市道路绿地对大气颗粒物的消减能力逐渐增加，早高峰时刻增加了颗粒物的排放，同时经过一夜的积累林内颗粒物浓度升高，夜间温度较低、湿度较大、气流下沉，不利于 PM 的传输与扩散。16：00 以后，空气温度逐渐降低，空气湿度增加，颗粒物与水分子结合，开始不断聚集，绿地内大气颗粒物含量急剧上升，消减能力也逐渐减弱。一般而言，空气温度越高，大气气压越低，空气流动越明显，大气颗粒物扩散速率越快，颗粒物浓度越低，绿地消减率则越高，受清晨大气层边界急剧膨胀的影响，早晚高峰对颗粒物消减率明显低于其他时刻。因此，市民户外活动时间应尽量选择 14：00~16：00 颗粒物污染较低的时间段，避开早晚高峰两个时间段。

4.3.2 道路群落结构吸滞空气颗粒物的能力分析

城市道路主要通过不同植物群落调节微气候环境和改善大气环境。图 4-7 显示，不同植物群落结构对大气颗粒物均有明显的水平消减作用。城市道路绿地 PM 值日均浓度整体上呈波浪式下降趋势，早高峰的浓度高于白天其他时刻，且每时刻之间波动较大。四种群落结构对 $PM_{2.5}$ 日均水平消减效应最强的群落结构为乔 — 灌 — 草结构，平均消减率为 3.92%；其次为乔 — 灌结构，平均消减率为 3.02%；最弱的为灌木结构，平均消减率为 1.6%。四种群落结构对粒径 10μm 的大气颗粒物水平消减效应较强，日均消减率分别为灌木 4.86%、灌 — 草 3.59%、乔 — 灌 4.10% 和乔 — 灌 — 草 5.57%。

4.3.3 道路群落结构吸滞空气颗粒物的动态机理分析

道路群落结构吸滞颗粒物的最佳时段在 14：00~16：00，测试区域位于路侧，交通污染物集中、浓度极高，有研究表明，当某一时段污染物浓度超过特定空气质量阈值时，植物群落对空气污染物的过滤效果是明显的，无论盛行风向或风速如何，当浓度升高时，行道树在该区域具有空气过滤作用（Riondato，2020）。由此可见，道路污染物浓度的日变化过程直接影响林地颗粒物的沉积。植物群落中树木叶片对颗粒物的捕获也具有重要作用，叶表面的毛状物、气孔密度、气孔大小和凹槽对 PM 的去除有直接影响，叶面积指数和群落宽度也会影响颗粒物捕集效率（Nowak et al., 2013），树木和植物群落保持一定数量也可能对城市交通量增加的情况下使得空气污染物维持在一定限度之下。

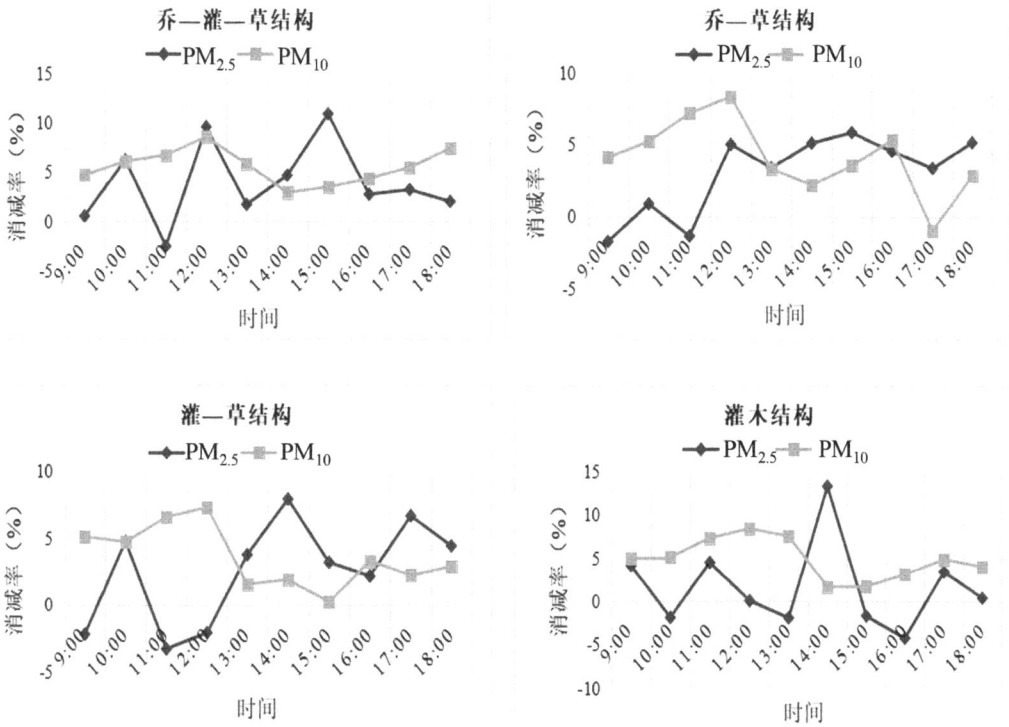

图 4-7　道路绿地中各群落结构吸滞空气颗粒物日变化分析

受试的 4 种群落结构以乔 — 灌 — 草结构捕集效率最好，其次为乔 — 灌结构，植物群落中物种多样性越好，植物种类复杂、形态差异大，形成的颗粒物捕集网络系统结构越复杂，捕集系统空隙密度大、形态多样，对气溶胶的吸纳量大。因此，不同群落结构对空气颗粒物的消减能力会有很大差异。在空气治理过程中，道路绿地应尽可能提升植物多样性，形成高 — 中 — 低的群落层次，合理配置大乔木、中小乔木，林下选择分枝密集的灌木，并多采用垫状的草本植物，综合提升道路绿地的空气污染治理效益。

目前，空气污染已成为影响城市环境的重要问题之一，尤其是道路交通污染，随着道路网络的建设及汽车保有量的上升，道路污染释放已成为贡献极大的空气污染源。因此，空气污染治理除了对排放物的监管，还应对其消减手段予以重视。绿地的生态效益已得到了广泛的认可，但其对空气颗粒物的消减、吸滞机制尚处于初级阶段，这可能与植物及群落的复杂性有关，如植物种类、群落结构、种植密度多样，其消减机理和吸滞效果有极大不同；也可能与地域气候有关，不同的地理气候条件下，太阳辐射、温度、湿度、风环境等有极大差异，因而会影响植物的代谢过程，也极大地影响了绿地的消减效益。此项研究提出的动力学机制，对绿地吸滞颗粒物的动态过程进行针对性的研究，从而有望找寻颗粒物浓度林内传输的动力学规律，其结果也可为进一步构建模拟颗粒物在林地的传输模型，从而帮助更好地理解林地吸滞颗粒物的机理。但因时间和条件的限制，还有诸多有待解决的问题，如不同植物群落的捕集体系构成特征区别如何、污染物浓度与林内滞留量的关系如何等，这些还需要本领域有兴趣的学者一起探索。

第 5 章

园林树木对
污染物在微观
层次上的吸滞机理

5.1 园林树木器官对环境重金属的吸滞机理

利用园林树木进行空气污染的相关研究已经取得了长足的进步（Abdelaziz & Omar, 2007），目前多见于利用植物叶片进行环境监测，但利用树木器官的研究则较为零散而少见。生物材料的主要优点是样本鉴定、采样和处理简易，而且一些属分布较广，有利于进行大范围的监测。随着人类对环境影响的日益提高，而树木对环境的改变表现出更大的耐性对监测区域的研究来说尤其重要。污染物含量方面，除了同类器官不同物种的差异外，同种植物的不同部位之间也有差异，所报道的研究主要是利用化学方法分析重金属在各部位的含量（黄会一，等，1981），只分析绝对含量的方法会掩盖了空气污染的影响，因而可利用植物各器官的相对含量、相对污染指数，从测试数据信息中寻找绿化树种在器官水平上的区隔化规律，为进一步研究其累积重金属污染物的机制提供理论依据。

5.1.1 受试树种器官中的重金属含量

悬铃木各器官中重金属元素的相对含量列于表 5-1。数据显示，悬铃木各器官重金属平均含量因元素的不同而不同，Zn 含量最高，达到 $19.424mg \cdot kg^{-1}$，大小依次为 Cu、Pb 和 Ni。悬铃木各器官重金属元素含量污染区高于对照区，存在明显差异，且同一器官对不同元素的累积量差异显著，而同一元素在不同器官的含量也不同。

5.1.2 受试树种器官中重金属的相对含量

悬铃木各器官中重金属元素的相对含量如表 5-2 所示。从表中可以看出，同一器官对各元素的相对累积量存在很大不同，4 种元素相对含量在根、主干、老树皮、一年生枝条、叶和果实中大小顺序均为 Zn > Cu > Pb > Ni，而在二年生枝条和芽中，Cu 相对含量最大，依次为 Zn > Pb > Ni；且同一元素在不同器官的相对累积量不同（表 5-1），各器官 Cu 相对含量的大小顺序为叶、老树皮、果实、根、主干、一年生枝条、二年生枝条、芽，Ni 相对含量大小顺序为叶、老树皮、主干、芽、果实、一年生枝条、二年生枝条、根，Pb 相对含量大小顺序为叶、老树皮、主干、根、一年生枝条、二年生枝条，Zn 相对含量大小顺序为叶、老树皮、主干、根、果实、一年生枝条、果实、二年生枝条、芽。图 5-1 显示，重金属元素 Cu、Ni、Pb 和 Zn 元素在叶中分布最高，分别约为最小相对含量器官的 3 倍、6 倍、14 倍和 31 倍，老树皮次之，分别约为最小相对含量器官的 3 倍、4 倍、8 倍和 8 倍，其余器官变化较大。

悬铃木各器官中重金属元素的相对含量（mg·kg^{-1}DW）表   表 5-1

元素		Cu	Ni	Pb	Zn
根	Ck	3.255±0.353Bc	1.430±0.142Bd	4.892±0.671b	10.033±1.032 Ba
	PZ	5.392±0.721Ac	1.552±0.490Ad	6.401±0.784 Ab	13.470±1.533 Aa
主干	Ck	2.231±0.105 B	1.003±0.064 B	3.471±0.24 B	15.571±2.342 B
	PZ	4.056±0.981 Ac	1.379±0.105 Ad	5.369±0.564 Ab	19.427±0.467 Aa
老树皮	Ck	3.231±0.115 Bb	0.298±0.150 Bd	1.019±0.078 Bc	4.971±0.519 Ba
	PZ	7.026±1.043 Ab	0.770±0.063 Ad	4.220±0.516 Ac	9.310±0.981 Aa
二年生枝条	Ck	12.314±1.223 Bb	0.391±0.058 Bd	11.276±0.567 Bc	22.768±2.450 Ba
	PZ	13.718±1.375 Ab	0.533±0.117 Ad	11.676±1.783 Ac	23.503±2.051 Aa
一年生枝条	Ck	12.072±1.107 Bb	1.034±0.564 Bc	0.508±0.123 Bd	19.740±1.627 Ba
	PZ	13.574±1.010 Ab	1.237±0.352 Ac	1.123±0.117 Ad	23.742±1.439 Aa
芽	Ck	25.672±1.567 Bb	3.323±0.712 Bc	0.623±0.473 Bd	33.080±2.005 Ba
	PZ	26.067±1.347 Ab	3.628±0.553 Ac	1.073±0.068 Ad	33.422±1.339 Aa
叶	Ck	3.628±0.751 Bb	1.118±0.246 Bd	3.579±0.518 Bc	19.682±1.003 Ba
	PZ	7.704±0.947 Ac	1.839±0.117 Ad	9.319±0.659 Ab	30.378±1.326 Aa
果实	Ck	6.767±0.775 B	1.021±0.064 B	0.753±0.041 B	14.167±1.324 B
	PZ	9.553±0.937 Ab	1.296±0.217 Ad	1.382±0.067 Ac	17.524±1.334 Aa
元素平均含量		9.766	1.366	4.168	19.424	—

注：大写字母代表不同测试点的显著性检验结果；小写字母代表相同器官不同元素的显著性检验结果。有相同字母表示无显异；无相同发字母表示存在显著差异。表中 PZ 表示污染区，CK 表示对照。

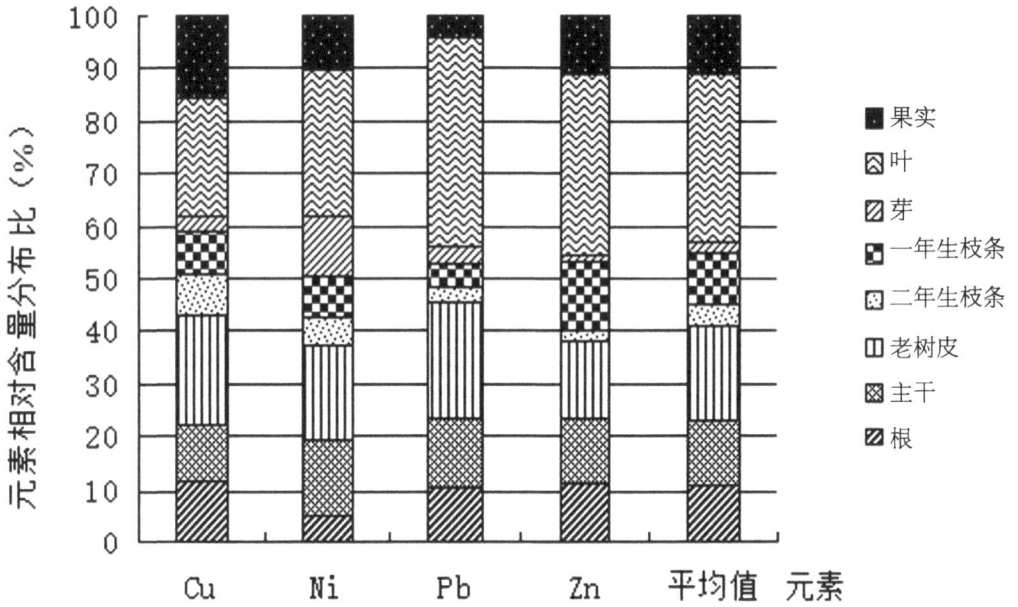

图 5-1 悬铃木各器官中 Cu、Ni、Pb 和 Zn 相对含量的分布百分比

悬铃木各器官中重金属元素的相对含量表（mg·kg^{-1}DW）　　　　表 5-2

元素	相对含量（PZ-CK）							
	根	主干	老树皮	二年生枝条	一年生枝条	芽	叶	果实
Cu	2.137	1.825	3.795	1.404	1.502	0.395	4.076	2.786
Ni	0.123	0.376	0.471	0.142	0.203	0.305	0.721	0.275
Pb	1.509	1.898	3.202	0.400	0.616	0.449	5.741	0.629
Zn	3.436	3.856	4.339	0.735	4.002	0.343	10.696	3.357
平均含量	1.801	1.989	2.952	0.670	1.581	0.373	5.308	1.762

5.1.3 受试树种器官重金属的污染指数

悬铃木各器官中重金属元素的污染指数如表 5-3 所示。污染指数可以反映植物对重金属的累积能力，污染指数＝污染各器官某一重金属元素含量 / 清洁区对应器官对应重金属元素的含量。Cu、Ni、Pb 和 Zn 在各器官中的污染指数均以老树皮最大，叶次之，大小分别是 117.477% 和 112.329%、157.990% 和 64.444%、314.262% 和 160.417%、87.299%、54.343%，且 Cu、Zn 在芽中的污染指数最小，Pb 在二年生枝条中的污染指数最小，而 Ni 在根中污染指数最小。从图 5-2 的结果中可清楚地呈现各器官对重金属元素的累积能力，老树皮中各元素污染指数分布比例较大，叶次之，其余器官变化较大；对于 Cu 元素，污染指数较大器官老树皮和叶片的分布比例分别约为污染指数较小器官的 76 倍和 73 倍，Ni 元素分别约为 18 倍和 8 倍，Pb 元素分别约为 89 倍和 45 倍，Zn 则约为 84 倍和 52 倍，说明这两种器官对重金属元素的累积能力较强，适合用于监测。

悬铃木各器官中重金属元素的污染指数表（%）　　　　表 5-3

元素	相对含量（PZ-CK）							
	根	主干	老树皮	二年生枝条	一年生枝条	芽	叶	果实
Cu	65.649	81.801	117.477	11.404	12.442	1.537	112.329	41.170
Ni	8.579	37.488	157.999	36.360	19.633	9.172	64.444	26.934
Pb	30.853	54.682	314.262	3.549	121.233	72.169	160.417	83.533
Zn	34.248	24.762	87.299	3.229	20.274	1.036	54.343	23.696
平均值	34.832	49.683	169.259	13.635	43.395	20.978	97.883	43.833

5.1.4 受试树种器官吸滞重金属的机理分析

通过悬铃木 8 种器官中重金属元素的分布发现（表 5-1），污染区悬铃木各器官重金属含量都高于对照，差异明显，这说明空气污染是造成明显差异的主要原因之一；表中

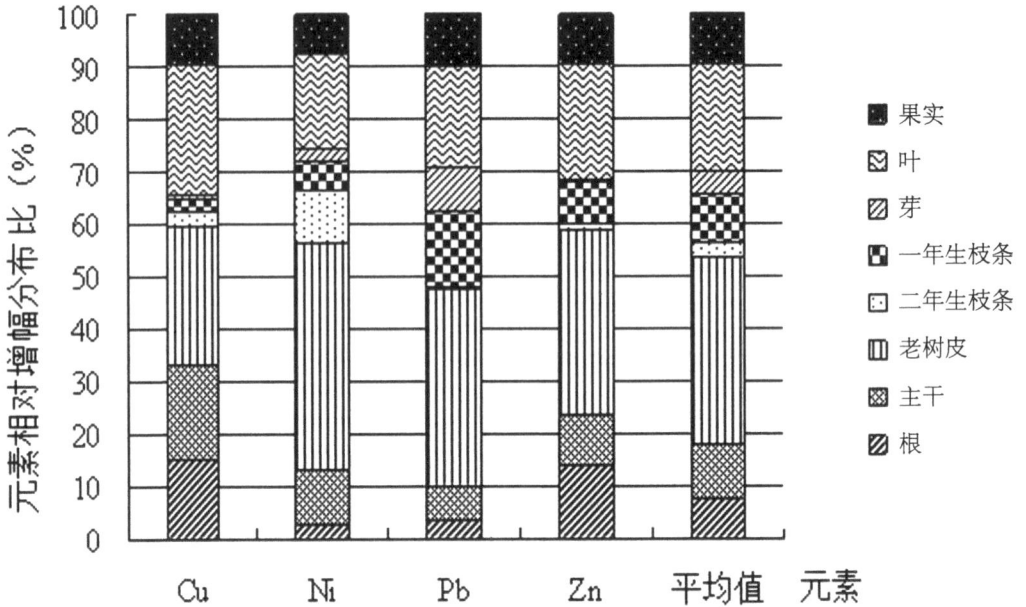

图 5-2 悬铃木各器官中 Cu、Ni、Pb 和 Zn 污染指数的分布百分比

悬铃木各器官对同一元素、相同器官对不同元素的累积量不同，这可能与树木的吸收能力和转运机制、内部生理生化以及离子性质等因素有关（王焕校，2002）。

　　常年或长期置于空气污染物中的植物各器官可以直接吸收空气中的重金属污染物，或通过根部吸收沉积在土壤中的空气粉尘重金属，通过一系列交换、转运等复杂的生理生化活动，累积于各器官中。悬铃木各器官重金属元素相对含量（表 5-2）及其污染指数显示叶片的累积程度最高、老树皮次之，这说明重金属元素在这两个器官分配较多，具有明显的器官分布作用。而悬铃木各器官重金属含量的污染指数显示老树皮最大，叶片次之，这再次说明这两个器官对重金属具有较强的重金属累积能力。悬铃木作为南京市的主要绿化树种，其叶片具有较高的累积重金属能力，是很好的大气重金属累积器。幼嫩树皮是由覆盖在茎最外面的木栓组织组成，表皮多皮孔，因而具有吸收重金属的功能，组织内木栓细胞紧密排列，细胞内充满了软木脂，一种亲脂性聚合体，这些聚合体表面分布有可以结合重金属的基团，从而起到滞留重金属元素的作用；随着树木的生长，细胞迅速死亡，形成一层非原生质亲脂性表层，覆盖在有生命的组织上，主要通过物理化学作用来吸收重金属元素，但具体机理仍不清楚，本研究发现悬铃木树皮较其他器官具有较高的污染指数，其可用于大气重金属污染监测。

5.2 园林树木叶和茎组织对环境重金属的吸滞机理

关于城市大气灰尘对人类健康造成的影响，已被多次报道（Zhao et al., 2006）。研究显示，来自呼吸系统和心血管系统的死亡率和发病率的升高与某地空气颗粒物的质量浓度相联系，尤其是直径小于 $10\mu m$（PM_{10}）的空气颗粒物具有高风险，其极易进入人的呼吸系统从而对其造成伤害（Samet et al., 2000）。置于城市和路边的树木，不断被发动机车辆释放物、轮胎的车闸面磨损物以及由于车辆运动引起的浮尘、建筑材料释放物等颗粒物质所污染（Prajapati et al., 2006）。树叶因其具有大的表面积和蜡质层，能有效吸滞大气污染物，已经证明是极好的大气污染物累积器（Urbat et al.,2004）。目前，基于树叶监测大气污染水平的研究主要包括环境磁学技术和化学测试方法（Kim et al., 2007），而大量研究主要集中在大气污染物的空间和时间分配（Davila et al., 2006）、叶表面灰尘颗粒物来源识别（S.G. et al., 2008）等方面，很少有人去研究累积在树叶中的大气重金属污染物在组织水平上的分配以及可能的分配方式，本章借助 X 射线能谱分析仪（EDX），通过分析南京市广植的悬铃木叶片及一年生枝条各组织中的重金属含量，以期了解重金属进入植物体后在组织水平上的分配以及可能的分配途径，为探究其累积机理提供理论依据。

5.2.1 受试区树木叶片组织水平的重金属含量分析

众所周知，木本植物叶片适于监测，而树皮的监测能力也已经被证明（Migaszewski et al., 2005; Mingorance et al., 2005）。除把叶片作为研究对象外，本书也选择悬铃木一年生枝条作为研究对象，是因为其表皮皮孔突出，表皮连续而没有被破坏，受年龄和外在影响因素小，且各组织界限分明，研究容易。为了研究不同污染区环境状况下悬铃木叶片及一年生枝条组织水平上重金属元素分布特征，分别对叶的上表皮、栅栏组织、海绵组织、下表皮，以及茎的表皮、皮层、射线、髓进行了 X 射线能谱分析，如图 5-3~ 图 5-11所示。叶片和一年生枝的 X 射线点扫描代表图像如图 5-12、图 5-13 所示。

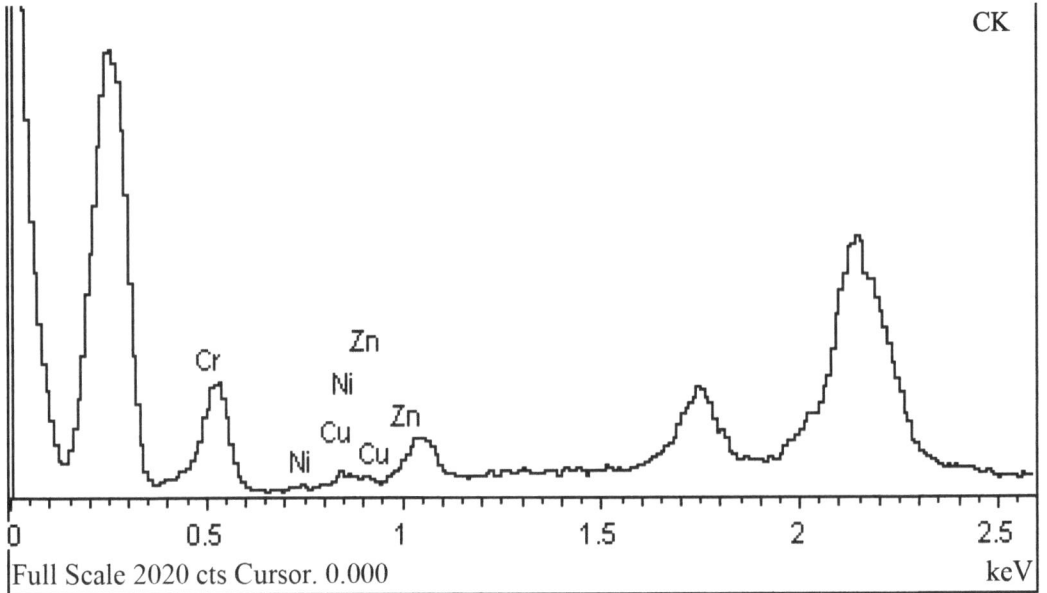

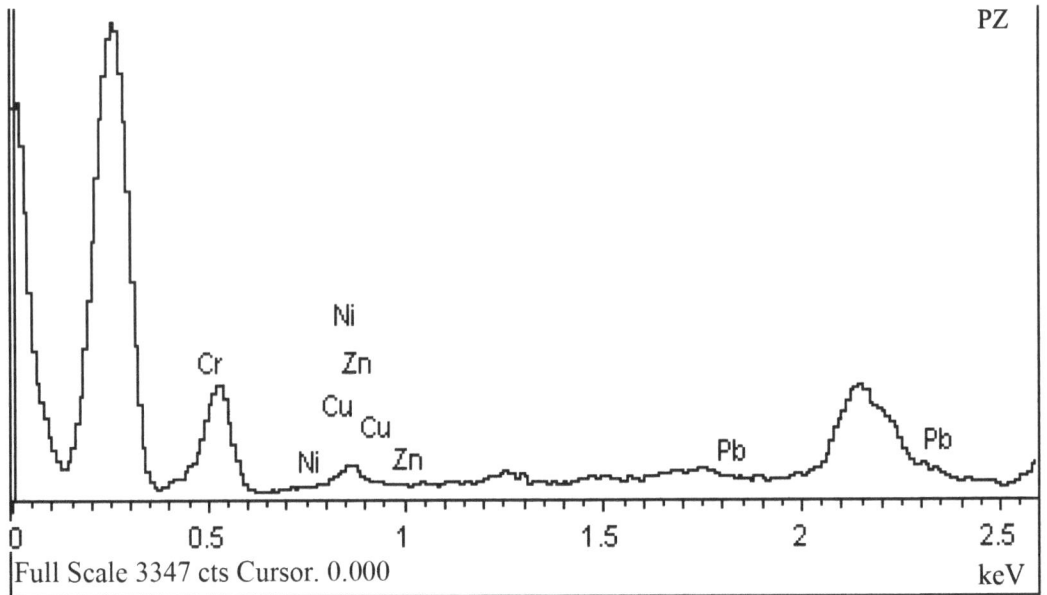

图 5-3 悬铃叶上表皮重金属元素 X 射线微区分析谱图

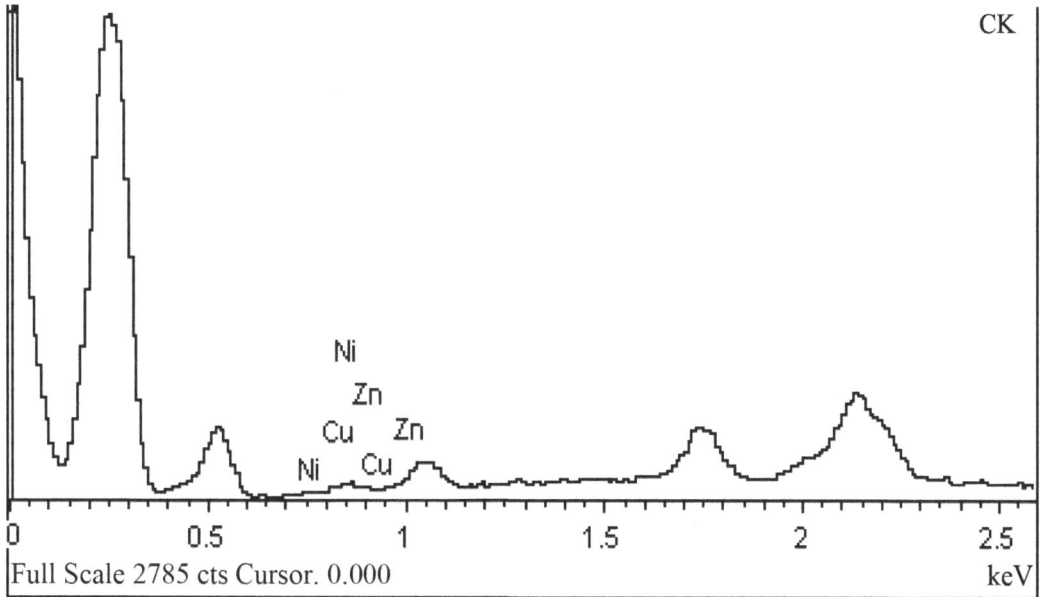

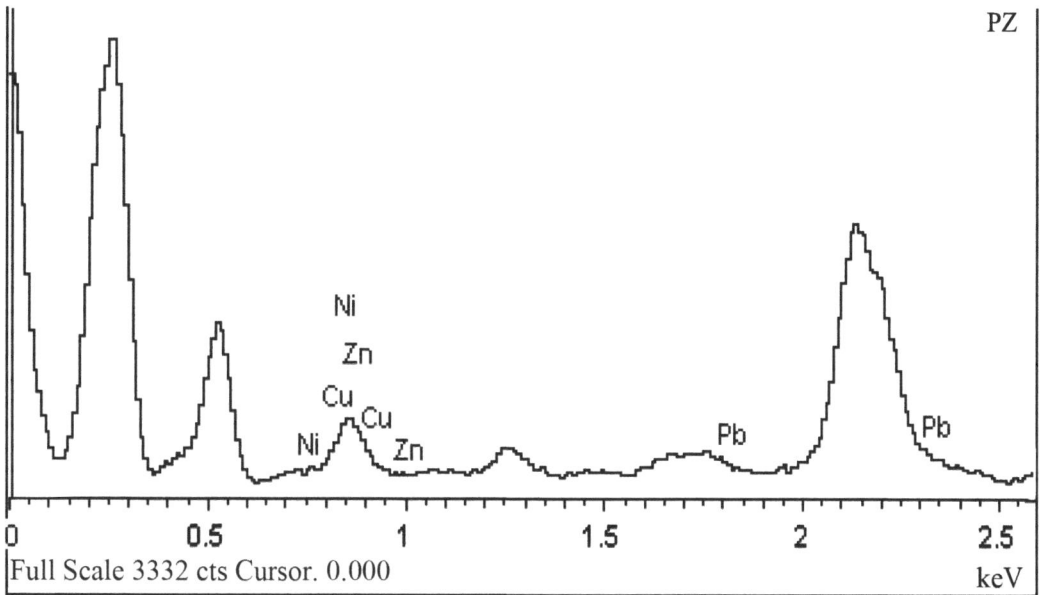

图 5-4 悬铃叶栅栏组织重金属元素 X 射线微区分析谱图

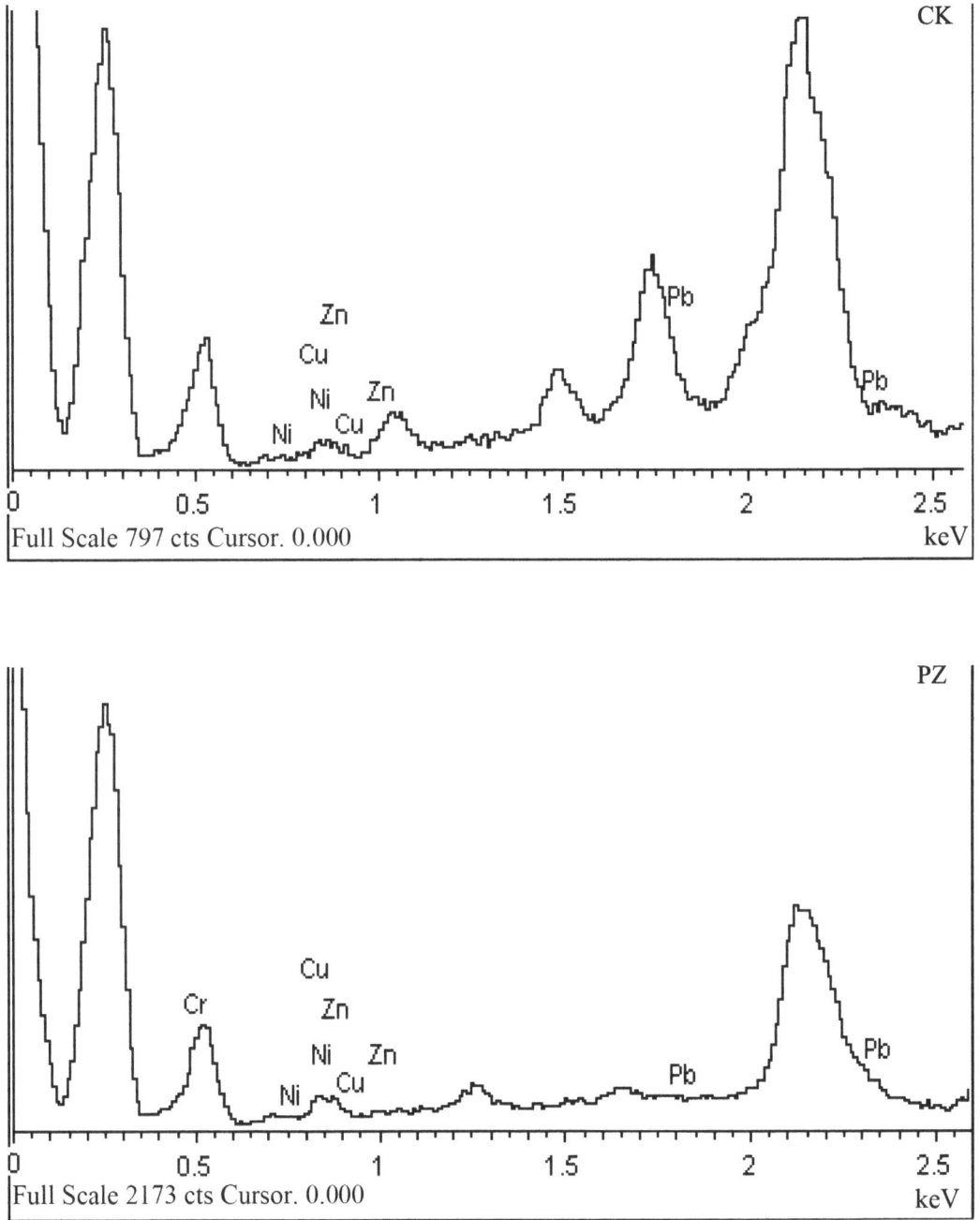

图 5-5 悬铃叶海绵组织重金属元素 X 射线微区分析谱图

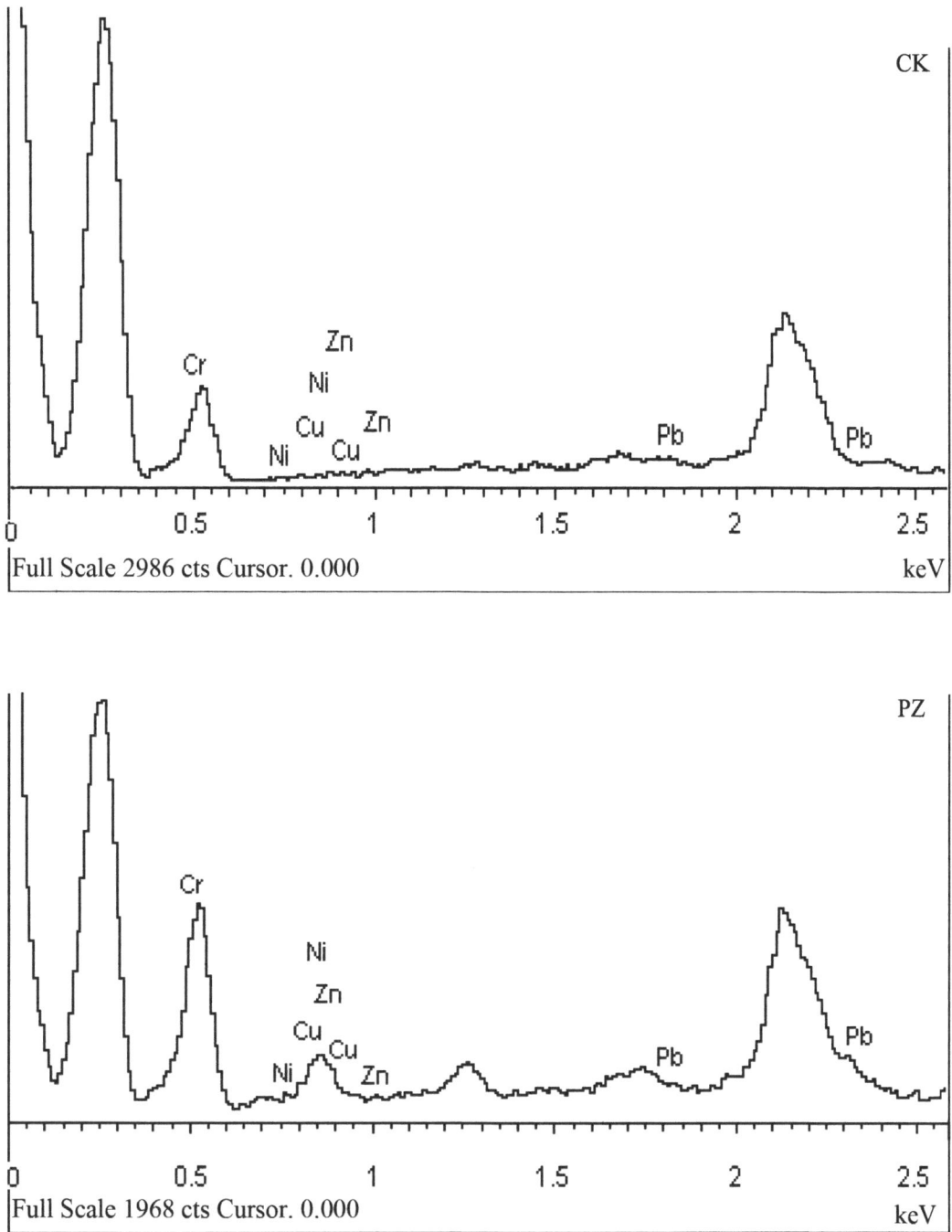

图 5-6 悬铃叶下表皮重金属元素 X 射线微区分析谱图

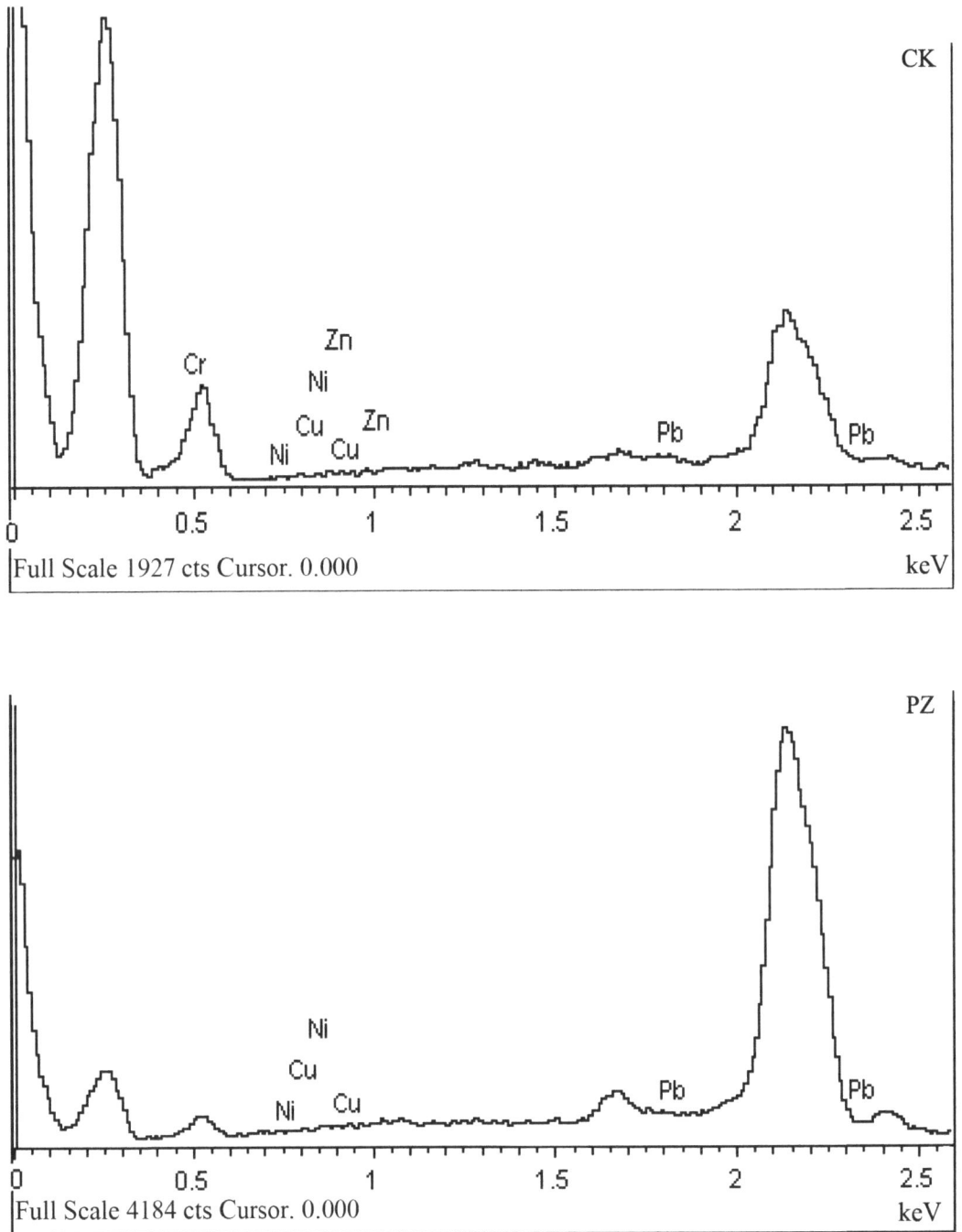

图 5-7 悬铃木一年生枝条表皮重金属元素 X 射线微区分析谱图

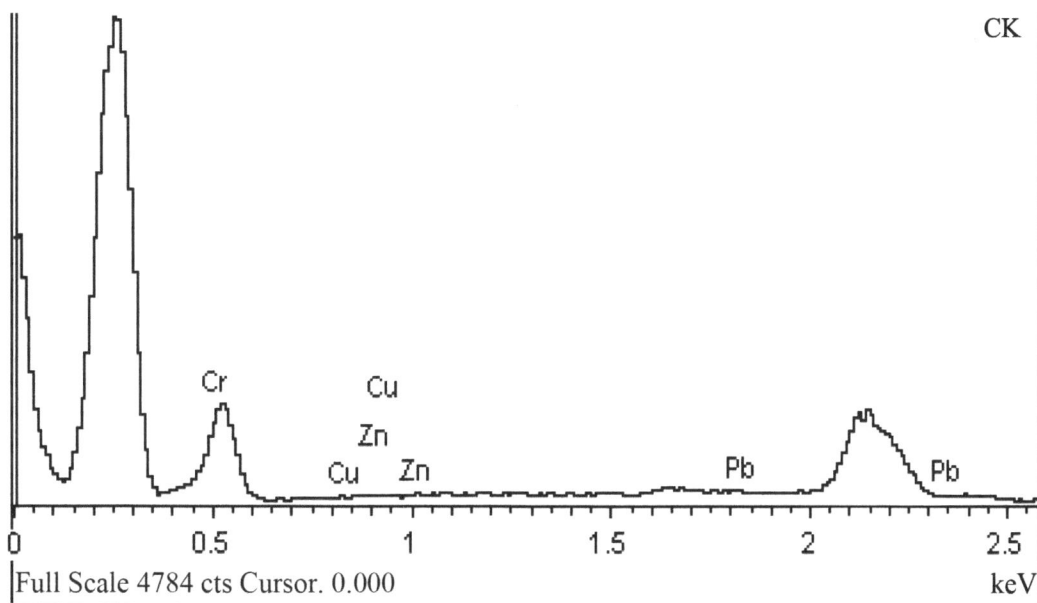

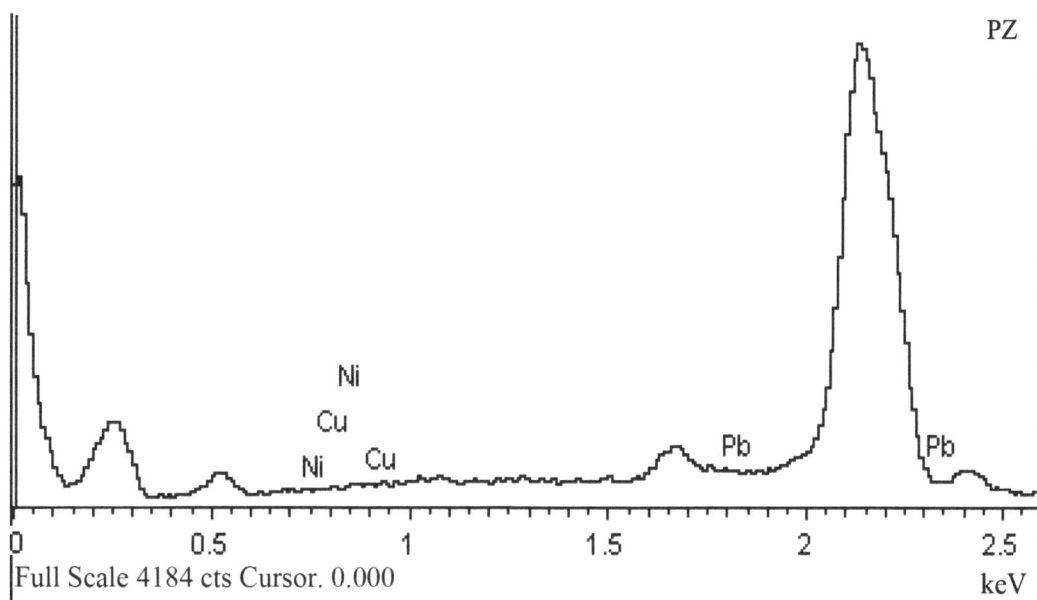

图 5-8 悬铃木一年生枝条韧皮部重金属元素 X 射线微区分析谱图

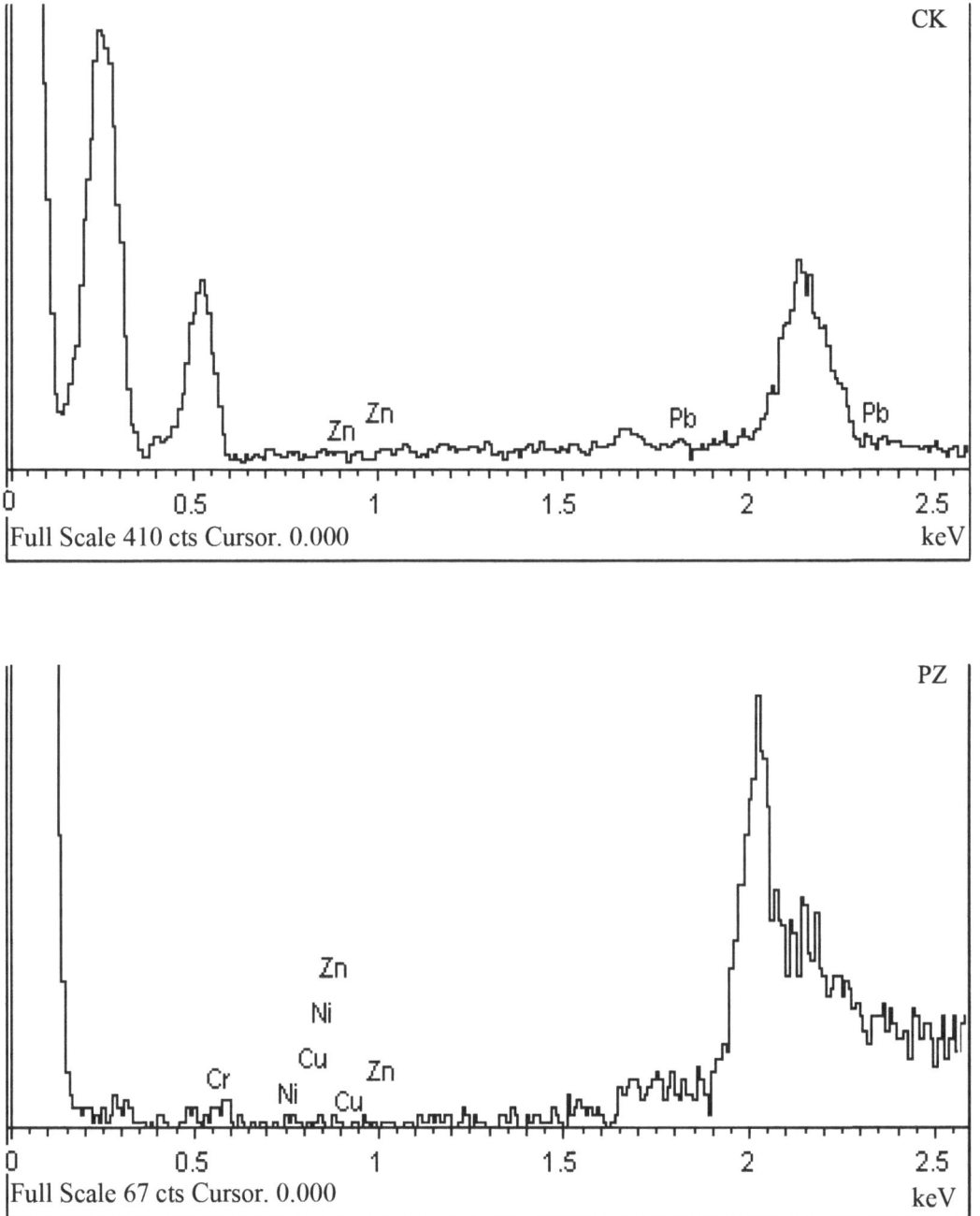

图 5-9 悬铃木一年生枝条木质部重金属元素 X 射线微区分析谱图

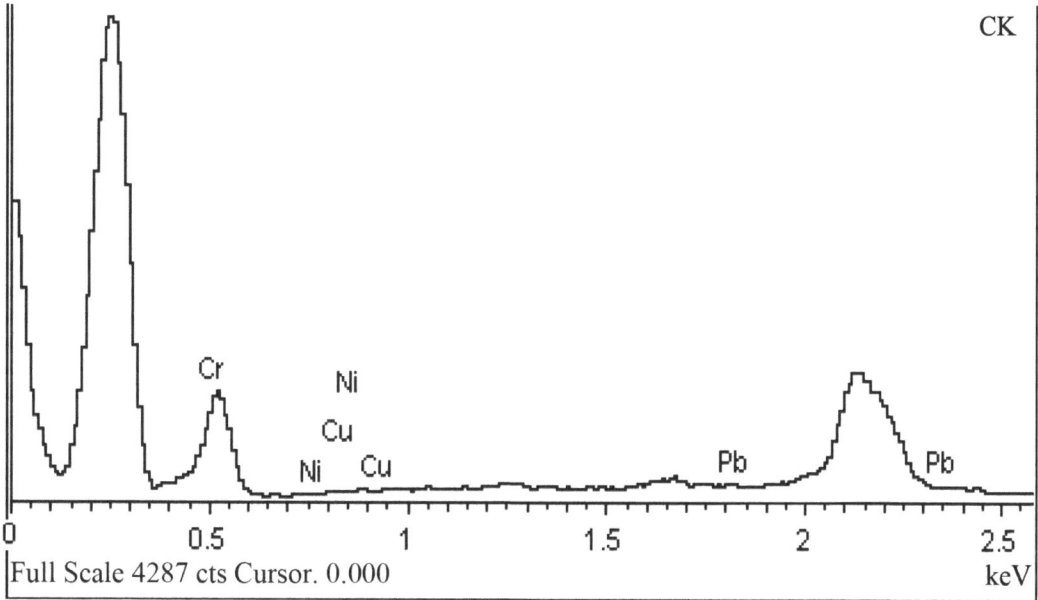

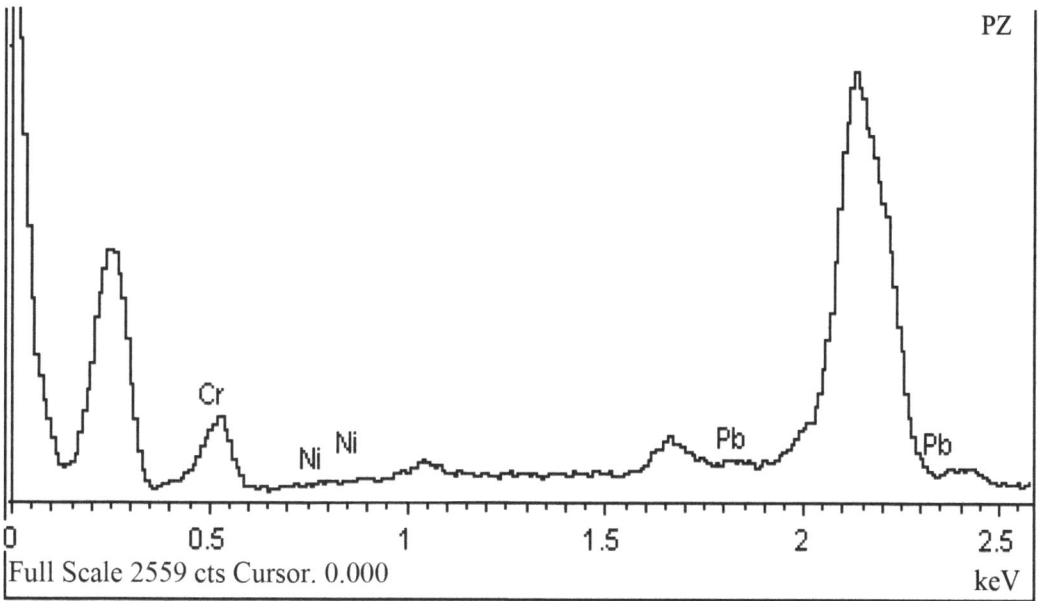

图 5-10 悬铃木一年生枝条射线重金属元素 X 射线微区分析谱图

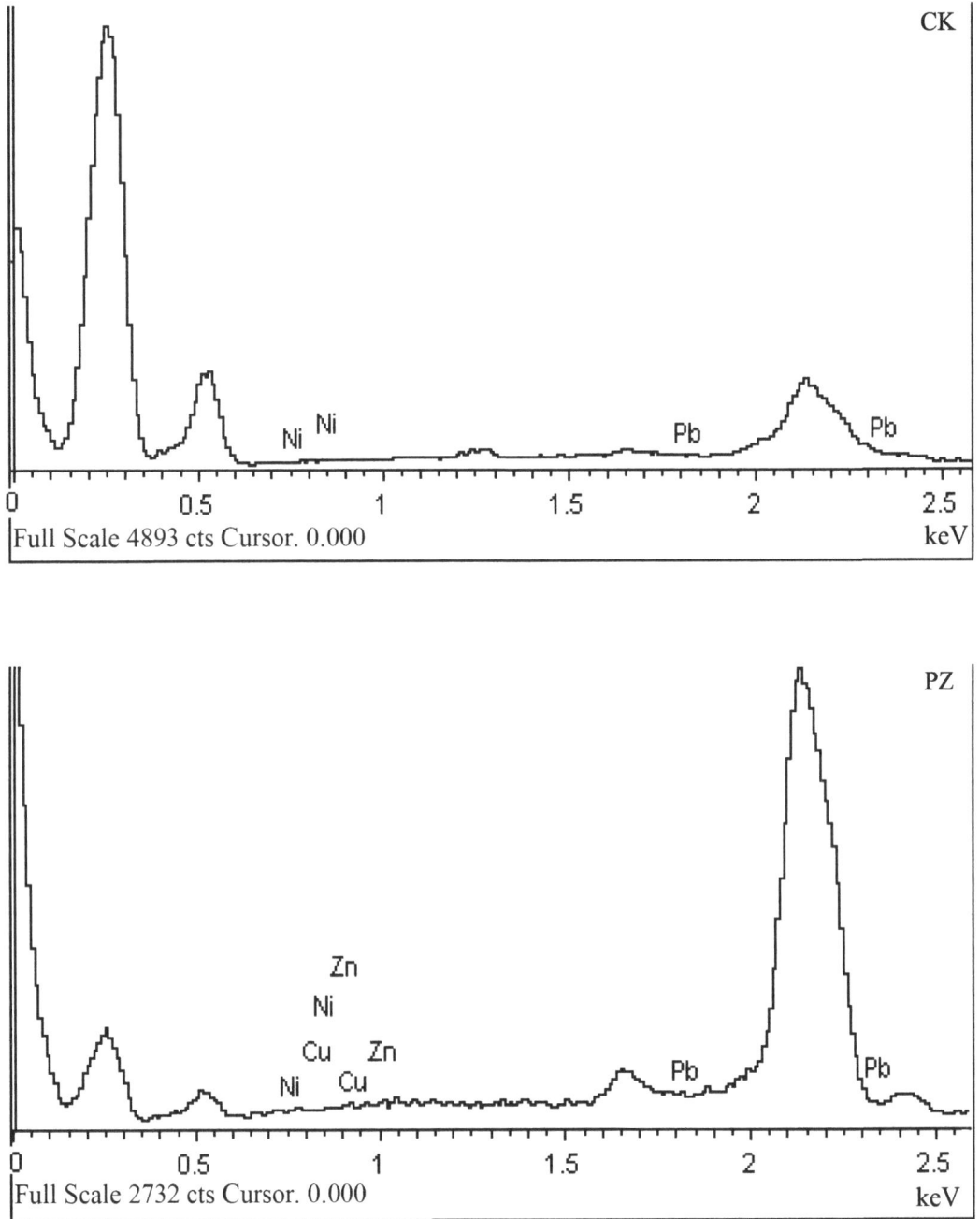

图 5-11 悬铃木一年生枝条髓重金属元素 X 射线微区分析谱图

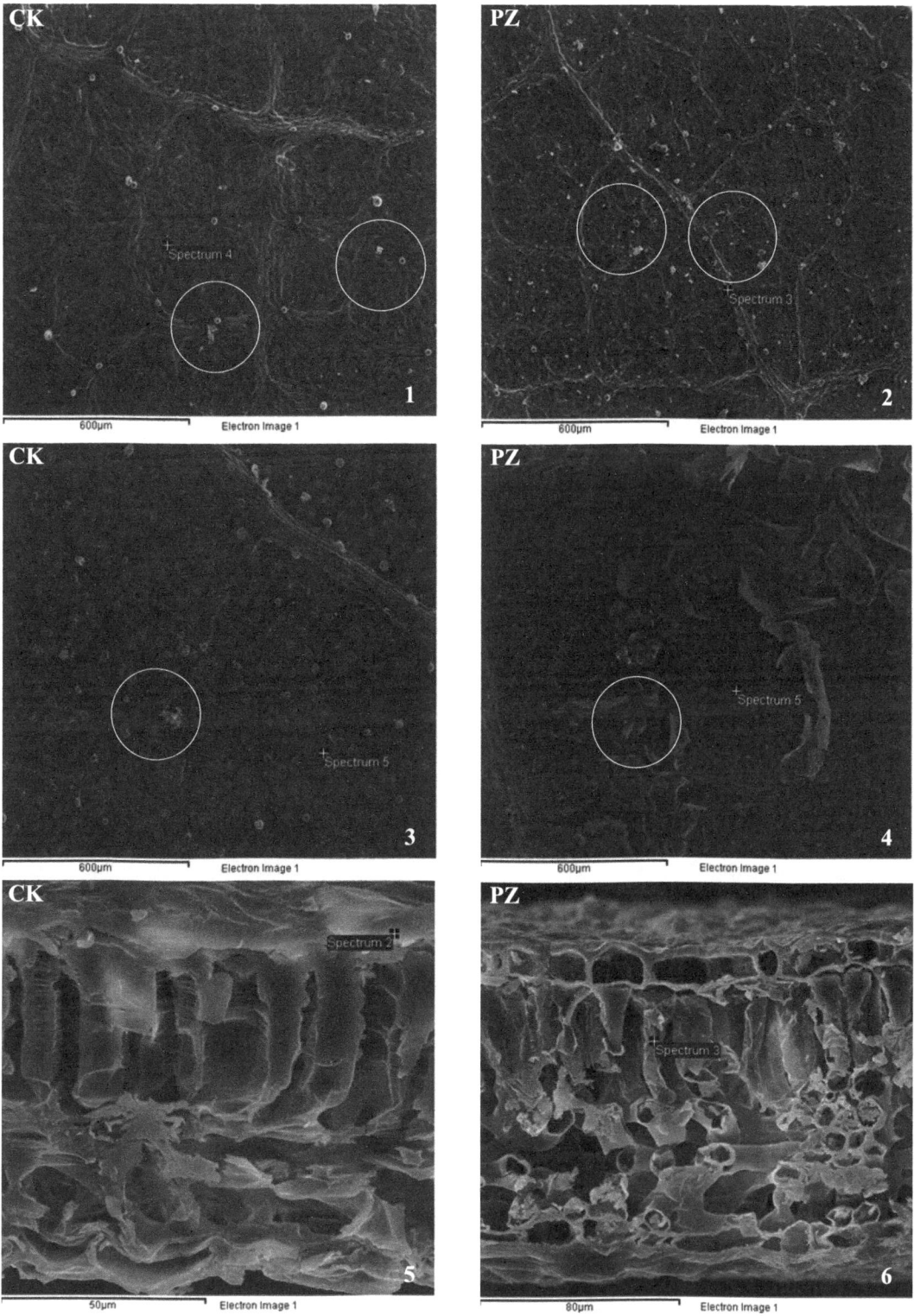

图 5-12 悬铃木叶 X 射线扫描代表图像

（注：1~2 为上表皮；3~4 为下表皮；5~6 为内部组织。）

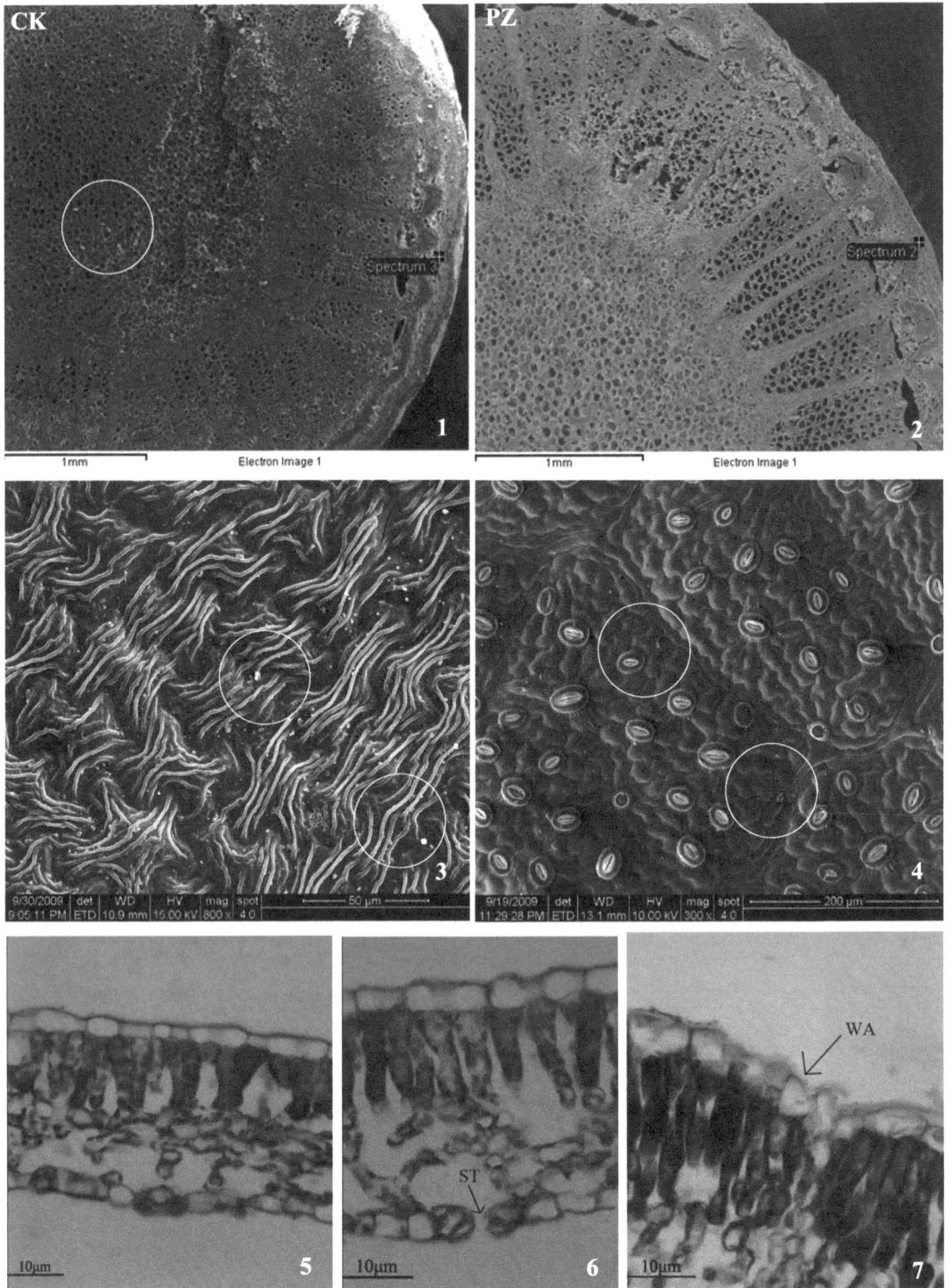

图 5-13 悬铃木茎组织 X 射线扫描代表图像及叶上下表面及横切面图像

[注：1~2 为悬铃木一年生枝条与 X 射线扫描代表图像；3~4 为悬铃木叶上下表面电镜扫描观察（3 为上表皮；4 为下表皮）；5~7 为悬铃木叶横切面图（ST-Stoma 气孔；WA-Wax 蜡质）。]

对照区和污染区悬铃木叶片各组织 X 射线能谱微区分析结果如表 5-4、表 5-5 所示。表 5-4 数据显示，同一元素在不同组织中的相对含量存在明显差异，而同一组织中各元素的相对含量也具有明显差异，叶中各组织重金属元素相对含量以 Ni 最大，Pb 次之（对照区叶海绵组织除外）；污染区与对照区相比，叶中各元素总污染指数（∑PZ/∑CK）（污染指数 = 污染区悬铃木叶或者一年生枝条各组织重金属元素含量 / 清洁区悬铃木对应组织相应重金属元素含量）都大于 0.72，指数最高的元素是 Pb，为 3.99，各元素污染指数大小依次为 Pb ＞ Cr ＞ Cu ＞ Zn ＞ Cd ＞ Ni。对于 Cd 元素，两区悬铃木叶片下表皮 Cd 相对含量高于上表皮，且栅栏组织 Cd 相对含量高于海绵组织，观察发现污染区悬铃木叶片上下表皮、海绵组织 Cd 相对含量均高于对照。对于 Cr 元素，两区悬铃木叶海绵组织 Cr 含量高于上下表皮，且污染区悬铃木叶上表皮和海绵组织 Cr 相对含量高于对照。对于 Cu 元素，对照区悬铃木叶以海绵组织最高，依次为栅栏组织＞上表皮＞下表皮，且污染区悬铃木叶上下表皮 Cu 相对含量都高于对照。对于 Ni 元素，对照区各组织 Ni 相对含量都

悬铃木叶片各组织中重金属元素的相对含量表　　　　表 5-4

测试点	组织	元素相对含量（%）		
		Cd	Cr	Cu
对照区（CK）	上表皮	3.09±0.08Cd	1.99±0.12Be	5.33±0.16Cb
	栅栏组织	8.44±0.78Ac	0	13.81±0.21Bb
	海绵组织	0.37±0.08De	0	17.46±0.27Ab
	下表皮	3.84±0.34Bd	2.05±0.16Ae	0.63±0.03Df
污染区（PZ）	上表皮	3.89±0.17Cd	2.58±Bf	11.76±0.58Ac
	栅栏组织	4.18±0.24Bd	0	10.25±0.32Dc
	海绵组织	1.24±0.11Df	2.66±0.16Ae	10.39±0.62Cc
	下表皮	7.71±0.25Ad	0.98±0.07Cf	11.38±0.38Bc
总污染指数（∑PZ/∑CK）		1.08	1.54	1.18

测试点	组织	元素相对含量（%）		
		Ni	Pb	Zn
对照区 （CK）	上表皮	85.61±1.06Aa	85.61±1.06Aa	3.97±0.53Bc
	栅栏组织	74.80±0.75Ca	74.80±0.75Ca	2.95±0.25Cd
	海绵组织	79.34±0.89Ba	79.34±0.89Ba	0.54±0.06Dd
	下表皮	62.64±1.33Da	62.64±1.33Da	8.44±0.47Ac
污染区 （PZ）	上表皮	50.30±0.41Ca	50.30±0.41Ca	2.85±0.22De
	栅栏组织	55.50±1.21Ba	55.50±1.21Ba	2.99±0.15Ce
	海绵组织	61.81±0.94Aa	61.81±0.94Aa	4.76±0.30Bd
	下表皮	49.62±0.12Da	49.62±0.12Da	6.75±0.15Ae
总污染指数（∑PZ/∑CK）		0.72	0.72	1.09

注：大写字母代表相同测试区不同组分的显著性检验结果；小写字母代表相同组织不同元素的显著性检验结果。有相同字母表示无显异；无相同字母表示存在显著差异。

高于污染区。对于 Pb 元素，对照区悬铃木叶上表皮和栅栏组织中没有检测到 Pb，且污染区悬铃木叶各组织 Pb 含量高于对照区。对于 Zn 元素，两区都是以叶下表皮相对含量最高，且污染区悬铃木叶下表皮、栅栏组织和海绵组织都高于对照区。

表 5-5 表示的是悬铃木叶片各组织中重金属元素的污染指数（PZ/CK），Cd 元素在叶各组织中的污染指数大小顺序为海绵组织＞下表皮＞上表皮＞栅栏组织；Cr 元素主要分布在上下表皮（表 5-4）和海绵组织（表 5-3）中；Cu 元素以下表皮污染指数最大，上表皮次之，分别为 18.06 和 2.21，栅栏组织和海绵组织较小；Pb 元素海绵组织高于表皮，而 Zn 的污染指数以海绵组织为最高，依次为栅栏组织＞下表皮＞上表皮。

5.2.2 受试区树木一年生枝条的重金属含量

对照区和污染区悬铃木一年生枝条各组织 X 射线能谱微区分析结果如表 5-6 所示。

表 5-6 数据表明，同一元素在不同组织中的相对含量存在明显差异，而同一组织中各元素的相对含量也各不相同，且对照区和污染区叶片各组织都以 Pb 相对含量最高（污染区皮层木质部除外），污染区皮层 Pb 相对含量最高达到 88.93%；污染区与对照区相比，增加较高的是 Cr 元素和 Cu 元素，污染区分别是对照区的 3.81 倍和 3.87 倍；各组织中重金属元素的污染指数（表 5-7）显示，与对照区相比，污染区叶片各组织对同一元素的相对污染指数不同，同一组织中重金属元素的相对污染指数因元素的不同而有差异。

悬铃木叶片各组织中重金属元素的污染指数表 表 5-5

| 组织 | 元素相对污染指数（PZ/CK） | | | | | |
	Cd	Cr	Cu	Ni	Pb	Zn
上表皮	1.26	1.29	2.21	0.59	—	0.72
栅栏组织	0.50	0.00	0.74	0.74	—	1.01
海绵组织	3.35	—	0.60	9.78	8.39	8.81
下表皮	2.01	0.47	18.06	0.79	1.05	0.79

由表 5-6 数据可知，对于 Cd 元素，对照区悬铃木一年生枝条各组织中以髓的相对含量较高，除木质部没有检测到 Cd 的存在外，其他各组织都有分布，而污染区悬铃木一年生枝条各组织都有分布，相对含量以表皮和射线为高，分别为 16.33% 和 19.35%。对于 Cr 元素，对照区悬铃木一年生枝条皮层木质部、污染区一年生枝条韧皮部和髓没有分布，其余各组织都有分布，且污染区各组织 Cr 相对含量高于对照区。对于 Cu 元素，观察发现悬铃木一年生枝条在对照区皮层木质部、髓以及污染区射线内没有分布，其余各组织均有分布，且污染区各组织 Cu 含量（皮层射线除外）高于对照区。对于 Ni 元素，发现悬铃木一年生枝条在对照区韧皮部、木质部没有分布，而其余各组织均有分布，污染区木质部韧皮部 Ni 含量高于对照，而其余组织 Ni 含量低于对照。对于 Pb 元素，Pb 在一年生枝条各组织（污染区木质部除外）几乎都有很高的分布，以污染区皮层韧皮部相对含量最高，达到 88.93%，且污染区一年生枝条各组织（除木质部外）Pb 含量高于对照区。对于 Zn 元素，两区各组织分布呈现很大的差异，对照区皮层射线、髓以及污染区一年生枝条表皮、皮层韧皮部和射线均没有 Zn 的分布，其余各组织均有分布。

悬铃木一年生枝条各组织中离子的相对含量表 表 5-6

测试点	组织		元素相对含量（%）		
			Cd	Cr	Cu
对照区（CK）	表皮		23.14±0.36Bb	5.70±0.24Ae	7.64±0.45Ad
	皮层	韧皮部	14.45±0.32Cb	0.80±0.06Ce	4.72±0.14Bd
		木质部	0.00	0.00	0.00
	射线		13.98±0.40Dc	4.23±0.26Bd	3.33±0.16Ce
	髓		34.76±0.68Ab	0.00	0.00
污染区（PZ）	表皮		16.33±0.54Bb	7.05±0.63Cd	14.93±0.96Bc
	皮层	韧皮部	0.56±0.08Dc	0.00	10.48±0.28Cb
		木质部	12.52±0.63Bd	24.90±0.51Ab	31.68±0.70Aa
	射线		19.35±0.88Ab	8.95±0.67Bc	0.00
	髓		11.46±0.58Cc	0.00	3.64±0.17Db
总污染指数（$\sum$PZ/$\sum$CK）			0.70	3.81	3.87
测试点	组织		元素相对含量（%）		
			Ni	Pb	Zn
对照区（CK）	表皮		4.54±0.13Cf	47.67±0.44Ea	11.31±0.15Bc
	皮层	韧皮部	0	71.12±0.33Ba	9.36±0.22Cc
		木质部	0	72.72±1.33Aa	27.28±0.59Ab
	射线		14.33±0.79Ab	64.14±0.52Ca	0.00
	髓		5.55±0.72Bc	59.69±1.06Da	0.00
污染区（PZ）	表皮		2.87±0.13Ce	58.83±2.14Da	0.00
	皮层	韧皮部	0.02±0.002Ed	88.93±2.01Aa	0.00
		木质部	10.27±0.32Ae	0.00	20.62±0.12Ac
	射线		0.87±0.07Dd	70.83±1.23Ca	0.00
	髓		3.23±0.21Bd	80.96±2.14Ba	0.71±0.06Be
总污染指数（$\sum$PZ/$\sum$CK）			0.71	0.95	0.45

注：大写字母代表相同测试区不同组分的显著性检验结果；小写字母代表相同组织不同元素的显著性检验结果。有相同字母表示无显异；无相同字母表示存在显著差异。

悬铃木一年生枝各组织中重金属元素的污染指数表 表 5-7

组织		元素相对污染指数（PZ/CK）（%）					
		Cd	Cr	Cu	Ni	Pb	Zn
表皮		0.71	1.24	1.95	0.63	1.22	0.00
皮层	韧皮部	0.04	0.00	2.22	—	1.25	0.00
	木质部	—	—	—	—	0.00	0.76
射线		1.38	2.12	0.00	0.06	1.10	—
髓		0.33	—	—	0.58	1.36	—

5.2.3 受试树木叶组织累积重金属能力分析

很多研究表明，道路两边植物叶片内重金属含量是由高交通流量所致（Fuller & Green, 2005）。利用 X 射线微区分析悬铃木叶中的重金属分布情况（表 5-4）发现，各组织重金属相对含量大小各异，以 Ni 含量最高，这可能与各元素的特性有关（王焕校，2002）。与对照区相比，污染区叶各元素的增幅（除 Ni 外）均大于 1，这说明叶片重金属含量与交通污染密切相关，其他研究也显示在道路两边植物叶片中 Cd、Cu、Pb 和 Zn 含量有明显的升高（Fernández & Oliva, 2006）；污染区悬铃木叶片各组织重金属含量的总污染指数各不相同（表 5-5），以下表皮 Cu 的最大，为 18.06，这可能与道路交通有关，先前的研究也发现植物组织中的重金属含量与交通污染相联系（Riga-Karandinos & Saitanis, 2004）。

悬铃木叶表皮对重金属元素具有一定的累积能力（表 5-4），且累积能力各异，下表皮中 Cd、Cu、Ni 和 Zn 元素具有较高污染指数（表 5-5），这可能由于悬铃木叶下表皮气孔分布密集所致（图 5-12c、d；图 5-13d；图 5-13e），上表皮气孔较少（图 5-12a、b；图 5-13c），但表面具有褶皱（图 5-13c）和蜡质（图 5-13g），也具有吸附累积重金属元素的功能。研究表明，叶片吸附累积重金属能力与其表面的气孔多少有关（Reimann et al., 2001），且沉积在表面的金属元素也可以嵌入表面蜡质而保留在表皮上（Rautio & Huttunen, 2003）。表皮的重金属元素可通过气孔进入叶内组织，表 5-5 显示了悬铃木叶栅栏组织和海绵组织各元素也有一定数量的分布，叶内组织各元素的污染指数显示，海绵组织比栅栏组织有更高的累积能力，因为叶下表面气孔分布较多、海绵组织细胞排列稀疏、有较大的胞间隙（图 5-13e），密集气孔为重金属元素的输入提供了大量通道，疏松的细胞排列使重金属输入容易，而含胞液较多的液泡则为重金属的储存提供了场所。由此可知，道路交通污染物中的大量重金属元素先到达叶表面（Kozlov et al., 2000），通过气孔和表面裂隙输入重金属"库"—— 栅栏组织和海绵组织中累积起来，各组织重金属累积能力不同也可能与叶片内部生理调节有关（王焕校，2002）。

5.2.4 受试园林树木一年生枝条组织累积重金属机理分析

表 5-4 数据显示两受试区 Pb 的相对含量数值最大，且污染区较对照区污染指数接近 1，表明南京市 Pb 污染水平较高，应引起重视。污染区与对照区相比（表 5-4），Cr 和 Cu 元素相对污染指数较高，说明茎内重金属含量与交通污染密切相关；而各组织中重金属元素含量的污染指数（表 5-7）也表明交通污染是茎内重金属含量升高的原因之一，如 Pb 元素，各组织（除木质部外）相对污染指数均大于 1。

幼嫩树皮表面多孔，可渗水渗气，是一种极优秀的空气重金属吸滞器。研究表明，直接置于空气污染中的植物茎表皮具有吸滞和累积重金属的功能（Baes & Mclaughlin, 1987），是主要的监测器和指示器。悬铃木一年生枝条表皮上具有皮孔并密生星状毛（图 5-14），因而具有一定的重金属累积能力，表 5-6 数据也显示重金属元素在表皮中均有不同程度的分布，且污染区表皮中重金属元素相对含量较对照区高，如 Cr、Cu 和 Pb 的污染指数（表 5-7）均大于 1，说明表皮金属元素相对含量与交通污染关系密切，树皮适于监测和指示空气污染的特性这在其他研究中得到验证（Migaszewski et al., 2005; Mingorance et al., 2005）。表 5-5 数据显示，悬铃木一年生枝条皮层、髓中都有重金属元素的分布，说明这些组织具有一定的累积重金属能力，而其能力大小可能受根部吸收元素的影响（Schulz et al., 1999）。

累积在叶片和树皮中的重金属元素，通过皮孔和裂隙以渗透、离子交换等方式向内皮层和髓输入（王焕校，2002），Zn 元素似乎主要以这种方式进入，因为在两区悬铃木射线中并未检测到其存在，而 Cu 元素（污染区）也具有这种进入方式；此外，横向运输系统 —— 射线在元素的迁移过程中起着重要作用（王焕校，2002），本实验发现悬铃木枝条表皮分布的 Cd、Cr、Cu（对照区）和 Pb 元素（污染区），在主要的纵向运输系统 —— 木质部中没有检测到这 4 种元素的存在，而横向运输系统射线中均有分布，且 Cd 和 Ni 在髓中也有分布；Ni 元素（对照区）在表皮有分布，皮层韧皮部和木质部没有检测到其存在，但在射线和髓中均有大量存在。王焕校等（1985）模拟大气 Pb 污染实验，用不同浓度的硝酸铅涂在蔬菜叶片上，证明 Pb 可以向各部位运输。上述现象说明，重金属元素从表皮系统输入内部可能有两种方式，通过细胞渗透等方式逐步渗入，或通过射线可直接输入到任一组织，而各离子因其自身的特性不同，因而输入方式也不尽相同，有的可能以一种方式进入或两种输入方式并存。有研究对 *Fraxinus excelsior* 树皮和木质部的元素（来源于表面沉积物）累积量进行了研究，表明表皮沉积和内部累积是两个不同而复杂的过程，有不同的限制因素和时间比例。然而，树皮对大气重金属元素沉积和累积的物理化学原理和机制至今仍不清除，本研究只做粗浅的探讨，其转运机制有待进一步深入研究。

（a）PI-Picon 皮孔

图 5-14 悬铃木一年生枝条皮孔和星状毛（一）

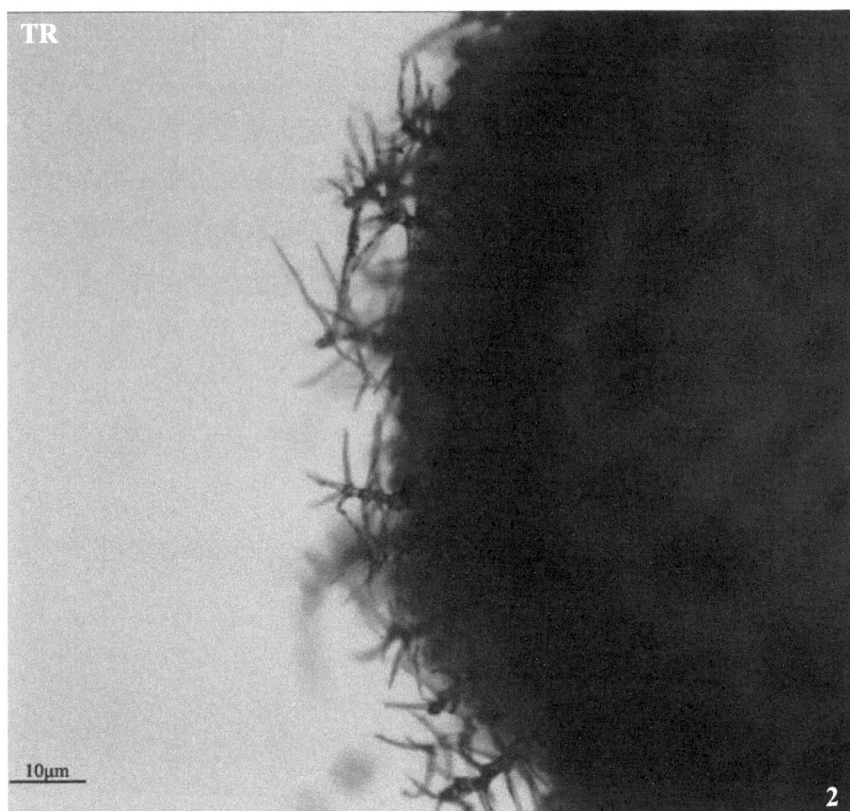

（b）TR-Trichomes 表皮毛

图 5-14 悬铃木一年生枝条皮孔和星状毛（二）

5.3 受试树木叶细胞对环境重金属的吸滞机理

利用城市中园林树木叶片监测空气污染屡次得到证明（Goodman & Roberts, 1971;
Serpil & Sukru, 2006），置于空气中的叶片具有吸滞空气重金属的能力（Blaylock &
Huang, 2000; Reeves & Baker, 2000），沉积在叶表面的颗粒物含有多种污染元素，这些元
素可以通过气孔及裂隙进入叶内（Reimann et al., 2001）。研究重金属元素在植物叶亚细
胞水平上的分布有助于认识细胞中元素的生理活动和解释重金属吸滞机理，通过亚细胞
分级方法分离出亚细胞组分后用化学分析手段测定重金属元素的浓度，可以提供重金属
元素的亚细胞分布信息。国内外学者曾先后采用该方法对土壤超富集植物体内重金属的
分布进行了研究（Ramos et al., 2002; 陈同斌，等，2005），利用木本植物进行空气污染的
研究都集中在用叶片重金属含量监测空气污染以及对植物的影响等方面（Paula Madejón
et al., 2006; Mútaz, 2007），而植物叶在亚细胞水平上对大气重金属污染物的吸收、分布
研究鲜见报道，本研究拟采用亚细胞分级方法分离出各个亚细胞组分之后，采用化学分

悬铃木叶和叶柄中 6 种元素的亚细胞分布（mg·kg^{-1}FW）表 表 5-8

	元素	测试点	细胞壁组分	胞质组分	细胞器组分	胞内细胞器隔离系数	胞外隔离系数
叶片	Cd	CK	0.000	0.000	0.000	—	—
		PZ	0.000	0.000	0.000	—	—
	Cr	CK	0.234±0.052Ba	0.002±0.00Ac	0.011±0.002Bb	0.182	18.000
		PZ	0.720±0.074Aa	0.007±0.001Ac	0.025±0.001Ab	0.280	22.500
	污染指数（PZ/CK）		3.082	3.500	2.325	1.538	1.250
	Cu	CK	0.955±0.069Ba	0.117±0.035Bb	0.045±0.002c	2.600	5.890
		PZ	2.211±0.24Aa	0.323±0.034Ab	0.010±0.006c	32.300	6.640
	污染指数（PZ/CK）		2.315	2.766	2.213	12.423	1.127
	Ni	CK	0.221±0.048Ba	0.023±0.006 Bc	0.119±0.006 Bb	0.193	1.556
		PZ	0.870±0.078 Aa	0.174±0.060 Ac	0.274±0.087 Ab	0.635	1.942
	污染指数（PZ/CK）		3.935	7.727	2.302	3.290	1.248
	Pb	CK	0.883±0.093 Ba	0.063±0.006 Bb	0.000	—	1.402
		PZ	1.168±0.172 Aa	0.798±0.001 Ab	0.003	264.333	1.458
	污染指数（PZ/CK）		1.322	12.593	—	—	1.040
	Zn	CK	1.369±0.039 Ba	1.037±0.883 Bb	0.379±0.057 Bc	2.612	0.972
		PZ	5.466±0.109 Aa	4.676±0.036 Ab	1.332±0.053 Ac	3.360	0.906
	污染指数（PZ/CK）		3.991	4.509	3.517	1.286	0.932

	元素	测试点	细胞壁组分	胞质组分	细胞器组分	胞内细胞器隔离系数	胞外隔离系数
叶柄	Cd	CK	0.000	0.000	0.000	—	—
		PZ	0.000	0.000	0.000	—	—
	Cr	CK	0.436±0.093 Ba	0.001±0.000 Ac	0.103±0.019Bb	0.010	4.192
		PZ	1.267±0.076 Aa	0.003±0.000 Ac	0.273±0.042Ab	0.011	5.591
	污染指数（PZ/CK）		2.905	5.070	2.647	1.100	1.334
	Cu	CK	2.335±0.109 Ba	0.157±0.037 Bb	0.087±0.005 Bc	1.805	9.570
		PZ	4.104±0.526 Aa	0.298±0.084 Ab	0.124±0.051 Ac	2.403	9.725
	污染指数（PZ/CK）		1.757	1.901	1.430	1.331	1.016
	Ni	CK	0.126±0.060 Ba	0.017±0.002 Bb	0.005±0.00 Bc	3.40	5.727
		PZ	0.696±0.067 Aa	0.114±0.036 Ab	0.016±0.005 Ac	7.125	5.353
	污染指数（PZ/CK）		5.530	6.706	4.960	1.471	0.935
	Pb	CK	0.213±0.071 Ba	0.066±0.006 Bb	0.000	—	3.227
		PZ	0.798±0.179 Aa	0.248±0.095 Ab	0.001	248.000	3.205
	污染指数（PZ/CK）		3.746	3.758	—	—	0.993
	Zn	CK	4.359±0.392 Ba	1.996±0.157 Bb	0.576±0.084 Bc	3.465	1.695
		PZ	8.926±0.968 Aa	4.133±0.917 Ab	1.169±0.040 Ac	3.536	1.684
	污染指数（PZ/CK）		2.048	2.071	2.029	1.020	0.994

析方法测定各亚细胞组分中重金属的浓度，以期从亚细胞水平揭示置于交通污染条件下植物叶片各组分的分布特征，并探讨其与耐性的关系，为解释置于空气污染中植物叶片的吸收、解毒机理提供新的线索。

5.3.1 受试树种叶细胞内重金属元素含量

如表 5-8 所示，悬铃木叶片亚细胞组分中 6 种重金属元素的分布。从表中可以看出，Cd 在悬铃木叶片各组分中的浓度为 0，没有监测到 Cd 的存在。无论是对照区还是污染区，同一元素在不同亚细胞组分含量存在差异，同一亚细胞组分中 5 种重金属元素含量也各异。此外，除叶柄细胞器对 Cr、叶片细胞器对 Ni 的吸收高于胞液外，5 种元素在叶柄、叶脉 3 组分的累积量都以细胞壁组分含量最高，胞质组分次之，细胞器组分最少。表 5-8 中大写字母代表相同组分不同污染区的显著性检验结果；小写字母代表相同处理区，不同组分的显著性检验结果，有相同字母表示无显异；无相同字母表示存在显著差异。

污染区除 Cd 外其他 5 种元素在悬铃木各组分中的分布均高于对照区，存在明显差异，污染区各组分的重金属元素都有所升高，其中胞质组分的 Cr、Cu、Ni、Pb 和 Zn 的污染指数（污染指数 = 污染区悬铃木叶各组分重金属元素含量 / 对照区悬铃木叶对应组分对应元素的含量）最大，最大为 12.593，最小为 2.776；细胞器组分 5 种离子浓度增加得最少，污染指数最大为 3.517；污染指数大小依次为胞质组分＞细胞壁组分＞细胞器组分。随着污染的加重，细胞壁组分、胞质组分和细胞器组分的离子浓度都有明显升高，说明大气污染是引起升高的主要原因之一。

叶柄是由根、茎向叶片运输离子的"通道"，同时也具有一定的重金属贮存能力。悬铃木叶柄上具气孔且密被毛，具有吸收累积空气重金属污染物的能力。除 Cd 外，污染区叶柄各组分的 5 种金属离子浓度都高于对照，其中胞质组分的污染指数最大，最小为 0.670，最大为 1.901，污染指数大小依次为胞质组分＞细胞壁组分＞细胞器组分，趋势与叶片相同。由此可知，叶柄胞质组分也具有一定的储存重金属的能力。

5.3.2 受试树种叶内细胞重金属的隔离程度

植物叶在重金属污染的胁迫下，除了细胞壁以非共质体方式吸附重金属外，重金属可以通过质膜进入细胞内部，并逐渐累积起来（Fujita, 1986），细胞壁和质膜对金属离子进入细胞内部都具有屏障作用，而进入细胞内的金属离子，通过生物膜渗透到细胞器中，细胞器双层膜成为抵御重金属离子毒害的第二屏障。本研究利用两个系数来表示细胞壁和质膜的这种屏障作用，胞外隔离系数（或称为质外体隔离系数）= 细胞壁组分重金属元素含量 /（胞质组分重金属元素含量 + 细胞器重金属组分元素含量），用以衡量细胞壁和质膜隔离重金属的测度；胞内细胞器隔离系数（或称为共质体隔离系数）= 胞质组分重金属元素含量 / 细胞器组分重金属元素含量，用以衡量细胞器双层膜隔离重金属的测度；系数越大，说明隔离越明显。

表 5-8 显示，无论在对照区还是污染区，悬铃木叶第一屏障细胞壁和质膜对 Cr、Ni、Pb、Cu 和 Zn 都具有不同程度的阻隔作用，胞外隔离系数均大于 0.900，以污染区叶片第一屏障对 Cr 的隔离作用最大，胞外隔离系数为 22.500；第二屏障细胞器双层膜也具有不同程度的阻隔作用，其中以污染区叶片第二屏障对 Pb 的隔离作用最大，胞内细胞器隔离系数高达为 264.333。污染指数（污染区和对照区各系数比值）可以反映相对隔离程度的大小，胞内细胞器污染指数以 Cu 的最大，为 12.423；胞外污染指数均接近于 1（最小为 0.932）或大于 1，这表明随着污染的加重，相对隔离程度在加深。

5.3.3 受试树种叶内细胞组分中重金属的分布比例

图 5-15 表示在污染区和对照区，悬铃木叶各亚细胞组分重金属元素分布的相对百分比（某部位一组分各重金属元素浓度占该部位三组分该重金属元素含量之和的比例）。在对照区和污染区，叶柄和叶片中各重金属元素的累积分布具有相似性，都以细胞壁组分重金属含量所占比例最大，比例范围是 95.772%~47.663%。且胞质组分各重金属元素的相对分布随着污染的加重分布比例升高，这说明污染物的累积以胞质组分最为明显。比较各分析图，发现同一部位三种组分重金属含量相对分布比例因元素的不同而不同。叶柄和叶片都未监测到 Cd 元素，可能是含量低于可测的阈值。对于 Cr 元素，叶柄和叶脉各组分相对分布比例大小为细胞壁组分＞细胞器组分＞胞质组分，对照区叶柄和叶片三组分分布比例分别为 80.408%、19.039%、0.553% 和 94.860%、4.329%、0.812%，叶片胞质组分分布比例较叶柄胞质组分为大；而污染区叶柄和叶片三组分分布比例分别为 81.451%、17.571%、0.978% 和 95.772%、3.297%、0.931%，污染区叶柄和叶片细胞壁组分、胞质组分 Cr 分布比例均升高，而细胞器组分分布比例下降，这说明大气污染物沉积的部位以这两组分为主。对于 Cu 元素，叶柄和叶脉各组分相对分布比例大小为细胞壁组分＞胞质组分＞细胞器组分，叶柄三组分在对照区和污染区的分布比例分别为 90.556%、6.081%、3.363% 与 90.672%、6.588%、2.740%，对比发现，两区叶柄三组分比例变化不明显，污染区细胞壁组分、胞质组分 Cu 含量分布比例略有升高、细胞器组分略有下降；对照区和污染区叶片三组分分布比例分别为 85.518%、10.454%、4.028% 与 83.955%、12.263%、3.781%，发现随着污染的加重，只有胞质组分 Cu 含量分布比例加大，从 10.454% 升高到 12.263%。对于 Ni 元素，叶柄中三组分的分布比例大小为细胞壁组分＞胞质组分＞细胞器组分，对照区和污染区各组分比例分别为 84.844%、11.787%、

(a)

(b)

(c)

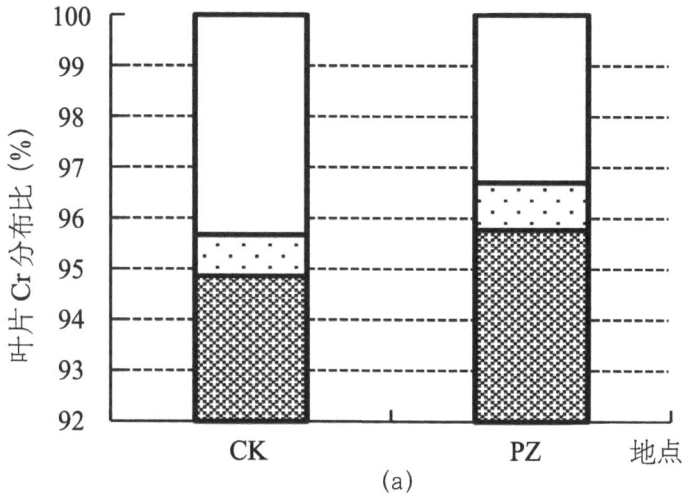

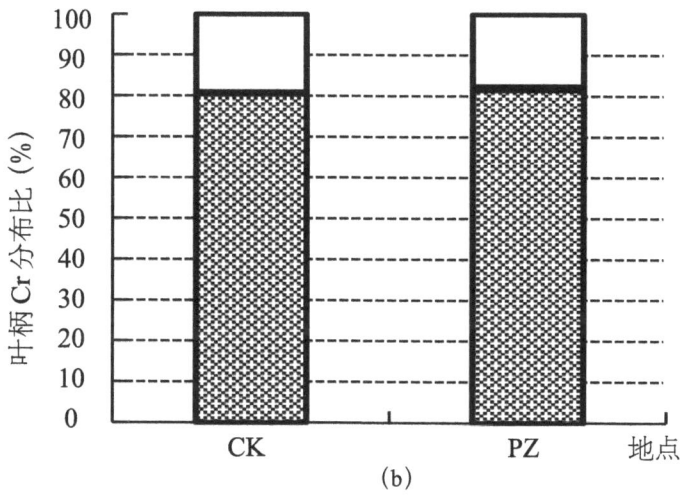

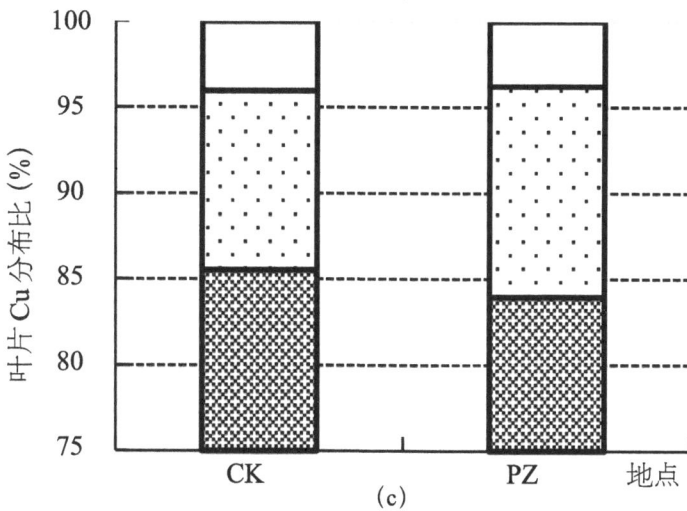

□细胞器组分 Cell organelle fractions □ 胞质组分 Cytoplasni supernatant fractions ▨ 细胞壁组分 Cell wall fractions

图 5-15 悬铃木叶亚细胞组分中 Cd、Cr、Cu、Ni、Pb 和 Zn 的相对百分比（一）

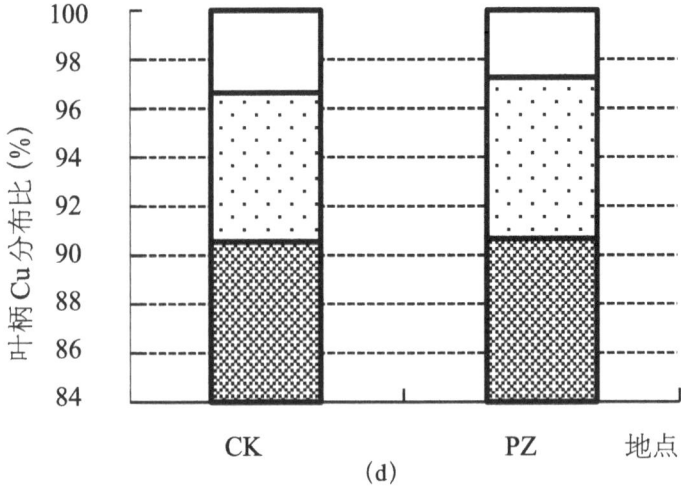

(d)

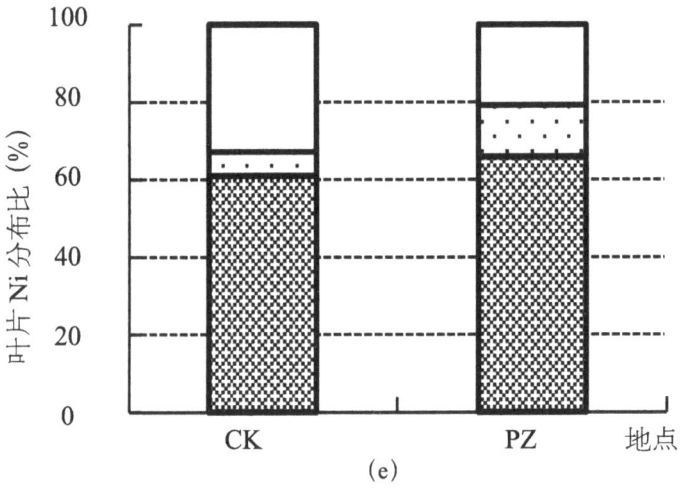

(e)

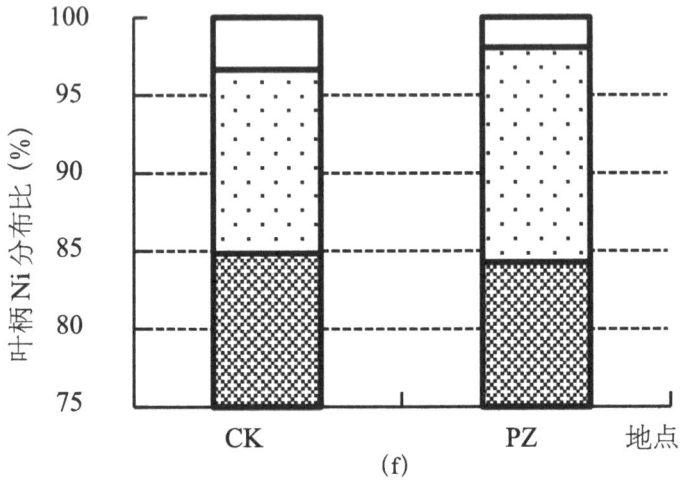

(f)

□细胞器组分 Cell organelle fractions □胞质组分 Cytoplasni supernatant fractions ▨细胞壁组分 Cell wall fractions

图 5-15 悬铃木叶亚细胞组分中 Cd、Cr、Cu、Ni、Pb 和 Zn 的相对百分比（二）

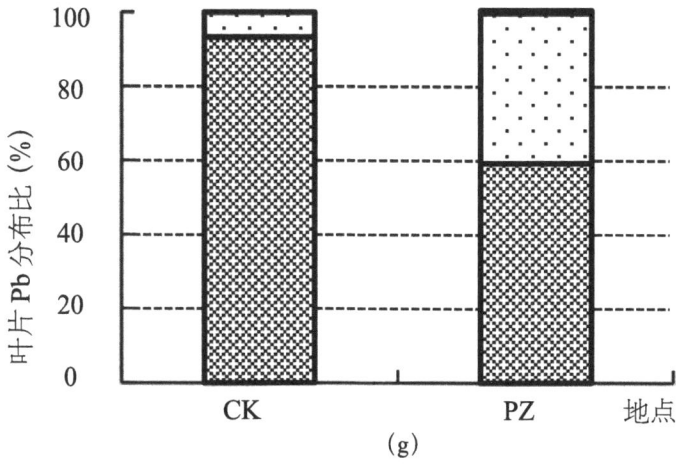

(g)

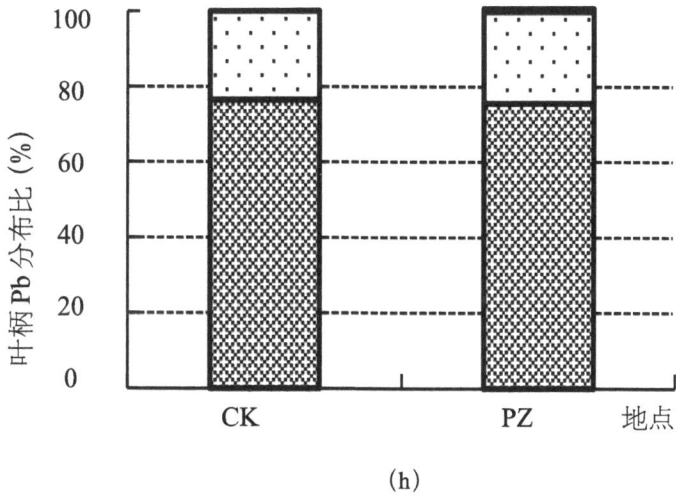

(h)

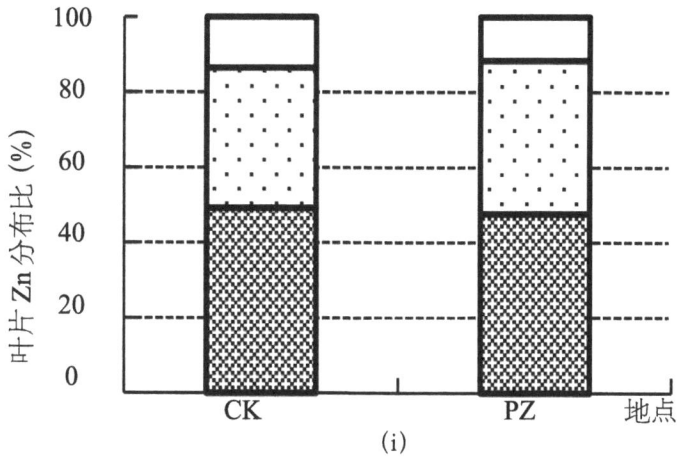

(i)

□细胞器组分 Cell organelle fractions □ 胞质组分 Cytoplasni supernatant fractions ▨细胞壁组分 Cell wall fractions

图 5-15 悬铃木叶亚细胞组分中 Cd、Cr、Cu、Ni、Pb 和 Zn 的相对百分比（三）

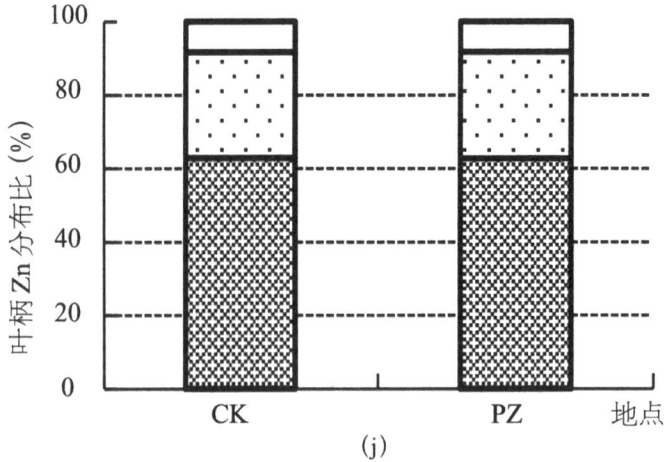

□细胞器组分 Cell organelle fractions □胞质组分 Cytoplasni supernatant fractions ▧细胞壁组分 Cell wall fractions

图 5-15 悬铃木叶亚细胞组分中 Cd、Cr、Cu、Ni、Pb 和 Zn 的相对百分比（四）

3.369% 和 84.262%、13.801%、1.937%，而污染区叶脉胞质组分 Ni 分布比例增大；而叶片中，对照区和污染区分布比例细胞壁组分＞细胞器组分＞胞质组分，分布比例分别为 60.964%、32.821%、6.215% 和 65.997%、20.789%、13.214%，但相比较而言，污染区叶片细胞壁组分和胞质组分分布比例较对照区有所增大，说明随着污染的增加，胞质组分分布比例增加明显。对于 Pb 元素，两区叶片和叶柄细胞器组分中 Pb 没有或只有极少量的分布，Pb 元素主要集中在细胞壁和胞质组分中，随着污染的增加，胞质组分 Pb 含量比例增加，这说明 Pb 由细胞壁进入并累积，后逐渐转运到胞质组分中，并以其为主要累积场所，叶柄细胞壁组分在对照区和污染区分布比例分别为 76.511%、76.218%，差别不大 ，而胞质组分则略有上升，从 23.489% 升高到 23.687%；叶片变化更明显，污染区细胞壁组分比对照有明显下降，从 93.310% 下降到 59.326%，胞质组分则从 6.892% 升到 40.522%。对于 Zn 元素，污染区胞质组分分布比例略高于对照，总体来说，分布比较均匀，变化幅度较小，对照区和污染区叶柄细胞壁组分、胞质组分与细胞器组分分布比例分别为 62.893% 与 62.733%、28.794% 与 29.050%、8.313% 与 8.217%，叶片的则为 49.162% 与 47.633%、37.235% 与 40.753%、13.604% 与 11.612%，各组分在对照区和污染区分布比例变化不大。

5.3.4 受试树种叶内细胞组成吸滞重金属的机理

研究表明植物叶片具有从空气中吸收重金属污染物的特性，本书通过研究悬铃木叶片亚细胞水平的 6 种重金属元素的分布，Cd 元素未监测到，可能其含量低于仪器测试的阈值。研究发现随着污染的加重，无论是叶柄还是叶片重金属含量都有所增加，这说明空气污染是影响其含量的主要原因之一，同一组分重金属含量因金属元素的不同而不同，这可能与元素的特性以及空气中重金属污染物的浓度有关；污染指数可以表明亚细胞组分的相对隔离程度，表 5-8 显示胞质组分重金属污染指数最大，说明胞质组分在悬铃木对大气污染物的解毒方面具有重要作用。植物的胞质组分由细胞液和液泡泡液两部分组成，细胞液是细胞新陈代谢的主要场所（郑国锠，2000），而液泡的主要功能是参与细胞的水分代谢，同时也是植物细胞代谢副产品及废物囤积的场所（汪良驹，等，1998）。有研究认为细胞液中的重金属浓度应低于液泡泡液，以保证细胞正常的生理代谢活动（Hall，2002）。陈同斌等（2005）在研究 As 超富集植物蜈蚣草的区隔化作用时发现胞质组分是储存 As 的主要场所，胞质组分对 As 具有非常明显的区隔化作用，这种区隔化作用在 Ni 超富集植物 Alyssum serpyllifolium（Brooks et al., 1981）、Thlaspi goesingense Hálácsy（Kramer et al., 2000）、Zn 超富集植物 T. caerule-scens（Frey et al., 2000）中也有类似的发现。Cr、Cu、Ni、Pb 和 Zn 在细胞中都以阳离子形式存在，都具有明显的金属元素的性质，悬铃木虽不是超富集植物，但是本结果表明，悬铃木叶对 5 种重金属元素也具有明显的区隔化作用（compart-mentalization），在外界污染增加时，这种作用可以降低重金属元素对植物细胞新陈代谢的影响，从而保证植物体正常生长和发育，并抵御大气污染物的侵害。

表 5-8 显示悬铃木细胞壁组分的污染指数小于胞质组分，但含量最高，细胞壁和质膜是污染物进入植物细胞的第一道屏障，同时也是金属污染物贮藏的第一场所，在细胞壁中的果胶成分为结合污染物提供了大量的交换位点，细胞壁首先结合重金属元素，当结合平衡后，才有金属离子的沉积、迁移（王焕校，2002）。有研究表明，组成细胞壁的多糖分子和蛋白质分子含有大量羟基、羧基、醛基、氨基和磷酸基等亲金属离子的配位基团（Hayens, 1980），可与金属离子结合，减少其的跨膜运输，从而降低原生质体的金属浓度，使细胞的生理代谢保持正常运转（Allen, 1989），而在金属胁迫实验的相关研究中发现，细胞壁对金属离子 Cd、Cu、Zn（Boominathan, 2003）、Pb（Kramer, 2000）、As（陈同斌，2005）有强的滞留作用，研究表明植物细胞通过固定有毒离子来减少毒害，而细胞壁是金属解毒的主要场所之一（Carginale et al., 2004）。本研究认为空气重金属污染物通过角质层缝隙、气孔进入叶片内，会优先结合到细胞壁上，随着污染的加重，累积量越来越多的金属元素通过主动运输和被动运输等方式进入胞质组分内。

质膜在调节物质进出细胞的过程中起作用，并与细胞壁一起构成了细胞的第一防御体系。无论在对照区还是污染区，细胞壁和质膜表现出对进入植物体内的 5 种重金属具有极强的吸滞作用，限制其进入细胞内部，其隔离系数均大于 0.900，相对污染指数均大于 0.932，隔离作用明显。研究表明，植物细胞能对环境胁迫进行适应性调节，从而在一定范围和程度上阻止有害物质进入细胞（汤春芳，等，2004）。存在于质膜外空间的金属离子以跨膜扩散、与电化学梯度和膜通透性有关的被动运输，以及与扩散定律、电化学定律无关的主动运输等方式进入细胞内。植物细胞内各细胞器是担负着细胞各种生命活动的重要器官，细胞核、内质网、高尔基体、线粒体等是由膜围绕而成的细胞器，它们在结构和功能上紧密联系，虽分工不同但又可有效地协调工作，保证细胞生命活动的正常进行。进入细胞内的金属离子，会以各种方式渗透到细胞器中，图 5-15 显示叶片细胞器中 Ni 和叶柄细胞器中 Cr 分布较高，可能与这些元素的特性以及其细胞器上离子通道多少有关（王焕校，2002）。细胞器双层膜结构是抵御重金属离子侵害的第二屏障，表 5-8 显示，胞内细胞器隔离系数最小为 0.010，最大高达 264.333，隔离程度因金属元素的不同而不同，正是由于细胞器双层膜结构的阻隔，降低或减小了重金属离子对细胞器的伤害，从而保证细胞生命得以延续。

第 6 章

园林绿地及树木
吸滞空气污染物
的时空格局及影响因素

6.1 园林绿地及树木吸滞空气污染物的空间格局

城市绿地和树木具有捕获空气颗粒物的能力，其吸收空气污染物的水平超出了他们预期的生理需要；利用植物监测具有很多优点：选择采样地点数量和地点灵活、技术设备简单等优点。在城市大气污染研究中，园林植物是较为常见也是应用最为频繁的监测材料。在城市系统中，机动车辆、工业活动、供热系统（Turer et al. 2001）以及城市郊区的农业（Singh & Kumar 2006）是密集型城市的主要的污染源。监测城市整个辖区重点区域的空气污染情况有利于了解城市不同区域的污染程度。在先前的研究中，我们分析了城区 5 个点在内的大气含污染指数及其与树种叶片累积量的相关性，结果表明其相关性均很高（$R > 0.86$）（王爱霞，等，2008）。通过评价不同功能区公园和道路的污染状况，根据不同地点植物群落结构和树木的消减颗粒物能力，分析城市重点区域的季节分布规律，为将来的空气污染治理提供理论依据。

6.1.1 城市不同污染功能区公园绿地消减大气颗粒物能力分析

由表 6-1 可知，城市公园绿地在重度、中度及轻度三个污染功能区中对 $PM_{2.5}$ 和 PM_{10} 两种粒径颗粒物的消减能力不同。通过计算林缘、林间和林中三种绿地空间对颗粒物的平均消减率发现，林中（-0.32%）＞林间（-5.82%）＞林缘（-8.24%），林中绿地对大气颗粒物的消减能力最强，消减率分别为 0.96%（重度污染区）、0.476%（中度污染区）和 5.36%（轻度污染区）。综合比较三个污染功能区，消减效应最佳的为轻度污染区的林地，其次为重度污染区和中度污染区。其中，轻度污染区林缘、林间和林中的平均消减率分别为 -6.56%（A 林缘）＜0.52%（B 林间）＜4.83%（C 林中）。

分别分析三种污染程度下 I 针叶纯林、II 阔叶纯林、III 针叶混交林、IV 阔叶混交林和 V 针阔混交林 5 种林地对大气颗粒物的消减作用发现，I 针叶纯林对 $PM_{2.5}$ 和 PM_{10} 的平均消减率发现，林中绿地的消减作用最强，对 $PM_{2.5}$ 和 PM_{10} 的消减率分别为 13.38%、8.27%、15.66% 和 2.96%、3.14%、25.19%。重度污染区 II 阔叶纯林中 A 林缘对 $PM_{2.5}$ 的消减效应最佳，消减率为 3.35%；中度污染区 II 阔叶纯林中 C 林中对 $PM_{2.5}$ 的消减作用最强，消减率为 7.84%；轻度污染区中 II 叶阔纯林三种空间对 $PM_{2.5}$ 和 PM_{10} 均无消减作用。III 针叶混交林在三个污染区中对 $PM_{2.5}$ 的平均消减能力最强的均是 B 林间绿地，对 $PM_{2.5}$ 的消减率分别为 0.92%、0.6% 和 16.05%。III 针叶混交林对 PM_{10} 的消减作用表现为：重度污染区中三种林地对 PM_{10} 均无消减能力；中度污染区中 A 林缘消减能力最强，为 3.96%；轻度污染区中 B 林间和 C 林中的消减效应较强，消减率分别为 35.47% 和 28.04%。IV 阔叶混交林在重度污染区对 $PM_{2.5}$ 无消减作用；在中轻度污染区 C 林中的消减率均最高，分别为 5.18% 和 5.03%；重度污染区和轻度污染区 C 林中对 PM_{10} 消减能力相对较强，消减率为 4.13% 和 0.23%。样地 V（针阔混交林）对两种粒径颗粒物在重污染区的消减率均是 C 林中最高的，消减率分别为 8.22% 和 2.92%，中轻度污染区和轻度污染对 $PM_{2.5}$ 和 PM_{10} 均无消减作用。

不同污染区公园绿地消减大气颗粒物能力分析表　　　　表 6-1

污染区	$PM_{2.5}$ 浓度	PM_{10} 浓度
重度污染区		
中度污染区		
轻度污染区		
注：针叶纯林；阔叶纯林；针叶混交林；阔叶混交林；针阔混交林		

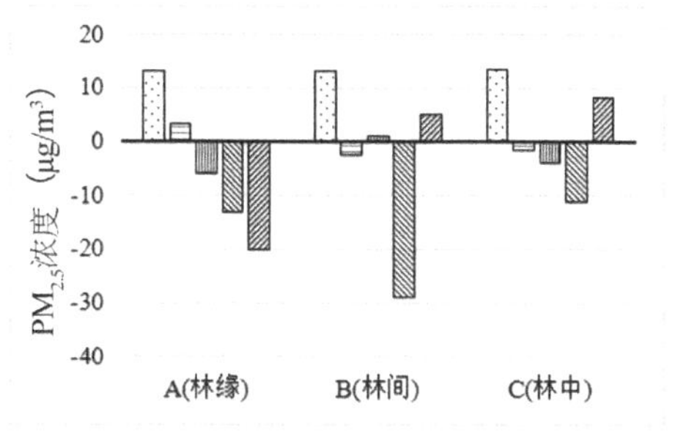

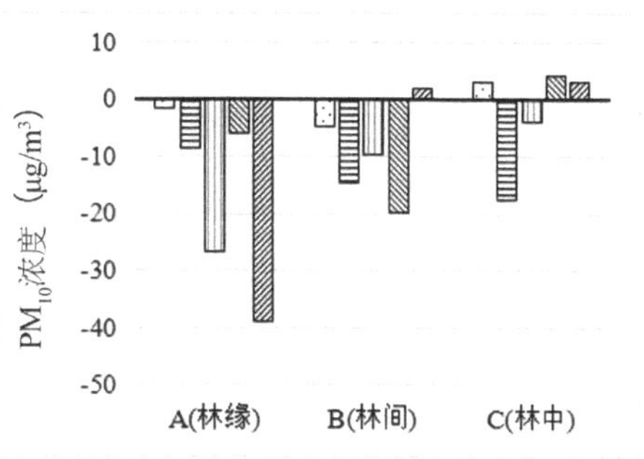

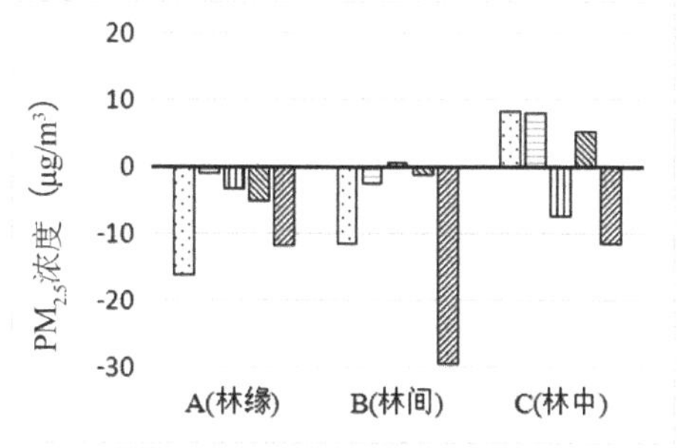

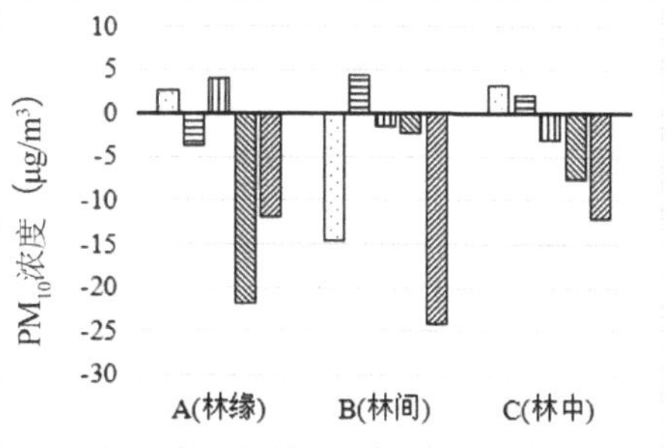

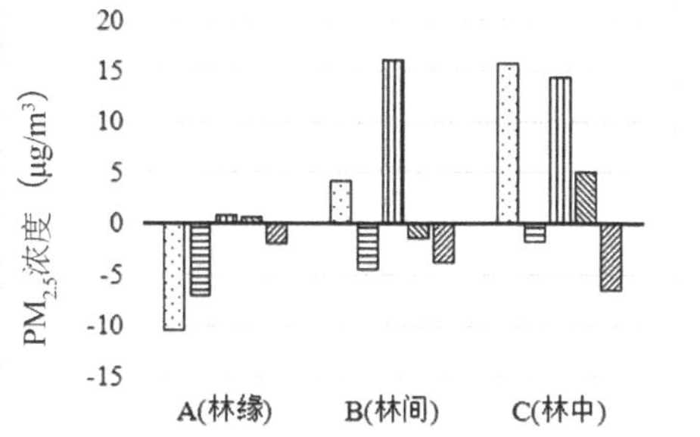

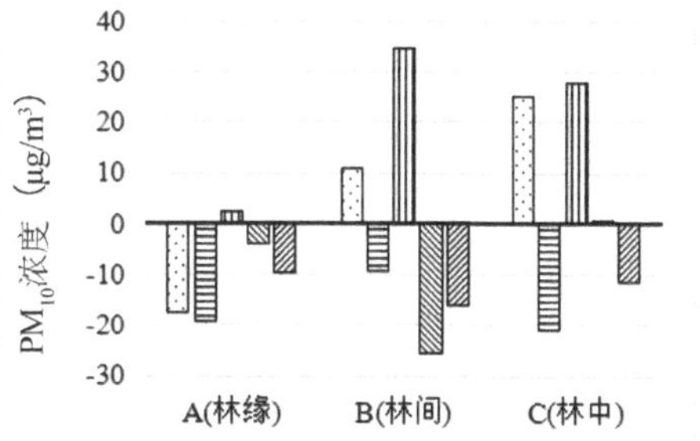

6.1.2 城市不同区域道路绿地消减大气颗粒物能力分析

1. 不同污染区道路绿地消减大气颗粒物能力分析

比较重度、中度和轻度三种不同污染程度类型道路绿地水平距离上对大气颗粒物消减率的平均值（表 6-2）发现，各不同污染程度的道路对同一粒径大气颗粒物水平消减效率不同，平均消减效应最强的是中度污染区（丁香路和腾飞路），其次为重度污染区（东二环），最弱为轻度污染区（滨河北路和万通路），平均消减率分别为 4.30%、4.27% 和 3.36%。同一道路绿地对大气颗粒物的平均水平消减率因距离和颗粒物粒径不同而有所差异，在重度污染区和中度污染区，绿地对 $PM_{0.3}$、$PM_{0.5}$ 和 $PM_{1.0}$ 的平均水平消减率在 0~45m 范围内呈增加趋势，45m 处达到最高值，之后下降；绿地对 $PM_{2.5}$、$PM_{5.0}$ 和 PM_{10} 平均水平消减率表现略有不同，重度污染区绿地对 $PM_{2.5}$、$PM_{5.0}$，中度污染区绿地对 $PM_{2.5}$、PM_{10} 的平均消减率呈上升 — 下降 — 上升趋势，在 15m 处达到第一次高峰，之后略有下降再上升，45m 处均达到最高值，分别为 8.50%、7.83%、6.46%、10.63%；重度污染区绿地对 PM_{10}，中度污染区绿地对 $PM_{5.0}$ 的平均消减率则呈上升 — 下降趋势，均以 45m 处值最大，分别为 9.71%、7.51%。轻度污染区绿地平均消减率与另外两个污染区表现不同，绿地对 $PM_{0.3}$、PM_{10} 的平均消减率呈单峰变化，对 $PM_{0.5}$、$PM_{1.0}$、$PM_{2.5}$、$PM_{5.0}$ 均呈双峰变化，绿地对 6 种颗粒物的平均消减率在 45m 处均达到最大值。

2. 不同区域道路绿地水平空间上消减大气颗粒物能力分析

在呼和浩特市同一道路上选取树种绿植结构相同或相似（槐树、丁香、油松、高羊茅），林冠密度相同和距道路边缘水平距离不同的绿地上布置测点，探究水平距离不同的绿地对各粒径大气颗粒物的消减能力，结果如表 6-3 所示。

通过分析呼和浩特市道路绿地在水平距离上对大气颗粒物的消减效应（表 6-3）发现，不同水平距离上道路绿地对大气颗粒物的平均消减效应最佳的是 45m 处，消减率分别为 45m（2.68%）＞ 60m（1.58%）＞ 30m（1.00%）＞ 15m（0.75%）＞ 0m（−0.44%）。绿地对 $PM_{0.3}$、$PM_{0.5}$、$PM_{1.0}$、$PM_{2.5}$、$PM_{5.0}$ 和 PM_{10} 的消减能力在水平距离上呈 "n 形抛物线" 趋势，均在水平距离 45m 处达到最大消减作用。

相同条件下，绿地大气颗粒物的消减作用随颗粒物粒径的增大而增大，绿地对各水平距离上不同粒径颗粒物平均消减效应从强到弱依次表现为：PM_{10}（4.86%）＞ $PM_{5.0}$（3.52%）＞ $PM_{2.5}$（2.09%）＞ $PM_{1.0}$（−0.12%）＞ $PM_{0.5}$（−1.14%）＞ $PM_{0.3}$（−2.52%）。即大气颗粒物粒径越大，道路绿地对其消减效应越强，消减效率越高。相关研究表明，空气中粒径较大的悬浮颗粒物易与水分子相互结合，聚集成重量较大的空气颗粒物，从而变得利于沉降和消减（齐飞艳，2019）。同时空气颗粒物粒径的大小决定了其在空气

不同污染区道路绿地消减大气颗粒物能力分析表　　　　　　表 6-2

污染区	PM$_{2.5}$ 浓度	PM$_{10}$ 浓度
重度污染区	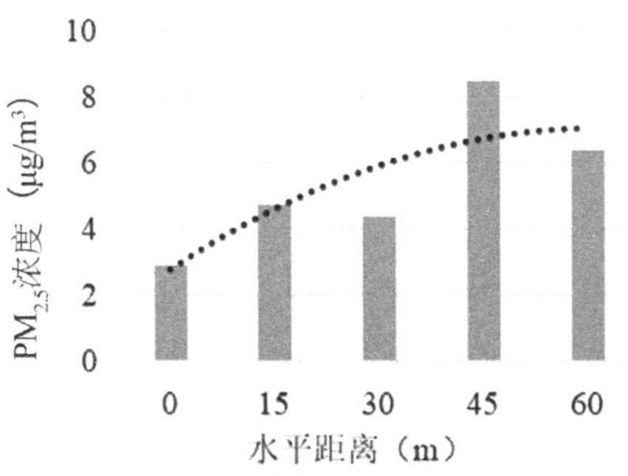	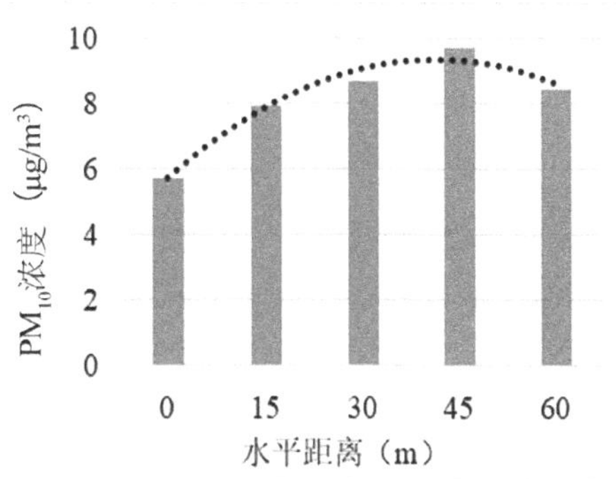
中度污染区	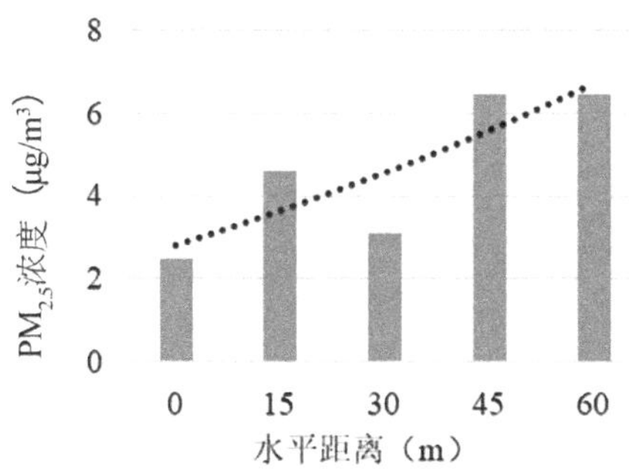	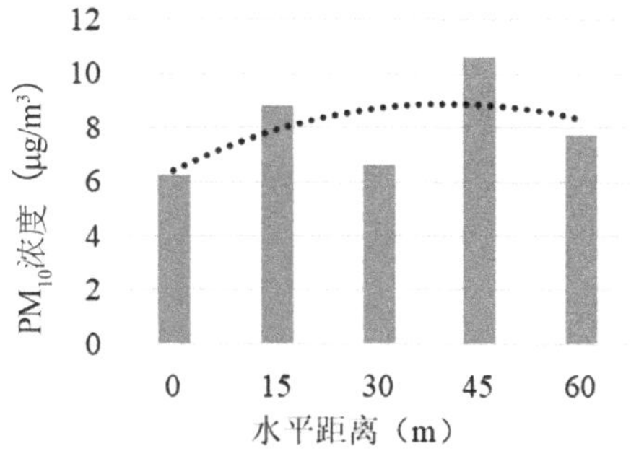
轻度污染区	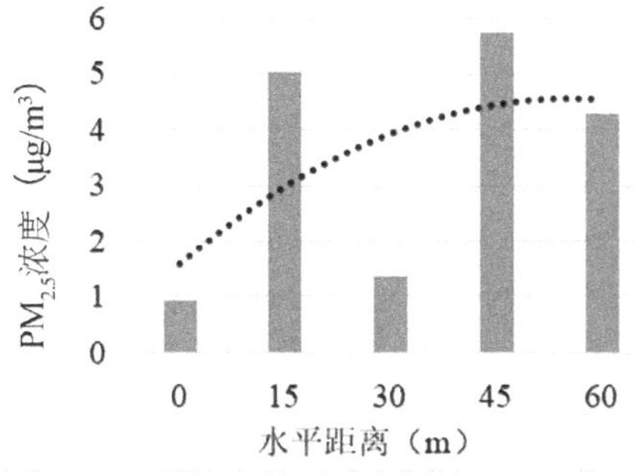	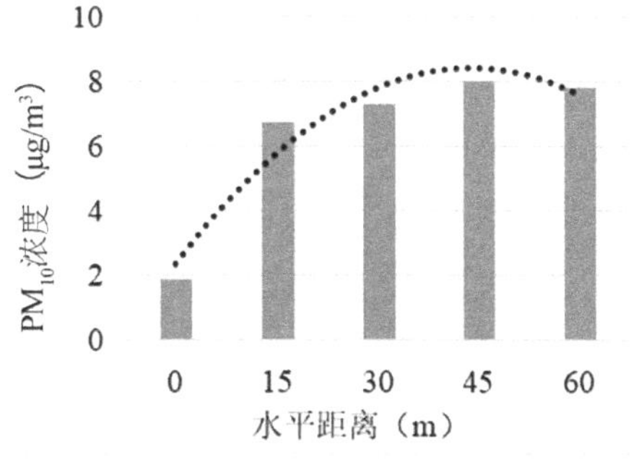

不同水平距离道路绿地消减大气颗粒物能力分析表　　　　表6-3

颗粒物粒径	水平距离（m）						图示
	0	15	30	45	60	AVG	
PM$_{0.3}$	−3.10	−2.46	−2.14	−1.73	−3.18	−2.52	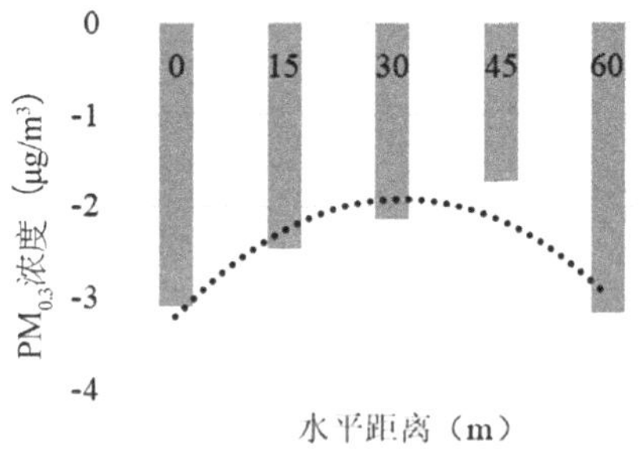
PM$_{0.5}$	−2.62	−2.04	−1.58	0.85	−0.29	−1.14	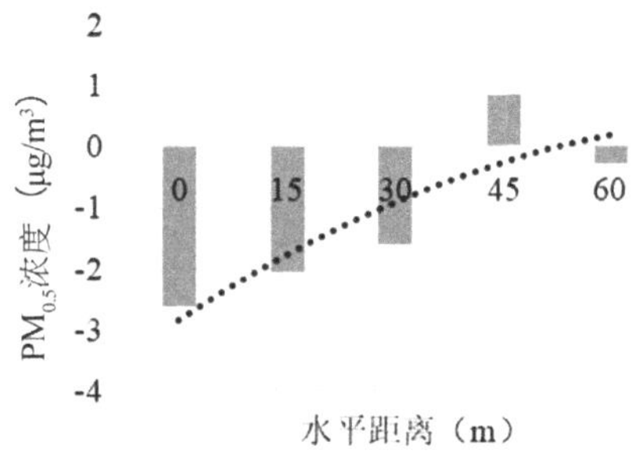
PM$_{1.0}$	−1.68	−0.75	−0.74	1.65	0.90	−0.12	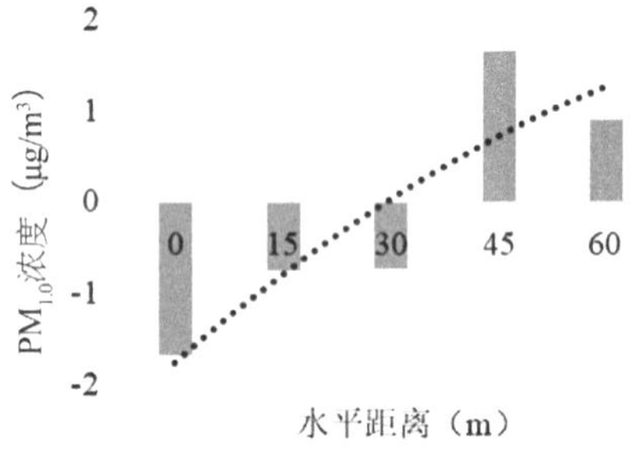
PM$_{2.5}$	−0.15	1.91	1.85	3.90	2.94	2.09	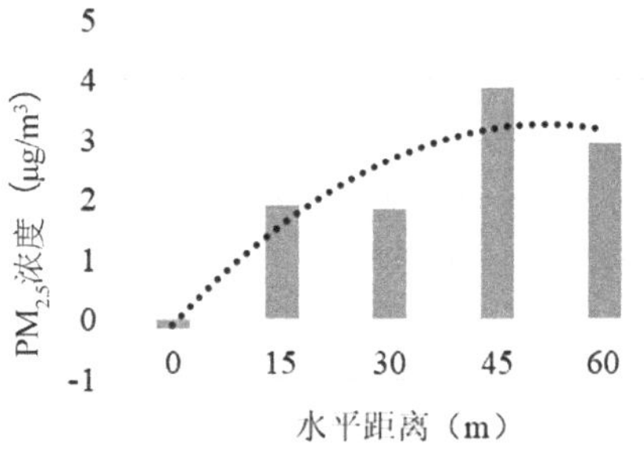

续表

颗粒物粒径	水平距离（m）						图示
	0	15	30	45	60	AVG	
$PM_{5.0}$	2.08	3.27	3.69	4.89	3.68	3.52	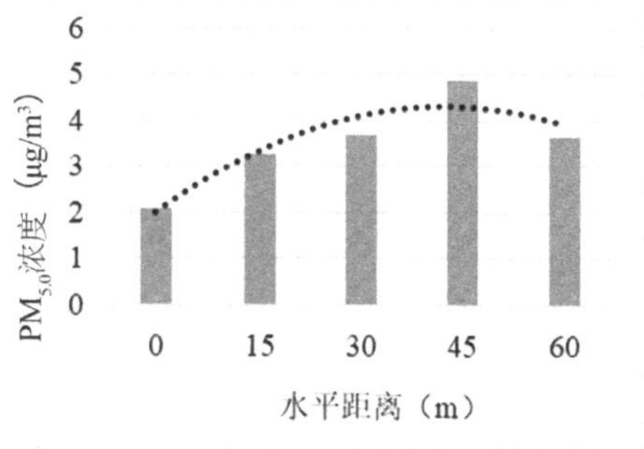
PM_{10}	2.83	4.59	4.94	6.52	5.40	4.86	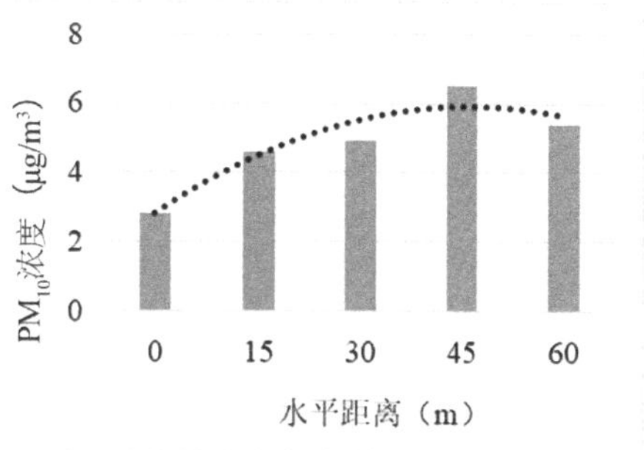

中停留时间的长短和传输距离的远近，颗粒物粒径越大，在大气中停留的时间越短，传输距离越短，越有利于颗粒物的消减；粒径越小的颗粒物在大气中停留的时间越长，传输距离越长，越不利于其沉降。

3. 道路小空间林冠密度道路绿地消减大气颗粒物能力分析

在城市同一道路小空间区域上选取树种绿植结构相同或相似（槐树、丁香、油松、高羊茅），距道路边缘水平距离相同和林冠密度不同的绿地上布置测点，探究林冠密度不同的绿地对各粒径大气颗粒物的消减能力，结果如表 6-4 所示。

观察图 6-4 发现，林冠密度不同的道路绿地对各粒径大气颗粒物均有一定程度的消减或截留作用，且随着林冠密度增大，绿地对各粒径大气颗粒物的平均消减率呈 "n 形" 抛物线趋势变化。计算林冠密度不同绿地对各粒径大气颗粒物的平均消减率可知，相同气候条件下，当道路绿地林冠密度为 50% 时，其对各粒径大气颗粒物的平均消减能力最强，消减率分别为 2.76（林冠密度 50%）＞ 2.24%（林冠密度 25%）＞ 2.16%（林冠密度 75%）＞－1.68%（林冠密度 0%）。原因在于，绿带有效吸附和消减大气颗粒物的同时，也会阻碍大气颗粒物的扩散而形成截留，导致绿地局部颗粒物浓度升高。

园林绿地及树木的空气污染物滞留机制

不同林冠密度道路绿地消减大气颗粒物能力分析表　　　表 6-4

颗粒物粒径	林冠密度（%）				图示
	0	25	50	75	
$PM_{0.3}$	−2.35	−1.81	−1.37	−1.88	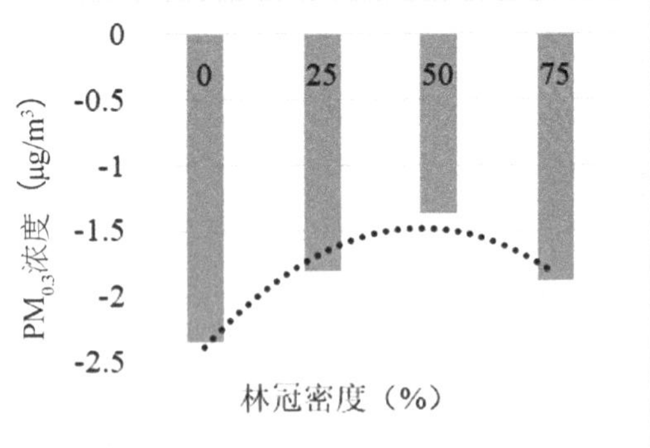
$PM_{0.5}$	−2.01	−0.97	−0.53	−1.12	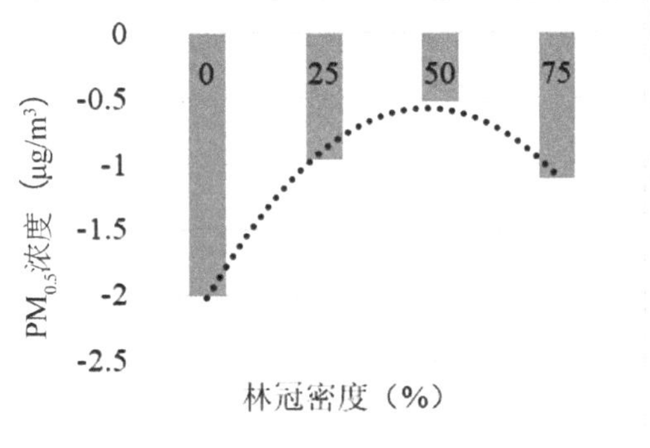
$PM_{1.0}$	−1.97	0.35	0.85	0.54	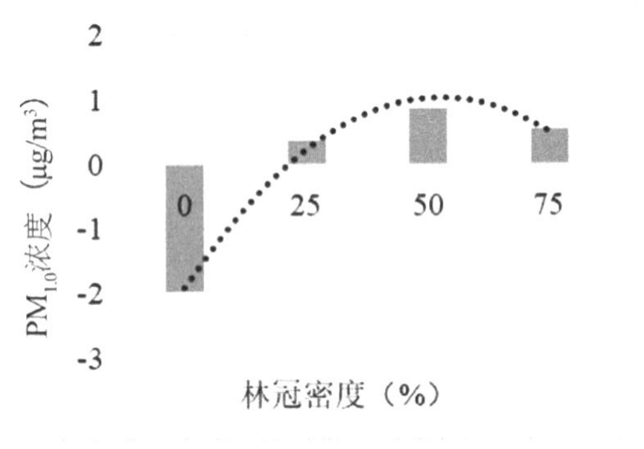
$PM_{2.5}$	−1.67	2.12	2.60	2.03	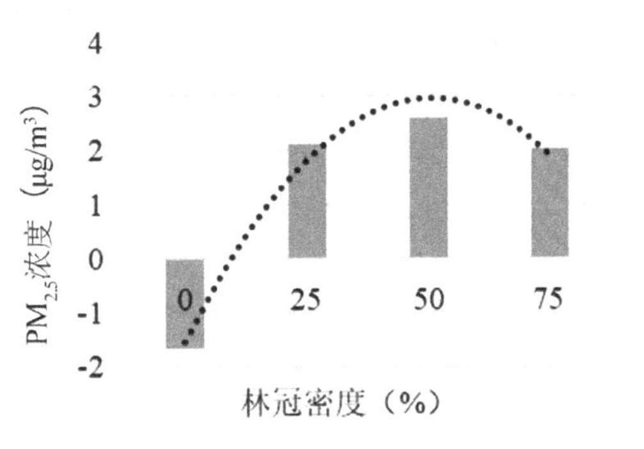

续表

颗粒物粒径	林冠密度（%）				图示
	0	25	50	75	
PM$_{5.0}$	−1.58	3.20	3.63	2.89	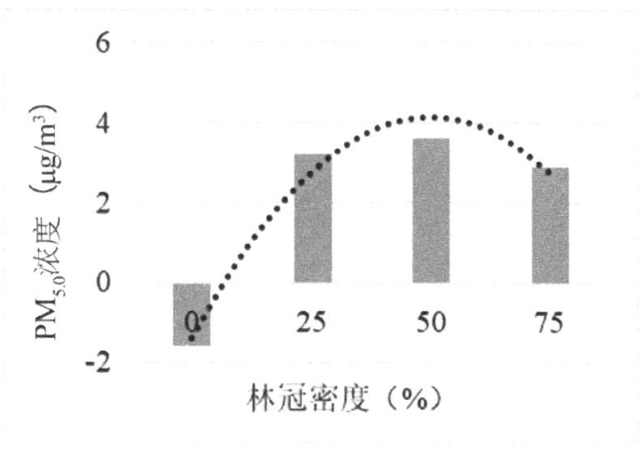 PM$_{5.0}$浓度（μg/m³）纵轴：6, 4, 2, 0, −2；横轴 林冠密度（%）：0, 25, 50, 75
PM$_{10}$	−1.41	4.38	5.01	4.30	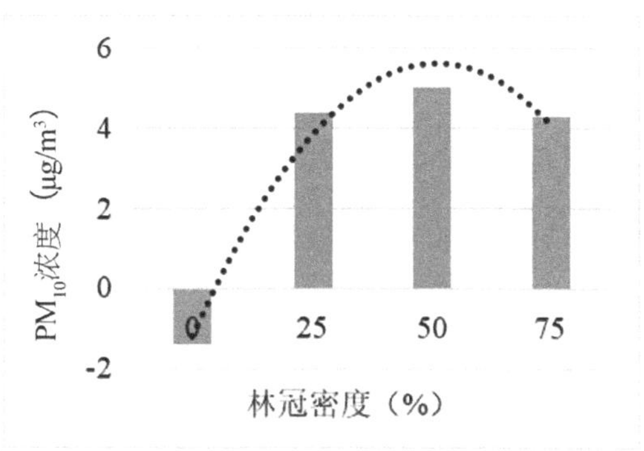 PM$_{10}$浓度（μg/m³）纵轴：6, 4, 2, 0, −2；横轴 林冠密度（%）：0, 25, 50, 75

综合比较，通过相同林冠密度条件下不同季节道路绿地对大气颗粒物的消减能力发现，夏季道路绿地对大气颗粒物的消减能力大于秋季和冬季。这是由于冬季气候条件不利于植物的生长，同时粒径较小的颗粒物传输距离较远，停留时间也较长，植物树冠对其进行截留，共同导致绿地对 PM 的消减作用减弱。

6.2 城市公园及道路绿地消减大气颗粒物的时间格局

随着经济的发展和人类活动的加强，大气微尘的危害逐渐引起了人们的注意，很早以前就有研究表明污染物的类型与人的呼吸道疾病有关联（Dockery & Pope, 1994）。可吸入性颗粒物的地理化学特性因其来源、在空气中的化学反应、长距离传输、气象条件和地形的影响而具有不同机制（Querol et al., 2004)，地壳元素、道路悬浮颗粒物和长距离传输通常被认为是空气可吸入性颗粒物的主要来源（Vallius et al., 2005）。随着近些年对城市大气颗粒物粗粒子和细粒子的研究，发现其在大气中停留时间长，输送距离高、远而广，对其分布特征的研究可以为一个地区提供可靠的污染信息。区域城市季节变化分明，气候变化剧烈，因此不同季节的空气污染特征不同，而位于城市里的园林绿地为评估该市区在时间梯度上的空气污染物分布提供了合适的材料。通过分析在功能区园林植物消减颗粒物的季节规律，为城市不同时间的污染治理提供理论依据。

6.2.1 城市公园绿地消减大气颗粒物季节变化分析

为研究城市公园绿地对各粒径大气颗粒物的消减能力，将呼和浩特新城公园、青城公园和敕勒川公园所监测的大气颗粒物浓度数据采用消减率计算公式进行处理，分别计算不同季节公园绿地对大气颗粒物消减率的平均值，结果如表6-5所示。

由表6-5可知，过渡季（春季、秋季）、夏季和冬季四季公园绿地对 $PM_{0.3}$、$PM_{0.5}$、$PM_{1.0}$、$PM_{2.5}$、$PM_{5.0}$ 和 PM_{10} 的消减能力不同。通过计算不同季节和污染区城市绿地对各粒径颗粒物的消减能力可知，过渡季节公园绿地对六种粒径颗粒物消减能力最强的为 $PM_{0.5}$，其中，轻度污染区公园绿地对 $PM_{0.5}$ 的消减能力最强，消减率高达12.06%；轻度污染区公园绿地对 PM_{10} 的消减能力最差，消减率为 -70.49%。夏季公园绿地对六种粒径颗粒物的消减效应最佳的为 $PM_{0.3}$，消减效应最差的为 PM_{10}。夏季重度污染区城市公园绿地对 $PM_{2.5}$、PM_{10} 的消减能力最差，轻度污染区公园绿地对 $PM_{2.5}$、$PM_{0.3}$ 的消减能力较强。冬季公园绿地对六种粒径颗粒物消减效应最强的是 $PM_{1.0}$，消减率为10.74%，消减效应较差的为 PM_{10} 和 $PM_{2.5}$，消减率为 -14.14% 和 -10.40%。

综合比较，不同季节公园绿地对大气颗粒物的消减能力可知，夏季城市公园绿地对各粒径颗粒物的平均消减能力强于冬季和过渡季节，平均消减率分别为 -2.33%、-2.77% 和 -14.51%。

6.2.2 城市道路绿地消减大气颗粒物季节变化分析

为研究城市道路绿地对大气颗粒物的消减效应，将5条受试道路所监测的大气颗粒物浓度数据采用消减率计算公式进行处理，分别计算不同季节道路绿地对大气颗粒物消减率的平均值，结果如表6-6所示。

不同季节道路绿地对 $PM_{0.3}$、$PM_{0.5}$、$PM_{1.0}$、$PM_{2.5}$、$PM_{5.0}$ 和 PM_{10}6 种粒径颗粒物的消减效应表现出显著差异性。夏季道路绿地中林内植物对6种粒径大气颗粒物均有明显消减作用，冬季道路绿地则仅可以消减 $PM_{5.0}$ 和 PM_{10} 等大粒径的大气颗粒物。这是由于不同季节植物生长情况、气候环境及空气扩散条件不同，夏季空气温度较高，气流扩散较易，植物茂密，且叶片吸附作用较强；冬季空气扩散规模较小，颗粒物浓度也较高，消减效应则减弱。综合比较，夏季道路绿地对6种粒径大气颗粒物的平均消减效应最强，消减率为4.57%；其次为秋季、春季，最弱的为冬季，平均消减率为 -1.18%。原因在于夏季平均温度较高，植物生长处于旺季，植被光合作用、呼吸作用以及蒸腾作用均较强，植物可以通过吸附作用，降低空气中颗粒物的浓度。此外，夏季降水天气也较多，对林带内的颗粒物有一定的清除作用。秋季则气温较低，空气相对湿度较小，落叶植物叶片逐渐变黄直至掉落，导致植物生理活性下降和光合作用减弱，此时的植物只能依靠树干对大气颗粒物起阻滞与吸附作用，因此秋季绿带对颗粒物的消减效益变差。同时也说明植物生长越旺盛、光合作用越强的情况下道路林地对大气颗粒物的消减作用越强。冬季由于居民取暖、供暖导致颗粒物排放量增加和污染加重，同时温度较低，湿度较大和植物完全落叶，共同导致林内颗粒物浓度较高，消减作用减弱。说明城市路侧绿带对大气颗粒物的消减强度与植被生理生态水平有关，且植物叶片对大气颗粒物的吸附与消减作用大于枝干。

公园绿地消减大气颗粒物季节变化表 表 6-5

季节	污染区	PM 消减率					
		$PM_{0.3}$	$PM_{0.5}$	$PM_{1.0}$	$PM_{2.5}$	$PM_{5.0}$	PM_{10}
过渡季	重度	−1.24	−1.14	1.56	8.36	3.06	−1.42
	中度	−16.76	−18.79	−24	−37.78	−15.27	−24.72
	轻度	−4.28	12.06	−13.52	−35.82	−20.97	−70.49
	平均值	−7.43	−2.62	−11.99	−21.75	−11.06	−32.21
夏季	重度	5.78	2.72	−6.12	−29.87	−7.33	−26.46
	中度	−12.5	−6.52	−4.82	7.2	3.11	2.98
	轻度	11.14	−2.96	1.79	16.77	−6.25	9.37
	平均值	1.47	−2.25	−3.05	−1.97	−3.49	−4.70
冬季	重度	0.44	1.1	3.02	7.44	4.24	9.4
	中度	5.17	1.07	30.93	−46.64	−23.41	−58.59
	轻度	1.2	0.04	−1.73	8.01	1.73	6.78
	平均值	2.27	0.74	10.74	−10.40	−5.81	−14.14

道路绿地消减大气颗粒物季节变化表 表 6-6

PM 消减率	季节				平均值 AVG
	春季 SPR.	夏季 SUM.	秋季 ANT.	冬季 WIN.	
$PM_{0.3}$	−3.15	2.17	−2.93	−6.22	−2.53
$PM_{0.5}$	−2.40	2.51	−2.82	−2.31	−1.26
$PM_{1.0}$	−1.67	3.83	−1.58	−1.76	−0.30
$PM_{2.5}$	1.61	4.43	2.59	−0.83	1.95
$PM_{5.0}$	2.86	6.28	3.67	1.29	3.53
PM_{10}	3.95	8.21	4.35	2.75	4.82
AVG	0.20	4.57	0.55	−1.18	1.04

6.3 城市园林树木吸滞环境重金属的历史格局

随着工业化的发展和人类活动的加强，许多人为释放物诸如废物焚烧、燃料燃烧、工业排放以及道路交通释放等过程会把重金属污染物排入大气中。众所周知，大多数金属，包括铅（Pb）、镉（Cd）、铬（Cr）、铜（Cu）、镍（Ni）、锌（Zn）等对动植物都有毒性影响，因此了解这些元素在环境中的含量和分布是非常重要的。然而，许多因素影响重金属的沉积，例如金属元素的化学形式、浓度以及滞留时间等。为了更有效地了解重金属污染物的时空分布并降低它们的有害影响，监测空气有毒污染物成为必要。除了直接用物理和化学方法监测空气污染，生物指示器已经被大量用于评估空气污染风险（Wolterbeek, 2002）。生长于城市地区的园林树木树皮、年轮、叶片和果实，可被作为研究空气污染的生物指示器、生物监测器和生物累积器（Harald et al., 2008），而树叶监测空气重金属污染也变得越来越普遍（Loretta et al., 2008）。利用城市中种植历史悠久的树木分析城市污染的变迁史，并分析引起变化的可能影响因素，可从污染历史中获得教训。

20 世纪 20 年代 ~21 世纪 20 年代城市 14 个地点空气污染物年平均浓度　　表 6-7

元素	年代	样地													
		1	2	3	4	5	6	7	8	9	10	11	12	13	14
Cd	1920's	0.01	0.01			0.02									0.01
	1940's		0.04			0.05		0.05							0.05
	1950's	0.07	0.06	0.07	0.07	0.08		0.05							
	1960's	0.06	0.07	0.09	0.08	0.09									
	1980's	0.06	0.08	0.10	0.10	0.10	0.18	0.11							
	2010's		0.10	0.12	0.15	0.11		0.15	0.3	0.35	0.10	0.15	0.35	0.35	
	2020's		0.21	0.26	0.31	0.28		0.39	0.36	0.42	0.35	0.3	0.53	0.51	
Cr	1920's	0.08	0.05			0.15									0.03
	1940's		0.17			0.17		0.22							0.22
	1950's	0.12	0.26	0.25	0.33	0.47		0.51							
	1960's	0.24	0.28	0.49	0.59	0.66									
	1980's	0.41	0.55	0.83	0.73	1.11	1.48	0.79							
	2010's		0.77	1.12	1.15	1.65		0.97	1.27	1.24	4.15	1.47	0.6	1.87	
	2020's		1.1	1.31	1.45	1.93		1.52	2	2.33	4.31	1.62	1.9	2.11	
Cu	1920's	1.03	1.43			1.91									1.55
	1940's		1.62			1.88		1.77							1.78
	1950's	2.05	2.13	3.86	2.66	3.46		3.63							
	1960's	2.17	2.35	4.76	3.11	4.27									
	1980's	2.65	2.43	4.91	3.64	4.28	6.41	6.37							
	2010's		4.52	8.29	5.45	8.67		8.86	7.25	6.92	9.34	6.32	6.65	10.15	
	2020's		9.86	9.94	11.48	10.36		13.04	12.37	13.65	14.77	12.51	13.22	14.64	

元素	年代	样地													
		1	2	3	4	5	6	7	8	9	10	11	12	13	14
Ni	1920's	0.6	0.38			0.83									0.65
	1940's		0.77			1.20		1.24							1.10
	1950's	0.52	0.77	1.61	1.38	1.51		1.67							
	1960's	0.53	0.84	1.76	1.58	1.92									
	1980's	1.12	1.66	2.39	1.75	2.6	3.53	2.31							
	2010's		1.72	2.95	2.94	4.02		4.28	4.61	4.34	2.98	3.59	3.70	5.04	
	2020's		4.41	4.18	4.49	5.34		6.17	6.08	5.87	6.91	6.38	5.83	6.14	
Pb	1920's	0.12	0.10			0.15									0.13
	1940's		0.20			0.35		0.20							0.27
	1950's	0.20	0.33	0.40	0.32	0.65		0.61							
	1960's	0.52	0.69	0.92	0.99	1.36									
	1980's	1.41	1.71	4.20	3.17	3.08	5.01	4.76							
	2010's		3.58	9.94	7.69	8.32		11.32	9.32	5.85	7.41	5.38	6.13	17.01	
	2020's		6.98	11.97	10.58	13.35		12.72	11.53	11.12	13.68	11.78	11.34	18.12	
Zn	1920's	3.28	2.13			3.55									2.67
	1940's		3.71			5.66		5.55							4.52
	1950's	5.14	4.79	6.90	6.54	9.10		8.88							
	1960's	6.71	7.33	8.29	9.52	10.80									
	1980's	8.29	8.37	13.09	14.28	16.00	12.84	15.87							
	2010's		15.03	25.27	21.89	29.00		30.69	23.16	22.68	27.71	22.74	20.38	59.27	
	2020's		23.43	24.26	27.38	29.51		30.45	28.37	26.51	29.01	24.52	25.47	67.44	

元素	年代	1	2	3	4	5	6	7	8	9	10	11	12	13	14
							样地								
V	1920's	0.67	0.78			0.87									0.85
	1940's		1.05			1.10		1.04							1.05
	1950's	1.12	1.23	1.21	1.25	1.20		1.21							
	1960's	1.39	1.34	1.49	1.42	1.48									
	1980's	2.07	1.98	3.06	2.54	2.77	2.66	3.28							
	2010's		4.54	5.81	5.71	6.67		6.84	5.62	4.67	5.64	4.52	3.28	6.31	
	2020's		5.41	6.33	6.85	7.01		8.21	7.24	6.93	7.16	7.39	6.91	9.01	
Sb	1920's	0.02	0.03			0.03									0.05
	1940's		0.11			0.17		0.12							0.13
	1950's	0.13	0.19	0.3	0.28	0.29		0.39							
	1960's	0.52	0.51	0.70	0.74	0.59									
	1980's	0.83	0.75	0.93	0.88	1.82	1.11	1.92							
	2010's		2.03	4.02	3.88	4.26		4.83	2.53	3.75	4.52	3.79	2.11	5.36	
	2020's		3.55	3.67	4.29	4.87		5.15	4.42	4.96	5.34	5.16	5.27	6.63	
Fe	1920's	106.42	107.99			120.28									119.17
	1940's		124.19			127.24		139.41							151.35
	1950's	153.26	148.70	173.83	175.35	170.90		195.50							
	1960's	212.19	231.56	252.15	260.32	275.93									
	1980's	381.35	395.13	505.35	450.68	402.15	393.07	556.68							
	2010's		903.72	1057.12	1034.43	1099.41		1177.96	1156.23	943.73	1050.05	990.90	969.67	1189.44	

元素	年代	样地													
		1	2	3	4	5	6	7	8	9	10	11	12	13	14
Fe	2020's	1000.11	1032.45	1135.07	1167.35			1220.01	1147.92	1168.7	1169.71	1147.74	1187.91	1200.3	
Al	1920's	114.59	103.45			122.39									118.02
	1940's		172.17			233.80		198.17							184.22
	1950's	218.22	202.16	309.33	220.47	314.03		322.73							
	1960's	364.36	374.37	475.26	432.25	442.78									
	1980's	576.05	674.95	727.09	749.41	826.04	734.97	884.46							
	2010's		1603.73	1907.24	1871.17	1981.78		2083.34	2076.6	1942.34	1925.64	1856.53	1775.9	2180.94	
	2020's		1963.49	1999.31	2001.72	2018.84		2155.39	2200.28	2277.72	2161.51	2237.09	2085.37	2389.54	

6.3.1 受试叶内中 10 种重金属浓度时间变化分析

在城市中选取分布较广的树种悬铃木，通过测定叶片中的重金属含量，分析所测重金属浓度的历史变化如表 6-7 所示。结果清楚地表明，10 种重金属的浓度均呈现明显的上升趋势。当代样品中的浓度是同一地点历史水平的几倍甚至几十倍。具体而言，2020年悬铃木叶片中 Sb、Pb、Cd 和 Cr 的平均浓度分别是 20 世纪 20 年代的 161.67、93.15、36.00 和 24.50 倍，分别高于 20 世纪 60 年代的水平。同样，2020 年 Al、Fe、Zn、Ni、V 和 Cu 的浓度约为 20 世纪 20 年代的 18.63~8.34 倍。此外，2020 年玄武湖公园悬铃木叶片中 Pb 和 Sb 的浓度分别约为 20 世纪 50 年代的 20.82 和 13.21 倍。此外，20 世纪 20~80年代法国梧桐叶片中的重金属浓度略有变化，其趋势线平缓，但自 20 世纪 80 年代以来急剧上升。2010~2020 年，重金属浓度缓慢上升，但达到最高值，麦皋桥遗址叶片重金属含量居高不下。

6.3.2 两园林树种叶内重金属平均浓度的历史变化分析

表 6-8 为城市悬铃木和海桐各年代叶片中重金属的平均浓度（mg·kg^{-1}），结果表

城市不同时期悬铃木和海桐叶片中重金属平均浓度 表 6-8

年代	重金属元素									
	Cd	Cr	Cu	Ni	Pb	Zn	V	Sb	Fe	Al
1920's	0.01E	0.06E	1.81E	0.59E	0.20E	2.89D	0.59E	0.06E	114.14E	139.71E
1950's	0.05D	0.38D	2.98D	1.46D	0.74D	6.35C	1.02D	0.32D	118.24D	268.73D
1980's	0.12C	0.75C	3.81C	2.46C	2.57C	10.73B	2.65C	1.46C	420.78C	852.13C
2010's	0.24B	1.34B	6.21B	3.57B	6.06B	20.84A	5.03B	3.38B	994.99B	1705.83B
2020's	0.35A	1.76A	9.60A	5.08A	8.97A	25.67	6.23A	4.59A	1072.11A	1873.92A
环比增长（%）	171.46	185.18	52.52	75.84	175.24	76.53	86.59	239.22	100.92	104.87

明植物叶片中 10 种重金属的浓度近 100 年来呈上升趋势，存在显著差异（$P<1\%$），叶片内各重金属的平均浓度表现为：Sb>Cr>Pb>Cd>Al>Fe>V>Zn>Ni>Cu，环比增长率为：239.22%>185.18%>175.24%>171.46%>104.87%>100.92%>86.59%>76.53%>75.84%>52.52%，其中 Sb、Cr 和 Pb 的增长率最高。

6.4 公园和道路林地截留污染物的影响因素

工业化的发展使得"雾霾"频发，空气颗粒物是威胁城市居民的主要污染物质之一，尤其是细颗粒物和超细颗粒物对人体危害更甚。城市园林绿地和树木成为消减大气颗粒物的重要手段，现在已有越来越多的研究证明园林树木可有效沉积空气颗粒物（Thithanhthao et al., 2015）。大气颗粒物的净化效率受污染物浓度、群落结构、气候因子等的影响，由于植物吸滞颗粒物受较多因素影响，各地区的植物配置也存在较大差异，因此需要对影响植物消减污染物的因子、与污染物浓度的相关性及植物本身的生理变化进行分析，深入解析这些相关因子与植物吸滞污染物能力之间的关系，为今后提升城市植物群落吸滞污染物的能力提供科学依据。

水平距离与大气颗粒物消减率相关性分析表　　　　　　　　　　表 6-9

消减率	季节			
	夏季 SUM.	过渡季 TS.	冬季 WIN.	相关系数平均值
$PM_{0.3}$	0.84**	0.37	−0.35	—
$PM_{0.5}$	0.81**	0.60	0.81**	0.74*
$PM_{1.0}$	0.75*	0.69	0.77*	0.74*
$PM_{2.5}$	0.77*	0.77*	0.89**	0.81**
$PM_{5.0}$	0.82**	0.77*	0.13	0.53
PM_{10}	0.75*	0.76*	0.68	0.73*

注：** 极显著相关，* 显著相关。

林冠密度与大气颗粒物消减率相关性分析表　　　　　　　　　　表 6-10

消减率	季节			
	夏季 SUM.	过渡季 TS.	冬季 WIN.	相关系数平均值
$PM_{0.3}$	0.82**	0.37	−0.84**	—
$PM_{0.5}$	0.77*	0.60	-0.47	—
$PM_{1.0}$	0.78*	0.69	0.93**	0.80**
$PM_{2.5}$	0.75*	0.77*	0.67	0.73*
$PM_{5.0}$	0.78*	0.77*	0.61	0.72*
PM_{10}	0.76*	0.76*	0.78*	0.77*

注：** 极显著相关，* 显著相关。

6.4.1 林地要素与颗粒物消减率相关性分析

1. 水平距离

由水平距离与大气颗粒物消减相关性分析表（表 6-9）可知，水平距离与粒径为 $0.5\mu m$、$1.0\mu m$、$2.5\mu m$、$5.0\mu m$ 和 $10\mu m$ 的大气颗粒物呈正相关关系，且不同季节与 $PM_{0.3}$ 的正负相关性不同。夏季，绿地对各粒径大气颗粒物的消减率与水平距离均呈显著正相关关系，其中正相关性最强的是 $PM_{0.3}$；过渡季，水平距离与 PM 消减率呈正相关关系；冬季，水平距离与 $PM_{0.3}$ 消减率呈负相关关系，与其余粒径颗粒物呈正相关关系，其中相关性最强的是 $PM_{2.5}$，相关系数为 0.89。

2. 林冠密度

运用皮尔逊（Pearson）相关性分析法计算林冠密度与各粒径大气颗粒物消减率的相关关系，相关性结果如表 6-10 所示。夏季和过渡季林冠密度与各粒径大气颗粒物的消减率均呈正相关，相关系数分别为 0.75~0.82 和 0.60~0.77；冬季林冠密度与 $PM_{0.3}$、$PM_{0.5}$ 的消减率呈负相关，与 $PM_{1.0}$、$PM_{2.5}$、$PM_{5.0}$、PM_{10} 的消减率则呈正相关，其中正负相关性最高的分别是 $PM_{1.0}$ 和 $PM_{0.3}$，相关系数为 0.93 和 -0.84。

6.4.2 微气候因子与颗粒物消减率相关性分析

相关研究表明，城市大气颗粒物的扩散与城市微气候因子、区域研究程度及周边环境等因素息息相关，因此对城市道路绿地中各监测点空气温度（AT）、相对湿度（RH）、露点温度（DP）、湿球温度（WB）和瞬时风速（V）进行了监测和记录。通过分析各微气候因子与大气颗粒物消减率之间的相关关系（表 6-11）可知，不同微气候因子与各粒径颗粒物消减率之间的相关性不同。

空气温度（AT）与绿地对各粒径大气颗粒物的消减率均呈显著负相关性，相关系数范围为 -0.85~ -0.71，平均相关系数为 -0.79。相对湿度则与各粒径颗粒物的消减率呈显著正相关性，相关系数范围为 0.75~0.86，平均相关系数为 0.82。所以，城市绿地可以通过增加相对湿度和降低空气温度两种方式来调控城市大气颗粒物浓度和绿地对大气颗粒物的消减能力。原因在于当大气空气温度较高时，颗粒物中溶水性较强的离子如硫酸盐等易膨胀，在空中不发生沉降作用，从而导致了污染物累积（刘大锰，等，2006）。当空气湿度较大时，颗粒物本身质量又比较轻，大气颗粒物易与空气中的水分子结合，从而促使颗粒物沉降。露点温度和湿球温度与大气颗粒物的消减率呈负相关关系，相关系数范围为 -0.79~ -0.61、-0.79~ -0.68，均与 PM_{10} 消减率的相关性最强。Li XC（2016）、

Thithanhthao（2015）、周丽（2003）等研究表明，风速对城市大气颗粒物浓度值和扩散能力具有一定的影响，当风速较高时，大气对流和湍流均较强，利用风可以促使大气颗粒物的扩散速率增加和浓度值减弱。但是绿地内的植物可以对空气和风形成阻碍，促使大气颗粒物的扩散速率减弱和浓度值增加。但本实验中，风速与大气颗粒物无明显相关性，原因可能与实验天气、研究区域环境和瞬时风速等因素有关。徐宁（2018）也指出风速这一微气候因子对大气颗粒物消减率的作用与地域环境等有密切关系。

微气候因子与大气颗粒物消减率相关性分析表

表 6-11

消减率	微气候指数				
	空气温度 AT	相对湿度 RH	露点温度 DP	湿球温度 WB	瞬时风速 V
$PM_{0.3}$	− 0.85**	0.75*	− 0.61	− 0.68	0.07
$PM_{0.5}$	− 0.82**	0.86**	− 0.74	− 0.79*	− 0.13
$PM_{1.0}$	− 0.79*	0.77*	− 0.64	− 0.70*	0.22
$PM_{2.5}$	− 0.72*	0.82**	− 0.71*	− 0.71*	− 0.04
$PM_{5.0}$	− 0.82**	0.84**	− 0.74*	− 0.74*	− 0.06
PM_{10}	− 0.71*	0.86**	− 0.79*	− 0.79*	− 0.22
相关系数平均值	− 0.79*	0.82**	− 0.71*	− 0.74*	− 0.03

注：** 极显著相关，* 显著相关。

6.4.3 外界环境因素与污染物滞留量相关性分析

1. 城市车辆保有量与叶内重金属含量相关性分析

以南京市为例，1928~1936 年，南京市登记车辆的数量从 144 辆增加到 2119 辆（Wu，2009）。2005 年私家车 152 万辆，其中私家车 31.32 万辆和 46.2 万辆。截至 2019 年底，全市机动车（不包括拖拉机）为 281.21 万辆，其中民用汽车 269.94 万辆，私家车 212.19 万辆。2014 年末，南京市汽车拥有量为 172.19 万辆，截至 2017 年末，南京市汽车拥有

城市汽车所有量与重金属含量相关性分析表   表 6-12

因子	重金属元素									
	Cd	Cr	Cu	Ni	Pb	Zn	Al	Fe	Sb	V
车辆	0.902	0.888	0.980	0.915	0.962	0.912	0.844	0.827	0.891	0.892
Cd	—	0.997	0.964	0.990	0.984	1.00	0.991	0.983	0.998	0.999
Cr	—	—	0.959	0.994	0.976	0.997	0.988	0.977	0.993	0.995
Cu	—	—	—	0.975	0.992	0.970	0.921	0.904	0.952	0.955
Ni	—	—	—	—	0.985	0.990	0.972	0.952	0.983	0.988
Pb	—	—	—	—	—	0.987	0.957	0.943	0.980	0.981
Zn	—	—	—	—	—	—	0.986	0.979	0.996	0.997
Al	—	—	—	—	—	—	—	0.995	0.996	0.995
Fe	—	—	—	—	—	—	—	—	0.989	0.986
Sb	—	—	—	—	—	—	—	—	—	1.000
V	—	—	—	—	—	—	—	—	—	—

量为 239.20 万辆,比上年增加 17.51 万辆,同比增长 7.9%,汽车占机动车的比重已达 92.7%。到 2018 年末,南京机动车保有量达 273.79 万辆,比上年末增加 15.86 万辆,增长 6.2%。如此数量的车辆意味着交通对重金属污染的巨大贡献。

采用皮尔逊(Pearson)相关分析方法计算了悬铃木和海桐叶片中重金属含量与南京汽车保有量之间的相关性。计算结果如表 6-12 所示。结果表明,悬铃木和海桐叶片中 10 种重金属平均含量与汽车拥有量呈显著正相关关系($P<0.01$),相关系数为 0.827~0.980。其中,重金属含量与汽车拥有率相关性最强的元素为 Cu 和 Pb,其相关系数分别为 0.980 和 0.962。

PM$_{10}$浓度及悬铃木树叶、树皮、土壤中重金属平均含量表　　表6-13

元素	重金属元素					
	Cd	Cr	Cu	Ni	Pb	Zn
树叶	0.043	0.971	6.962	1.214	5.064	24.665
树皮	0.032	0.670	4.783	0.686	2.640	16.920
土壤	0.611	18.05	32.79	31.02	42.07	129.6
PM$_{10}$ （mg/m^3）	0.074					

树叶、树皮重金属含量与土壤重金属含量、PM$_{10}$含量的相关系数表　　表6-14

监测材料		重金属元素					
		Cd	Cr	Cu	Ni	Pb	Zn
土壤	树叶	0.528	0.412	0.191	0.443	0.694	0.638
	树皮	0.308	0.317	0.337	0.588	0.556	0.506
PM$_{10}$	树叶	0.218	0.429	0.804	0.914	0.773	0.906
	树皮	0.818	0.262	0.958	0.927	0.770	0.782

2. 城市土壤与树种叶片、树皮内重金属含量的相关性分析

在城市各区域采集土壤、PM$_{10}$及悬铃木叶片、树皮进行相关性研究，各监测材料悬铃木树皮、叶片以及土壤、PM$_{10}$的重金属浓度列于表6-13，比较两种监测材料中Cd、Cr、Cu、Ni、Pb、Zn六种重金属元素的含量可以发现，各重金属含量以树叶中的含量较高，对比六种重金属元素的平均含量，六种元素含量大小顺序为树叶＞树皮，两种监测材料六种元素的平均含量以Zn最高，依次为Pb＞Cu＞Cr＞Ni＞Cd。对于所测定的

六种重金属元素，悬铃木叶、树皮与对应样地土壤重金属含量的相关性也各异（表 6-14），叶片与土壤中 Pb 和 Zn 元素的相关性较强，相关系数分别为 0.743 和 0.683，树叶、树皮重金属含量与土壤重金属含量之间的相关系数 R^2（表 6-15）范围在 0.048~0.969 之间，两者的相关性较小。

树叶、树皮中重金属含量与土壤重金属含量、PM_{10} 含量的回归系数表　　表 6-15

	监测材料	重金属元素					
		Cd	Cr	Cu	Ni	Pb	Zn
土壤	树叶	0.279	0.170	0.036	0.196	0.481	0.407
	树皮	0.095	0.101	0.114	0.346	0.309	0.506
PM_{10}	树叶	0.048	0.184	0.646	0.836	0.598	0.811
	树皮	0.670	0.068	0.969	0.859	0.593	0.612

3. 城市 PM_{10} 与树叶、树皮内重金属含量的相关性

大气可吸入颗粒是指大气颗粒物中粒径小于 10μm 的颗粒，又称为 PM_{10}，它的浓度以每立方米空气中可吸入颗粒物的毫克数表示。PM_{10} 微粒直径小，表面积大，大气环境中的重金属污染物质主要附集在 PM_{10} 上（杜坚，2005; 肖溶，等，2006; 吕森林，等，2006）。本研究收集到南京市 10 个样点处 3 个月平均 PM_{10} 含量（由日平均 PM_{10} 含量计算，数据来自相关国家监测部门），将其与 10 个样点的监测材料重金属平均含量（表 6-13）进行比较，计算相关性，结果见表 6-14。结果表明，PM_{10} 含量与叶片、树皮内 6 种重金属元素含量的相关系数均高于与土壤的相关系数，而树皮中各重金属元素含量（除 Cr 外）与 PM_{10} 也达到了极显著相关水平，树叶各重金属元素含量（除 Cd、Cr 外），与 PM_{10} 也达到了相关极显著水平。对各监测材料重金属元素含量与 PM_{10} 含量作线性回归分析，表 6-15 显示各监测材料中重金属元素含量与 PM_{10} 都呈正相关，回归系数 R^2 范围在 0.048~0.969 之间，相关性大于与土壤重金属元素。

交通繁忙点与交通稀疏点树种叶片可溶性蛋白含量及其差异分析表　　表 6-16

树种名称	交通稀疏点	交通繁忙点	差异分析	相对增幅 ΔS%
1. 珊瑚树	0.55±0.02i	1.06±0.46g	*	92.7
2. 广玉兰	8.03±0.74d	6.95±0.03de	*	−13.4
3. 栾树	9.84±0.19c	7.04±0.57d	*	−28.5
4. 夹竹桃	11.64±0.66b	16.77±0.32b	*	44.1
5. 构树	16.09±0.05a	18.40±0.39a	*	14.4
6. 杜英	2.89±0.21g	3.58±0.40f	NS	23.9
7. 紫叶李	2.30±0.35g	5.42±0.45f	*	135.7
8. 雪松	0.64±0.05h	1.67±0.33g	*	160.9
9. 马褂木	5.05±0.31fg	10.79±0.35c	*	113.7
10. 海桐	10.55±0.63c	17.38±0.27ab	*	64.7
11. 女贞	4.58±0.51ef	6.44±0.08de	*	40.6
12. 悬铃木	0.70±0.08hi	1.44±0.18g	*	105.7
13. 香樟	0.64±0.03hi	0.85±0.01g	*	32.8
14. 杨树	5.06±0.0.05e	5.85±0.03e	*	15.6

注：同列不同小写字母表示各树种间存在显著性差异；NS 表示交通繁忙点和交通稀疏点植物生理指标无显著性差异，* 表示有显著性差异；ΔS（或 ΔP、ΔM）是根据 ΔS（%）＝（SH − SC）/ SC×100% 计算得到，式中：ΔS（ΔP、ΔM）代表可溶性蛋白（或游离脯氨酸、MDA）变化的相对百分数，SH（PH、MH）和 SC（PC、MC）分别表示交通繁忙点和交通稀疏点同种植物的 S（或 P、M）。同表 6-17、表 6-18。

6.4.4 城市污染物对园林树木叶内生理指标的影响

1. 可溶性蛋白

采集高污染区和相对清洁区道路两边的 14 种树木，测定其叶内的生理指标，由表 6-16 可见，交通稀疏点与交通污染点树种可溶性蛋白含量（鲜重）除个别树种无显著差异外，大多数树种间存在显著差异。除广玉兰、栾树（蛋白质含量下降）外，交通繁忙点树种可溶性蛋白质含量明显高于交通稀疏点，杜英无显著差异，而其他树种均存在显著差异。在交通污染环境下，多数树种可溶性蛋白含量表现出不同程度的增加，增加最明显的是紫叶李和雪松，增幅在 130% 以上；其次是珊瑚树、马褂木、夹竹桃，增幅在 130%~80% 之间；其余的树种增幅相对较小，都在 80% 以下，尤其是广玉兰和栾树，可溶性蛋白含量值甚至低于清洁点的对应值。

在长期逆境胁迫下，植物体内蛋白质含量会发生变化。本研究发现，在交通污染胁迫下，除个别树种可溶性蛋白质含量下降外，多数树种可溶性蛋白含量均有不同程度的升高，其升高原因可能是外源污染物进入植物细胞后，刺激了 DNA 活性，从而促进蛋白质合成，产生特异蛋白，这些特异蛋白有很高的重金属解毒能力（张玉秀，等，1999），植物细胞受到刺激后也可促进一些细胞器结合蛋白的释放；此外，在特定生理条件下，植物体内存在着可溶性蛋白与膜蛋白等的转化机制（陈志骞，1989）。可溶性蛋白含量下降可能是重金属加强了原有蛋白质的失活、分解，影响氨基酸形成从而抑制了新蛋白质的合成（李兆君，等，2004）。本研究发现紫叶李和雪松蛋白含量增幅最高，说明这两种植物其耐污染性也很高。

2. 游离脯氨酸

表 6-17 数据显示，交通稀疏点与交通繁忙点树种游离脯氨酸含量因树种的不同而有显著差异。与交通稀疏点相比，除构树外，交通繁忙点其余树种游离脯氨酸含量均有所增加，两采样点珊瑚树和栾树无显著差异，而其余 11 种都存在显著差异。在交通污染胁迫作用下，各树种游离脯氨酸含量均有不同程度的增加，交通污染点游离脯氨酸增加最明显的是雪松和杨树，增幅都在 100% 以上，尤其是雪松增幅最明显；其次是栾树、夹竹桃、紫叶李、女贞和香樟，增幅在 100%~50% 之间；而珊瑚树、广玉兰、构树、马褂木和悬铃木增幅都在 50% 以下，构树的游离脯氨酸含量值低于清洁点的对应值。

脯氨酸是植物蛋白质的组成成分之一，并以游离态广泛存在于植物体内（李海亮，等，2005），作为重要的渗透调节物质，在多种环境胁迫条件下，许多植物体内脯氨酸都大量积累，植物脯氨酸含量的增加是植物对逆境胁迫的一种生理生化反应。多种大气污染物可普遍引起高等植物或低等植物中游离脯氨酸含量的变化（赵瑞雪，等，2008）。除构树外，交通污染点植物叶片内游离脯氨酸含量都有所增加。游离脯氨酸具有作为细胞质渗透调节物质、稳定生物大分子结构、降低细胞酸度和清除体内活性氧等功能（赵瑞雪，等，2008），因而它的增加是植物适应环境胁迫的机制之一。而构树的游离脯氨酸含量下降，可能是环境污染的强度和时间超出了其耐受程度，产生脯氨酸代谢过程受到抑制，从而引起脯氨酸含量下降。交通污染点雪松和杨树增幅在 100% 以上，尤其是雪松增幅最高，说明这两个树种的适应能力很强。

3. 丙二醛（MDA）

生理学上另一个衡量植物抗逆性强弱的指标是植物中累积 MDA 的含量。数据显示（表 6-18），交通稀疏点除珊瑚树、雪松、海桐、女贞、悬铃木和香樟外，其他树种的 MDA 含量存在显著差异，而交通繁忙点各树种间均存在显著差异。比较发现，交通繁忙点树种的 MDA 含量均高于交通稀疏点（除构树外），四个点广玉兰、栾树、夹竹桃和构树 MDA 含量无显著差异外，其余 10 种都存在显著差异。交通稀疏点和交通繁忙点各树种 MDA 含量的相对差异因树种的不同而有很大区别。其中增幅在 50% 以上的树种有珊瑚树、女贞，其中珊瑚树增幅最大；增幅位于 35%~20% 之间的树种有悬铃木、海桐和杨树；其余 9 种增加幅度低于 10%，其中构树、紫叶李和雪松出现了减少。MDA 是膜质过氧化的重要产物，能交联脂类、核酸、糖类及蛋白质，破坏膜结构，导致细胞质膜损伤，电解质渗漏严重。MDA 可作为植物在逆境条件下发生膜质过氧化作用强弱的指标，它的积累会对膜系统造成不同程度的损害。本研究发现，与清洁区相比，交通污染区紫叶李和雪松的 MDA 含量下降幅度最大，这可能与游离脯氨酸的累积有关，游离脯氨酸的大量积累减小了 MDA 的伤害。

交通繁忙点与交通稀疏点树种叶片可溶性蛋白含量及其差异分析表　　表 6-17

树种名称	交通稀疏点	交通繁忙点	差异分析	相对增幅 ΔS%
1. 珊瑚树	3.92±0.06i	4.59±0.08i	NS	17.1
2. 广玉兰	10.88±0.08fg	15.55±0.17fg	*	42.9
3. 栾树	16.24±0.15d	30.13±0.08c	NS	85.5
4. 夹竹桃	9.95±1.00gh	16.13±0.70f	*	62.1
5. 构树	202.51±0.86a	175.56±0.936a	*	−13.3
6. 杜英	8.53±0.08i	10.77±0.62h	*	26.3
7. 紫叶李	11.70±0.23ef	21.61±1.00de	*	84.7
8. 雪松	25.32±0.83b	66.05±0.55b	*	160.9
9. 马褂木	19.34±0.77c	23.46±0.16d	*	21.3
10. 海桐	12.30±0.31e	17.00±0.82ef	*	38.2
11. 女贞	4.37±0.08i	7.71±0.62hi	*	76.4
12. 悬铃木	9.20±0.38hi	11.48±0.08gh	*	24.7
13. 香樟	16.18±0.08d	24.33±0.93d	*	50.4
14. 杨树	5.46±0.06hi	12.1±0.23h	*	121.6

注：同列不同小写字母表示各树种间存在显著性差异；NS 表示交通繁忙点和交通稀疏点植物生理指标无显著性差异，* 表示有显著性差异；ΔS（或 ΔP、ΔM）是根据 ΔS（%）＝（SH － SC）/ SC×100% 计算得到，式中：ΔS（ΔP、ΔM）代表可溶性蛋白（或游离脯氨酸、MDA）变化的相对百分数，SH（PH、MH）和 SC（PC、MC）分别表示交通繁忙点和交通稀疏点同种植物的 S（或 P、M）。同表 6-16、表 6-18。

交通繁忙点与交通稀疏点树种叶片可溶性蛋白含量及其差异分析表　　表6-18

树种名称	交通稀疏点	交通繁忙点	差异分析	相对增幅 ΔS%
1. 珊瑚树	35.97±1.36f	56.94±0.78ef	*	58.3
2. 广玉兰	61.94±0.68d	67.10±0.93cd	NS	8.33
3. 栾树	57.31±0.28de	61.29±0.65de	NS	6.94
4. 夹竹桃	53.54±0.37e	54.03±1.14ef	NS	0.92
5. 构树	63.06±0.60d	55.81±0.44ef	NS	−0.11
6. 杜英	148.87±1.05a	160.22±0.70a	*	7.62
7. 紫叶李	121.13±2.70b	82.26±1.82b	*	−32.1
8. 雪松	40.32±1.37f	28.60±1.32h	*	−29.1
9. 马褂木	83.87±0.18c	84.19±1.19b	*	0.38
10. 海桐	44.95±0.88f	58.39±2.41de	*	29.9
11. 女贞	36.45±0.91f	55.38±0.28ef	*	52.0
12. 悬铃木	36.61±0.52f	47.90±0.60fg	*	30.8
13. 香樟	39.03±0.91f	39.35±0.61g	*	2.36
14. 杨树	61.94±0.52de	67.03±1.58bc	*	8.21

注：同列不同小写字母表示各树种间存在显著性差异；NS 表示交通繁忙点和交通稀疏点植物生理指标无显著性差异，* 表示有显著性差异；ΔS（或 ΔP、ΔM）是根据 ΔS（%）=（SH − SC）/ SC×100% 计算得到，式中：ΔS（ΔP、ΔM）代表可溶性蛋白（或游离脯氨酸、MDA）变化的相对百分数，SH（PH、MH）和 SC（PC、MC）分别表示交通繁忙点和交通稀疏点同种植物的 S（或 P、M）。同表 6-16、表 6-18。

第 7 章

园林树木吸滞
空气污染物分级
和绿地树种选择

7.1 园林树木吸滞污染物分级

城市空气污染是人类面临的重要环境问题之一，而园林绿地及树木为减缓空气污染提供了一条便捷而省力的途径（Biloa et al., 2017），其吸滞污染物的效能已被很多研究证明（Chaparro et al., 2020），生长于城市环境中的园林树木种类繁多、形态各异，在空气污染胁迫下的表观症状、耐受程度、抵抗力及累积能力等都各不相同，需要根据不同抗性指标按照科学的方法进行分类比较，通过园林植物受伤害表观症状识别、体内污染物含量聚类分析等手段对植物耐受性进行分级，依据植物耐性分级，对城市中化工区、交通污染区等不同类型污染区进行针对性的绿化设计，既能提高绿化质量，又能达到降低污染物的功效，为城市绿地的可持续发展提供有效指导。

7.1.1 园林树木表观症状类型及分级

1. 园林树木表观症状类型

园林树木在生长发育的过程中受到环境和病原物侵染等因素的危害，导致树木的生长发育受到限制，从而对树木的正常生理代谢活动产生影响，进而导致树木的花、果和叶等器官受损，影响园林景观观赏性。园林树木病害是植物和病原在一定环境条件下矛盾的结果，环境不仅影响病原物的生长发育，还影响植物本身的生长状态和对病原物的抵抗力。当环境有利于植物生长发育，不利于病原物活动发展时，植物的抗病能力反而增加，病害从而被控制。所以，环境条件的良莠对园林树木的生长发育具有重要意义。

园林树木受到病原物侵染后，在植物外部形态上表现出的不正常变化，称为症状。园林树木的主要表观症状包括变色、坏死、腐烂、萎蔫、畸形五种类型（李宏，2013）。变色症状指植物被侵染后细胞色素发生变化而引起的表观变色，其细胞未死亡，表征为褪绿、黄化、花叶、斑驳和碎锦等；坏死症状指植物受到侵染后，其细胞和组织死亡后仍然保持有原细胞和组织的外形轮廓，表征为病斑和溃疡等；腐烂症状指植物患病组织较大面积的分解和破坏，其细胞死亡，表征为干腐和湿腐；萎蔫症状指植物的根茎维管束组织受侵害或者水分供应不足，导致植物的枝叶凋零，表征为青枯、枯萎和黄萎；畸形症状指植物的不同组织和器官发生增生性或者抑制性病变，表征为矮化、丛枝、卷叶和肿瘤等。园林树木具体表观症状特征见表7-1。

根据园林树木病害调查结果（表7-1）分析同一病害表征下，植物叶片的叶背面（图7-1a）、叶尖（图7-1b）、叶边缘（图7-1c）、叶柄（图7-1d）和叶细胞（图7-1e）的受伤害程度和病害表征特点。健康叶细胞（图7-1f）表征特点为：表皮细胞均匀、胞间隙正常、细胞无失绿现象，叶绿素清晰可见，表皮毛均匀分布、无变黑、无卷曲现象；受伤害叶细胞（图 7-1e）表征特点为：表皮细胞内有沉积物，透光性差，胞间隙变大，叶绿素死亡、变黑表皮细胞内有沉积物，透光性差，胞间隙变大，叶绿素死亡，表皮毛卷曲、变黑。植物叶背、叶尖、叶边缘和叶柄的病斑表征现象相同，均出现小黑点。

交通繁忙点与交通稀疏点树种叶片可溶性蛋白含量及其差异分析表　　表 7-1

症状	表现	特征	图示
变色	褪绿	植物叶绿素含量减少。表现为：植物整株、局部叶片均匀褪绿，叶片表现为浅绿色	
	黄化	植物叶绿素含量减少到一定程度。表现为：植物整株、局部叶片均匀褪绿，颜色逐渐黄化	
	花叶	植物花叶多发生在叶片上。表现为：植物整株或局部叶片的颜色深浅不均匀，浓绿和黄绿相互间杂，有时出现红紫色斑块，变色部位界限明显	
	斑驳	植物斑驳多发生在植物叶片和果实上。表现为：与花叶相似，但植物变色部位的轮廓不明显、不清晰	
	碎锦	碎锦这一病症多发生在植物的花上。表现为：植物花瓣颜色发生改变	

症状	表现	特征	图示
坏死	病斑	植物斑点多发生在植物叶片和果实上。表现为：植物叶片果实的形状和颜色不同，病斑的后期会出现霉点或者小黑点	
	溃疡	植物树干皮层、果实等部位局部组织坏死形成病斑。表现为：植物树干和果实表面出现黑色小颗粒或小型盘状物	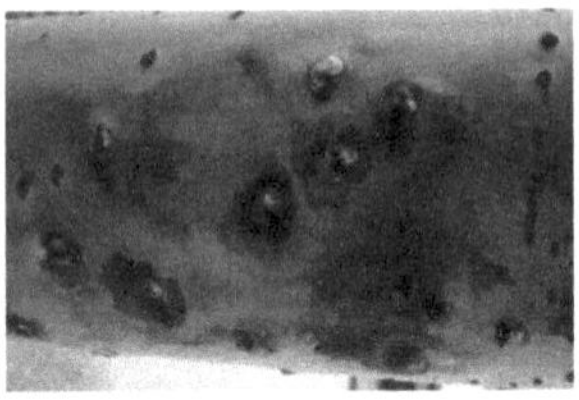
腐烂	干腐	多发生于植物的根、枝干、花和果实上。表现为：病部组织腐烂，含水较少，较硬的组织常发生干腐	
	湿腐	多发生于植物的根、枝干、花和果实上。表现为：病部组织腐烂，多汁幼嫩的组织常为湿腐	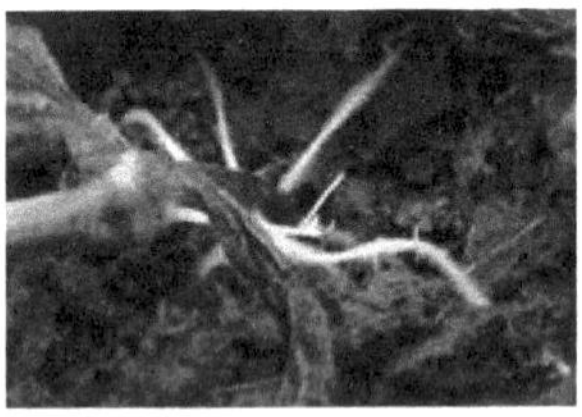
萎蔫	青枯	植物整株或局部由于脱水，枝叶下垂。表现为：植物失水迅速，植株仍保持绿色	
	枯萎黄萎	植物整株或局部由于脱水，枝叶下垂。表现为：植物失水迅速，植株不能保持绿色	

症状	表现	特征	图示
畸形	矮化	植物各器官的生长受到不同程度的抑制。表现为：植物植株矮于其他正常植株	
	丛枝	植物的枝条不正常生长。表现为：植物枝条不正常地增多，形成成簇枝条	
	卷叶	多发生于植物叶片上。表现为：叶片出现变小、叶缺、高低不平的皱缩及向上或向下的卷叶	
	肿瘤	植物枝干和根部的局部因细胞增生从而形成形状、大小各异的瘤状物。表现为：瘤状物	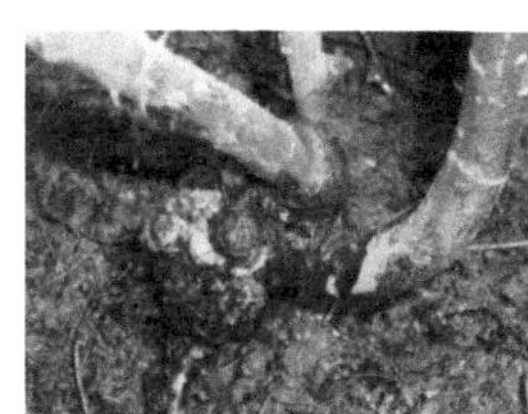

2．植物表观抗性分级

根据叶表面受伤害程度对植物表观抗性进行分级，分为：抗性强、抗性中等、抗性弱三级。植物表观抗性分级如表 7-2 所示：植物表观抗性强时，植物叶片未受伤害，叶片大小正常，呈轻度失绿状；抗性中等时，植物叶片有病斑，叶片有明显的失绿现象；抗性较差时，植物叶片出现坏死，叶片大面积失绿、黄化等。

7.1.2 园林树木吸滞颗粒物能力分级

根据本研究得出结论，园林树木的树叶和树皮表面形态各异，有的粗糙，有的平滑，且具有表皮毛，表皮毛形态各异，吸附颗粒物的能力各不相同。因此，按照树叶和树皮粗糙程度进行分级，如表 7-3 所示。树叶和树皮表面的粗糙程度较高时，其吸滞颗粒物的等级也较高；树叶和树皮表面较光滑时，其吸滞颗粒物的能力较差。

（a）叶背面

（b）叶尖

图 7-1 园林树木器官耐空气污染表观症状图（一）

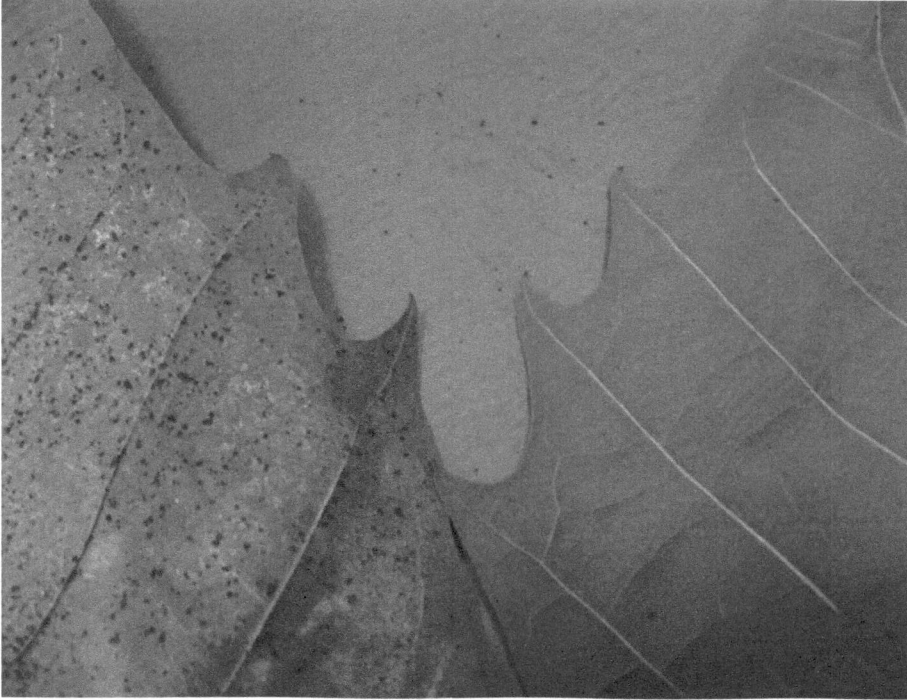

（c）叶边缘

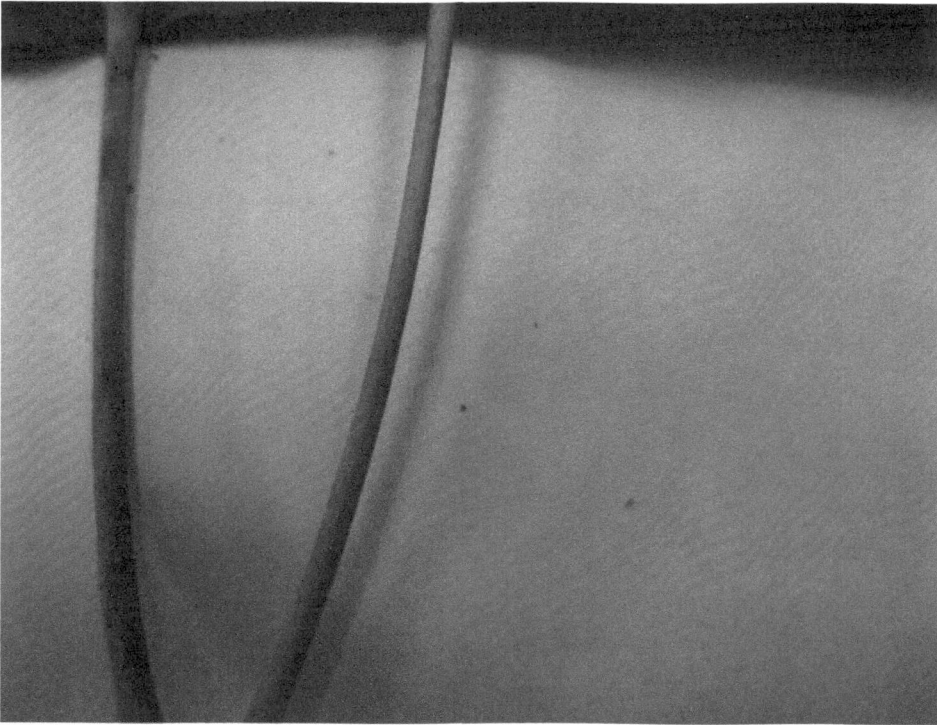

（d）叶柄

图 7-1 园林树木器官耐空气污染表观症状图（二）

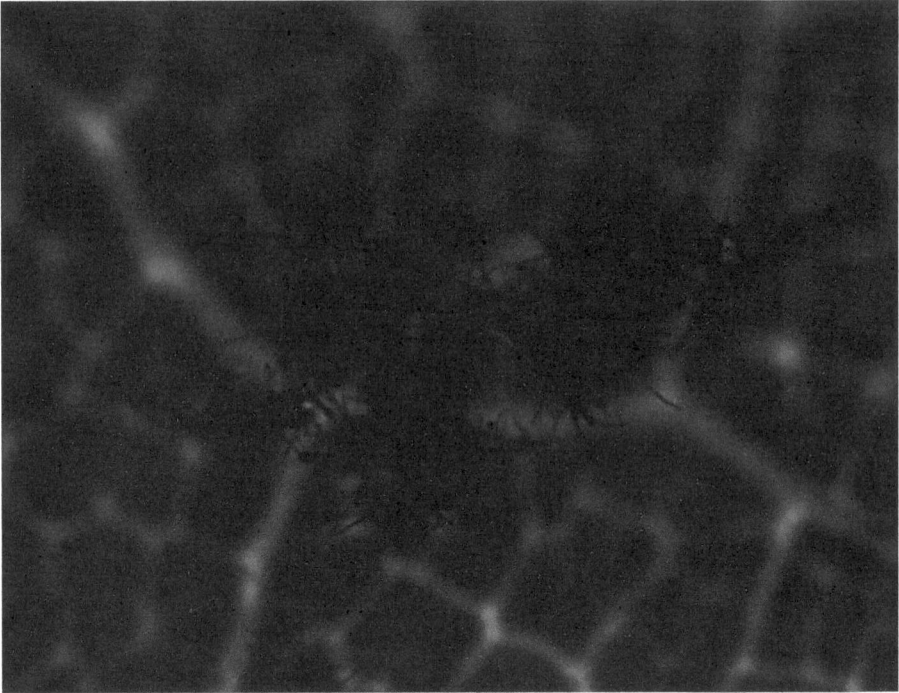

（e）受伤害叶细胞

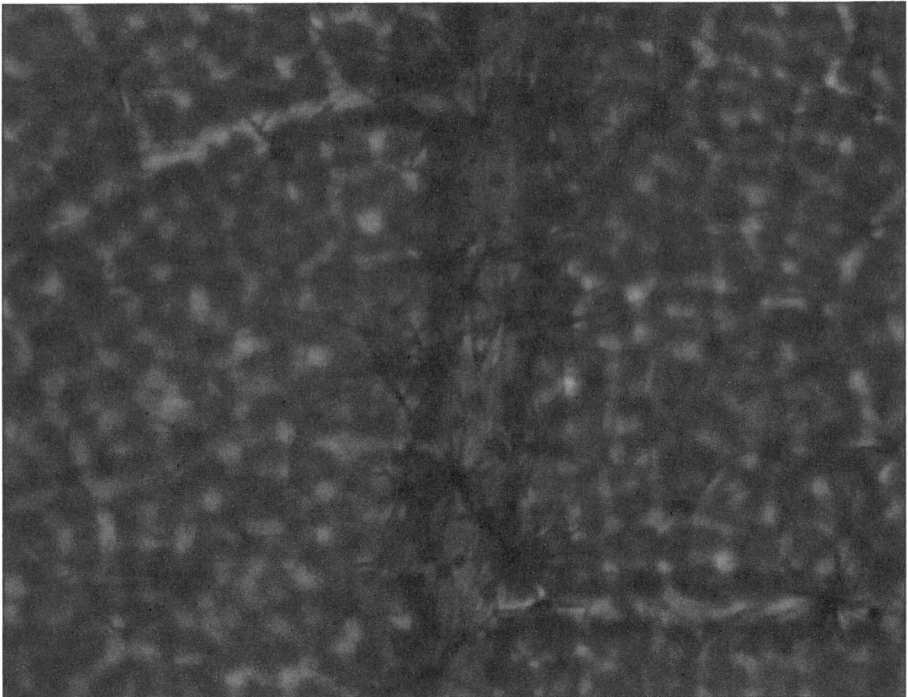

（f）健康叶细胞

图 7-1 园林树木器官耐空气污染表观症状图（三）

园林树木耐空气污染表观抗性分级表　　　　　表 7-2

抗性分级	表观特征与植物种类	图示
抗性强	表观特征：植物叶片未见明显伤害，叶片大小正常，部分叶存在轻度失绿现象等。 植物种类：国槐、毛白杨、垂柳、白杜、新疆杨、蒙古栎、臭椿、洋白蜡、山桃、油松、白扦、青扦、圆柏、白皮松、家榆、金叶榆、紫丁香、连翘、红瑞木、小叶女贞、沙棘、榆叶梅、多枝柽柳、小叶黄杨、马蔺、高洋茅、紫萼、萱草、射干等	
抗性中等	表观特征：植物叶片稍小于正常叶片，叶片表面有病斑，叶片存在明显失绿现象等。 植物种类：杉松、侧柏、河北杨、美国山核桃、胡桃、大果榆、鸡桑、玉兰、山梅花、日本晚樱、沙樱、斑叶稠李、东北扁核木、黄檗、枣、川滇野丁香、耧斗菜、矾根、青杞、卷丹等	
抗性弱	表观特征：植物叶片较小于正常叶片，叶片表面出现坏死，叶片存在明显的大面积失绿等现象。 植物种类：梓树、竹柳、白兰花、齿叶白鹃梅、褐梨、鲜卑花、美国皂荚、金叶复叶槭、紫薇、刺楸、棉杉菊、桂竹香、斑叶香妃草等	
正常叶片	植物叶片健康完整，叶片表面无明显伤害，叶片不存在失绿现象等	

園林绿地及树木的空气污染物滞留机制

园林树木叶和树皮吸滞颗粒物能力分级表　　　　　表 7-3

类型	粗糙程度	吸滞颗粒物等级	典型植物
树叶	粗糙度高	吸尘能力强	毛白杨、胡桃、新疆杨、大果榆、裂叶榆、脱皮榆、蒙桑、梓树、蜀葵、芍药等
	较粗糙	吸尘能力中等	山皂荚、河北杨、胡杨、加杨、垂柳、山核桃、白桦、红桦、虎榛子等
	光滑	吸尘能力差	山桃、洋白蜡、蒙古扁桃、卫矛、紫丁香、白丁香、洋槐、日本落叶松、小叶杨等
树皮	粗糙度高	吸尘能力强	银杏、落叶松、新疆杨、山核桃、垂枝榆、玉兰、山楂、茶条槭、色木槭、美国红栌等
	较粗糙	吸尘能力中等	胡桃楸、河北杨、胡杨、刺槐、辽东栎、蒙古栎、大叶朴、欧洲甜樱桃等
	光滑	吸尘能力差	山桃、白桦、白皮松、竹柳、山桃、红桦、斑叶稠李金枝槐、花曲柳、新疆杨、忍冬等

7.1.3 园林植物群落滞留颗粒物分级

1. 植物群落滞留颗粒物能力

通过计算城市道路绿地中乔 — 灌 — 草、乔 — 灌、灌 — 草和灌木四种植物群落对 $PM_{0.3}$、$PM_{0.5}$、$PM_{1.0}$、$PM_{2.5}$、$PM_{5.0}$ 和 PM_{10} 的消减能力,评估植物滞留颗粒物的能力。由图 7-2 可知,城市道路绿地中乔 — 灌 — 草、乔 — 灌、灌 — 草和灌木四种植物群落及硬质铺装对各粒径大气颗粒物的消减能力不同,消减率范围为 $-1.41\%\sim6.17\%$、$-3.63\%\sim5.36\%$、$-2.55\%\sim4.83\%$、$-2.34\%\sim4.99\%$ 和 $-1.63\%\sim4.00\%$。综合比较,4 种植物群落和硬质铺装空间消减大气颗粒物的能力,从强到弱依次为乔 — 灌 — 草 > 乔 — 灌 > 灌 — 木 > 灌 — 草 > 硬质,绿地对各粒径大气颗粒物的平均消减率依次为 $2.68\% > 1.25\% > 1.06\% > 0.89\% > 0.70\%$。相同群落结构下,植物群落空间对 PM_{10} 的消减能力最强,消减率分别为乔 — 灌 — 草 6.17%、乔 — 灌 5.36%、灌 — 草 4.83%、和灌木 4.99%。研究结果表明,植物群落结构层级越复杂,植物群落空间对大气颗粒物的消减能力越强。

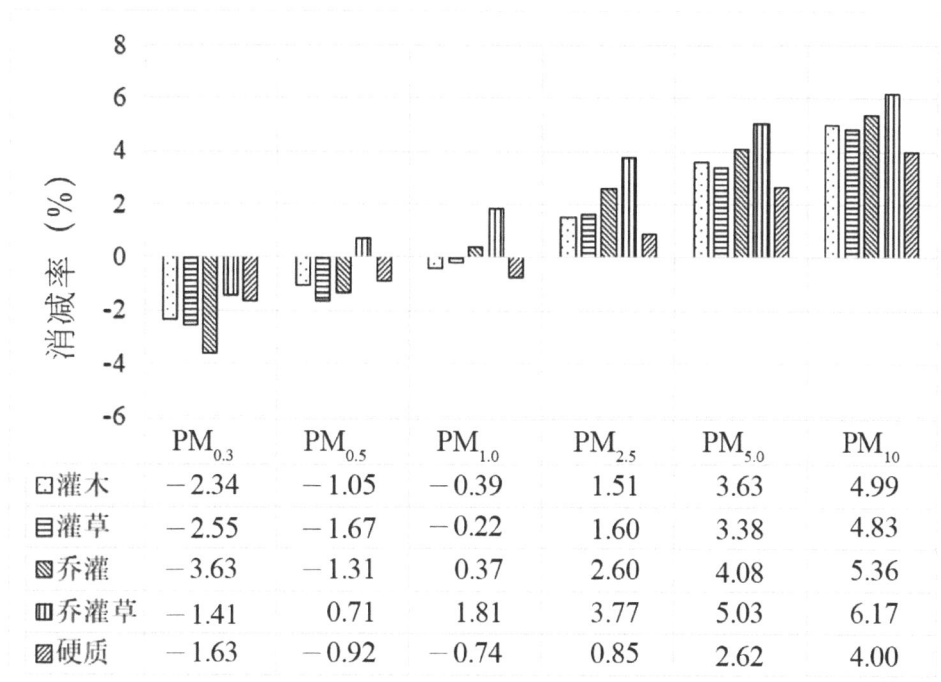

	$PM_{0.3}$	$PM_{0.5}$	$PM_{1.0}$	$PM_{2.5}$	$PM_{5.0}$	PM_{10}
灌木	−2.34	−1.05	−0.39	1.51	3.63	4.99
灌草	−2.55	−1.67	−0.22	1.60	3.38	4.83
乔灌	−3.63	−1.31	0.37	2.60	4.08	5.36
乔灌草	−1.41	0.71	1.81	3.77	5.03	6.17
硬质	−1.63	−0.92	−0.74	0.85	2.62	4.00

图 7-2 植物群落空间对大气颗粒物消减能力分析图

2. 植物群落滞留颗粒物分级

根据植物群落消减大气颗粒物的能力对植物群落滞留颗粒物进行分级，分为强（消减率 $\geqslant 2\%$）、中（$0\% <$ 消减率 $< 2\%$）和弱（消减率 $\leqslant 0\%$）三级。由图 7-3a 可知，乔—灌—草植物群落空间滞留颗粒物的能力最强，其次灌木、乔—灌、灌—草植物群落空间滞留颗粒物的能力为中等。植物群落空间对不同粒径颗粒物的滞留能力也不同，图 7-3b 显示，植物群落空间对 $PM_{2.5}$、$PM_{5.0}$ 和 PM_{10} 的滞留能力较强，消减率均大于 2%；对 $PM_{1.0}$ 的滞留能力为中等；对 $PM_{0.5}$ 和 $PM_{0.3}$ 的消减能力较弱，消减率小于 0%。

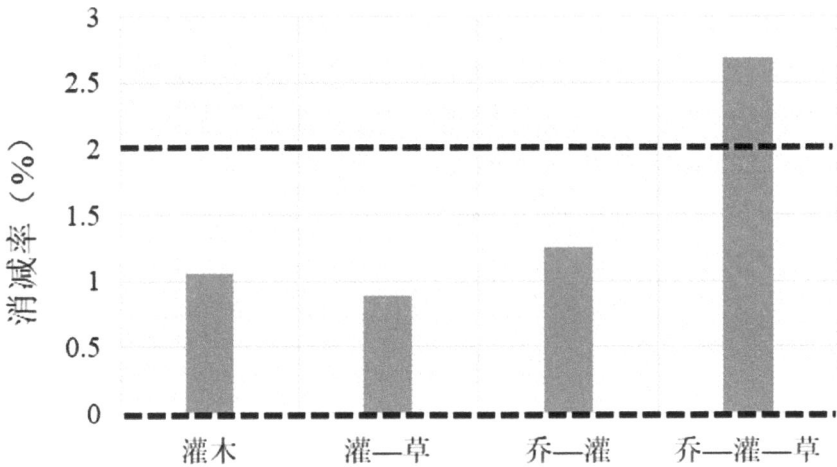

(a) 植物群落空间

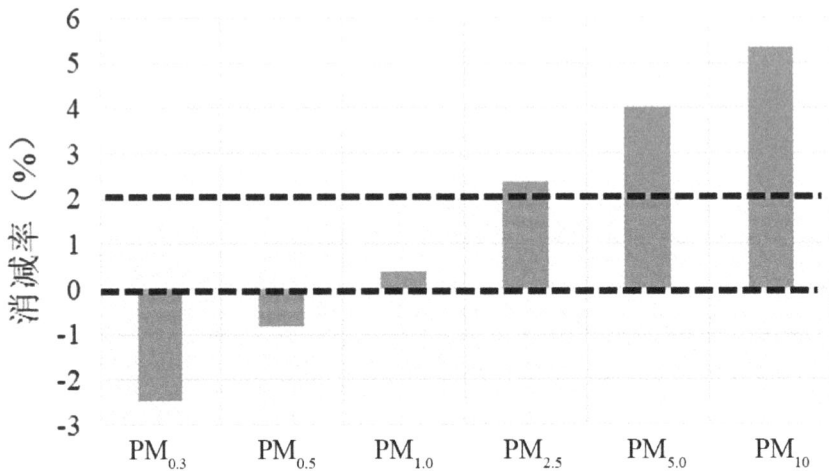

(b) 大气颗粒物

图 7-3 植物群落滞留颗粒物分级图

7.1.4 园林树木滞留空气重金属分级

1. 园林树木叶片吸滞空气重金属能力分级

从主要绿化树种对重金属累积量的测定结果（表 7-4）可以看出，绿化树种对大气重金属污染物的累积量具有明显选择性，且依据树种的不同而不同，为了将树种累积重金属的能力进行适当分类和评价。为了更科学地划分出抗性树种，本研究同时应用 SPSS11.5 中的类平均聚类法对各树种累积 Pb、Cd 和 Cu 的能力进行聚类分析，运用 ClUSTER 输出谱系聚类图（图 7-4）进行分级。

通过 SPSS 软件对 R^2、半偏 R^2、伪 F、伪 t^2 等主要统计量（数据略）进行比较分析，并结合 SPSS 输出的谱系聚类图，依据树种累积 Pb 的能力可划分为三类（图 7-4a），I 类为杨树、广玉兰、女贞、紫叶李，累积 Pb 的能力最强，累积量在 2.42 ~ 3.12mg·kg^{-1} 之间；II 类为雪松、栾树、构树，累积 Pb 的能力中等；III 类为海桐、杜英、珊瑚树、香樟、二球悬铃木、夹竹桃、马褂木，累积 Pb 的能力较弱。

依据树种累积 Cd 的能力可划分为三类（图 7-4b），I 类为杨树，累积 Cd 的能力最强，累积量为 0.44mg·kg^{-1}；II 类为雪松、海桐、夹竹桃、杜英，累积 Cd 的能力中等；III 类为女贞、珊瑚树、二球悬铃木、香樟、广玉兰、栾树、马褂木、构树、紫叶李，累积 Cd 的能力较弱。

依据树种累积 Cu 的能力也可划分为三类（图 7-4c），I 类为构树，累积 Cu 的能力最强，累积量为 6.190mg·kg^{-1}；II 类为雪松、二球悬铃木、杨树、马褂木、栾树、广玉兰，累积 Cu 的能力中等；III 类为紫叶李、杜英、珊瑚树、女贞、香樟、海桐、夹竹桃，累积 Cu 的能力较弱。

树种累积三种重金属的综合能力分为三类（图 7-4d），I 类为杨树、构树、雪松、广玉兰、悬铃木、栾树，累积能力最强，平均累积量在 2.14 ~ 2.89mg·kg^{-1} 之间；II 类为紫叶李、马褂木、女贞，累积能力中等，平均累积量在 1.28 ~ 1.70mg·kg^{-1} 之间；三类为杜英、珊瑚树、海桐、香樟、夹竹桃，累积能力较弱，平均累积量在 0.38 ~ 0.94 mg·kg^{-1} 之间。

SPSS11.5 的类平均聚类法是先将被观测的 n 个变量看成不同的 n 类，然后将性质最接近（距离最近）的两类合并为一类，再从 $n-1$ 类中找到最接近的两类加以合并，依次类推，直到所有的变量合并为一类，在这种聚类法中，一旦一个变量被划定在了一个类别中，以后它的分类结果就不会更改，类平均聚类法采取的测距方法是欧式平方距离，即以两变量差值平方和为距离，这种测量方法更重视较大的数值和距离，更有利于筛选出累积能力强的树种，为下一步的深入研究提供依据，因此我们采取类平均聚类法来进行树种的累积分级。

城市绿化树种叶片对重金属的滞留能力分级表　　　　　表7-4

树种名称	吸滞重金属分级（元素累积量 mg·kg^{-1}DW）		
	Pb	Cd	Cu
1. 珊瑚树 *Viburnum awabuki*	III（0.80）	III（0.02）	III（1.35）
2. 广玉兰 *Magnolia grandiflora*	I（2.83）	III（0.00）	II（4.00）
3. 栾树 *Koelreuteria paniculata*	II（1.90）	III（0.00）	II（4.53）
4. 夹竹桃 *Nerium indicum*	III（0.59）	II（0.05）	III（0.51）
5. 构树 *Broussonetia papyrifera*	II（1.53）	III（−0.01）	I（6.90）
6. 杜英 *Elaeocarpus decipiens*	III（0.90）	II（0.14）	III（1.77）
7. 紫叶李 *Prunus cerasifera*	I（2.42）	III（−0.03）	III（2.35）
8. 雪松 *Cedrus deodara*	II（1.90）	II（0.09）	II（5.99）
9. 马褂木 *Liriodendron chinese*	III（0.12）	III（0.00）	II（4.99）
10. 海桐 *Pittosporum tobira*	III（0.92）	II（0.08）	III（0.68）
11. 女贞 *Ligustrum lucidum*	I（2.47）	III（0.03）	III（1.34）
12. 悬铃木 *Platanus hispanica*	III（1.12）	III（0.01）	II（5.45）
13. 香樟 *Cinnamomum camphora*	III（0.71）	III（0.01）	III（0.79）
14. 杨树 *Populus deltoides*	I（3.12）	I（0.44）	II（5.10）

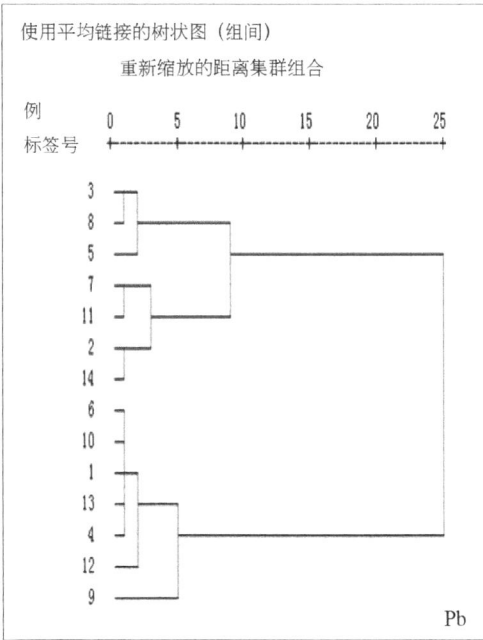

(a)

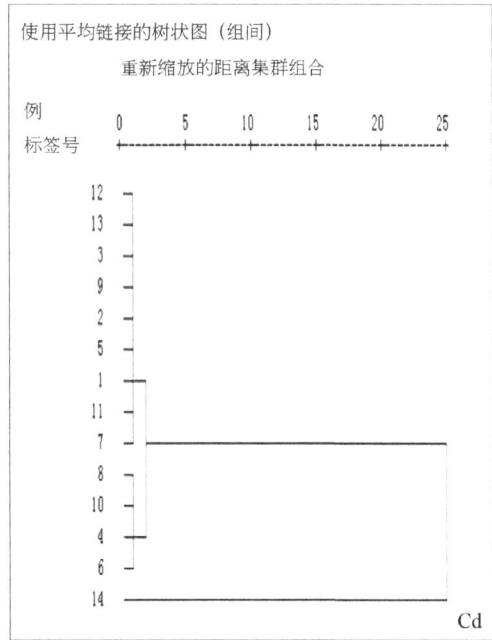

(b)

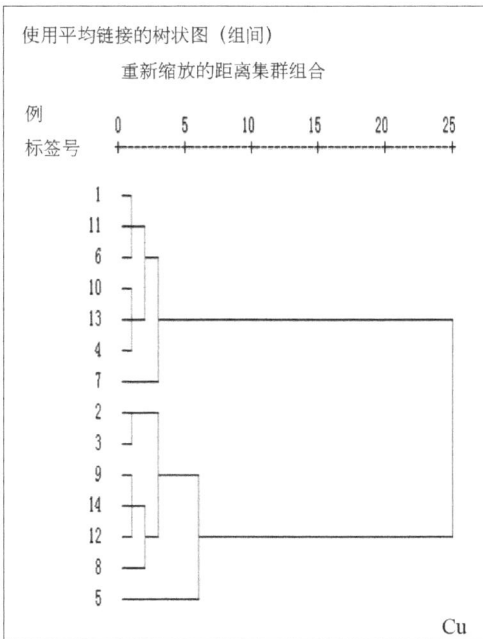

(c)

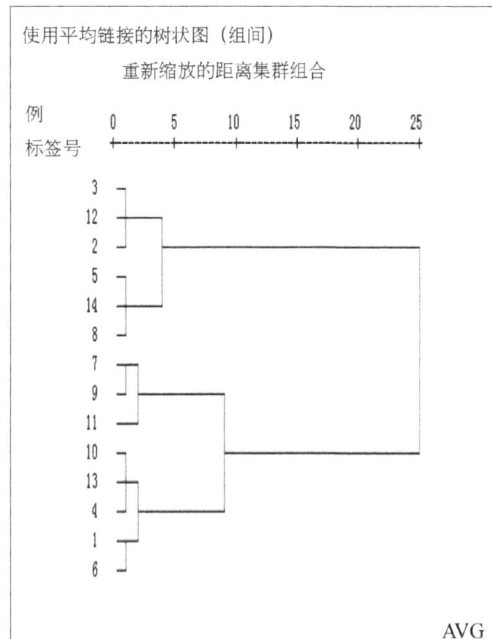

(d)

图 7-4 园林树木叶内重金属累积量聚类分析图

（注：聚类分析图中各树种编号与表 7-4 编号一致。）

2. 园林树木树皮吸滞空气重金属含量分级

从主要绿化树种树皮对重金属累积量的测定结果（表 7-5）可以看出，不同绿化树种树皮对大气重金属污染物的累积量各不相同，且依树种的不同而不同，先前的研究表明，应用类平均法更有利于筛选出累积能力强的树种（王爱霞，等，2009），本研究采用了此法对树种树皮的累积能力进行分级，如图 7-5 所示。

通过 SPSS 软件对 R2、半偏 R2、伪 F、伪 t2 等主要统计量（数据略）进行比较分析，并结合 SPSS 输出的谱系聚类图，依据树种树皮累积 Cd 的能力可划分为三类（图 7-5-a），I 类为马褂木，累积 Cd 的能力最强，累积量为 1.347mg·kg^{-1}；II 类为香樟、杨树和杜英，累积 Cd 的能力中等，累积量为 0.695~0.900mg·kg^{-1}；III 类为供试树种包括广玉兰、栾树、构树、紫叶李、雪松、圆柏、女贞、二球悬铃木和银杏，累积 Cd 的能力较弱。

依据树种累积 Cr 的能力可划分为三类（图 7-5-b），I 类为银杏和马褂木，累积 Cr 的能力最强，累积量分别为 21.676mg·kg^{-1} 和 22.486mg·kg^{-1}；II 类为香樟、雪松和圆柏，累积 Cr 的能力中等；III 类为广玉兰、栾树、构树、杜英、紫叶李、女贞、二球悬铃木和杨树。

依据树种累积 Cu 的能力也可划分为三类（图 7-5-c），I 类为广玉兰，累积 Cu 的能力最强；II 类为杜英、雪松、圆柏、马褂木、香樟、杨树和银杏，累积 Cu 的能力中等；III 类为栾树、构树、紫叶李、女贞和悬铃木，累积 Cu 能力较弱。

依据树种累积 Ni 的能力也可划分为三类（图 7-5-d），I 类为马褂木，累积 Ni 的能力最强；II 类为杨树、广玉兰、圆柏、香樟和雪松，累积 Ni 的能力中等；III 类为栾树、构树、杜英、紫叶李、女贞、二球悬铃木和银杏，累积 Ni 的能力较弱。

依据树种累积 Pb 的能力也可划分为三类（图 7-5-e），I 类为银杏，累积 Pb 的能力最强；II 类为杜英、马褂木、香樟、圆柏和雪松，累积 Pb 的能力中等；III 类为广玉兰、栾树、构树、紫叶李、女贞、二球悬铃木和杨树，累积 Pb 的能力较弱。

依据树种累积 Zn 的能力也可划分为三类（图 7-5-f），I 类为马褂木和香樟，累积 Zn 的能力最强；II 类为栾树、雪松、杜英、广玉兰和杨树，累积 Zn 的能力中等；III 类为女贞、银杏、二球悬铃木、构树和紫叶李，累积 Zn 的能力较弱。

树种累积 6 种重金属的综合能力分为三类（图 7-5-g），I 类为香樟和马褂木，综合累积能力最强，平均累积量分别为 41.814mg·kg^{-1} 和 43.003mg·kg^{-1}；II 类为栾树、杨树、杜英、银杏、广玉兰、圆柏和雪松，综合累积能力中等，平均累积量在 17.216mg·kg^{-1}~29.085mg·kg^{-1} 之间；III 类为女贞、紫叶李、悬铃木和构树，综合累积能力较弱，平均累积量在 4.326mg·kg^{-1}~10.163mg·kg^{-1} 之间。

城市绿化树种叶片对重金属的滞留能力分级表 表 7-5

树种	吸滞重金属分级（元素累积量 mg·kg⁻¹）					
	Cd	Cr	Cu	Ni	Pb	Zn
1. 女贞 *Ligustrum lucidum*	III（0.048）	II（6.836）	III（1.977）	III（2.304）	III（2.747）	III（12.041）
2. 香樟 *Cinnamomum camphora*	II（0.900）	II（10.33）	II（22.226）	II（6.262）	II（38.033）	I（173.134）
3. 栾树 *Koelreuteria paniculata*	III（0.375）	II（6.642）	III（6.993）	III（2.847）	III（17.633）	II（68.807）
4. 马褂木 *Liriodendron chinese*	I（1.347）	I（22.49）	II（23.128）	I（9.558）	II（50.185）	I（151.313）
5. 紫叶李 *Prunus cerasifera*	III（0.174）	II（6.529）	III（6.316）	III（4.002）	III（3.314）	III（40.641）
6. 杨树 *Populus deltoides*	II（0.747）	III（1.274）	II（16.35）	II（7.206）	III（15.335）	II（106.51）
7. 悬铃木 *Platanus hispanica*	III（0.075）	II（3.742）	III（4.149）	III（1.338）	III（2.973）	III（31.075）
8. 杜英 *Elaeocarpus decipiens*	II（0.695）	II（6.203）	II（20.00）	III（4.372）	II（42.970）	II（81.203）
9. 银杏 *Ginkgo biloba*	III（0.173）	I（21.77）	II（18.04）	III（3.791）	I（79.197）	III（13.460）
10. 构树 *Broussonetia papyrifera*	III（0.074）	II（4.235）	III（8.465）	III（1.188）	III（10.731）	III（25.970）
11. 广玉兰 *Magnolia grandiflora*	III（0.394）	II（6.909）	I（29.90）	II（7.565）	III（25.962）	II（102.81）
12. 雪松 *Cedrus deodara*	III（0.250）	II（9.675）	II（25.07）	II（5.770）	II（36.428）	II（90.970）
13. 圆柏 *Sabina chinensis*	III（0.356）	II（11.984）	II（14.53）	II（6.265）	II（37.122）	II（104.26）

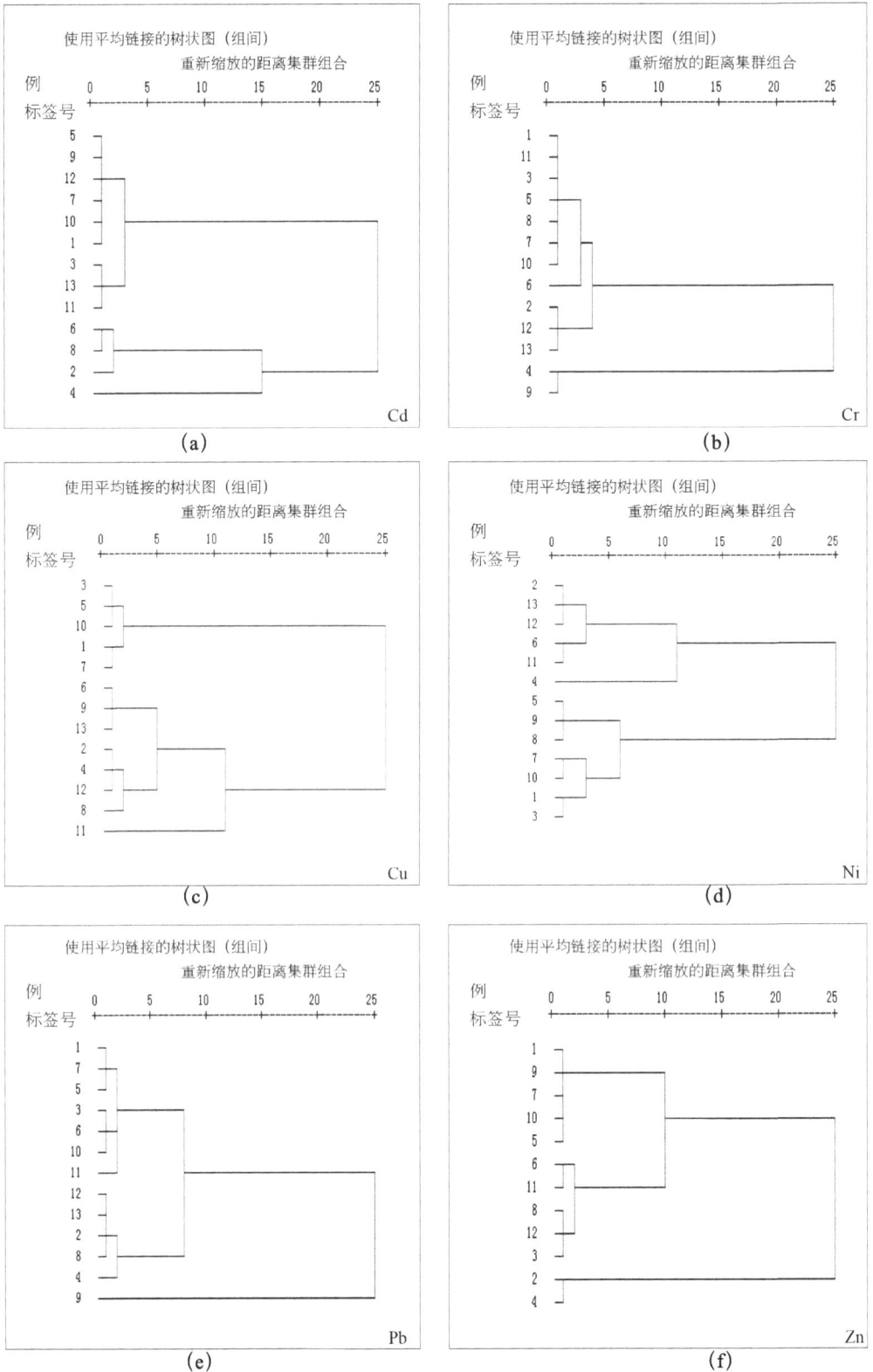

图7-5 园林树木树皮累积空气重金属能力聚类分析图（一）

注：聚类分析图中各树种编号与表7-5编号一致。

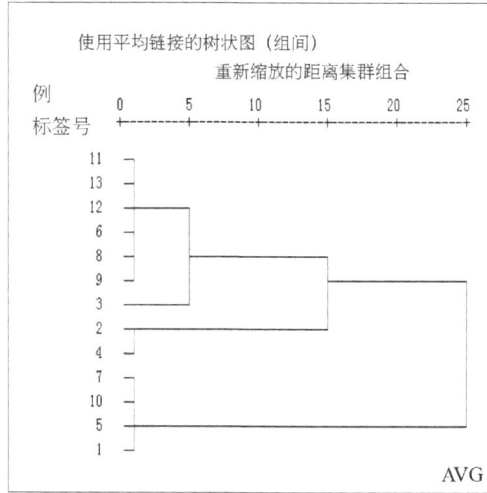

(g)

图 7-5 园林树木树皮累积空气重金属能力聚类分析图（二）

（注：聚类分析图中各树种编号与表 7-5 编号一致。）

7.1.5 不同道路树种叶片吸滞重金属含量分级

调查了城市 14 种道路绿化树种的重金属含量（表 7-6）从交通稀疏点到交通繁忙点绿化树种重金属 Pb、Cd 和 Cu 含量总体呈上升趋势，且各点树种 Pb、Cd 和 Cu 的含量也因树种的不同而有很大差异。交通繁忙点各树种 Pb、Cd 和 Cu 的含量明显高于交通稀疏点，存在显著差异。同时也发现树种 Cu 的含量最高，Pb 次之，Cd 最少。对于各树种 Pb 含量及其两调查点平均值之间的差异（表 7-6），其叶片含量随着污染的加重而增加，且因树种的不同而存在显著差异。各树种 Pb 含量在交通稀疏点和交通繁忙点均存在显著差异，比较这两个点 Pb 含量的相对差异发现，树种 Pb 含量增幅大于 200% 的有紫叶李和雪松，其中紫叶李最高，达 276.5%；增幅在 100%~200% 之间的有广玉兰、栾树和悬铃木；其余 9 种都低于 100%。根据树种的吸 Pb 能力，将 Pb 污染植物净化功能型划分为：①高净化型，相对差异 > 200%；②中等净化型，相对差异 100%~200%；③低净化型，相对差异 < 100%。对于 Cd 含量（表 7-7），交通繁忙点明显高于交通稀疏点，存在显著差异，各树种间 Cd 含量也存在差异。其中 Cd 增幅大于 150% 的树种有杨树和雪松，其中杨树增幅最大，高达 620%；增幅在 100%~150% 的树种有珊瑚树、广玉兰和栾树；其余 9 种都低于 100%。根据树种的吸附 Cd 能力，将 Cd 污染净化功能组划分为：①高净化型，相对差异 > 150%；②中等净化型，相对差异 100%~150%；③低净化型，相对差异 < 100%。对于 Cu 含量（表 7-8），交通繁忙点（除香樟外）明显高于交通稀疏点，存在

園林绿地及树木的空气污染物滞留机制

交通繁忙点和交通稀疏点树种叶片重金属铅的累积量及差异比较表　　表 7-6

树种名称	交通稀疏点	交通繁忙点	差异分析 ΔPb%
1. 珊瑚树 *Viburnum awabuki*	0.83±0.04hB	2.80±0.91hA	15.2
2. 广玉兰 *Magnolia grandiflora*	1.45±0.15ghB	5.27±1.70dA	116.9
3. 栾树 *Koelreuteria paniculata*	4.22±0.35aB	5.62±1.31cdA	131.3
4. 夹竹桃 *Nerium indicum*	2.58±0.60deB	3.92±0.23gA	61.3
5. 构树 *Broussonetia papyrifera*	3.15±0.14cdB	4.75±0.19eA	95.5
6. 杜英 *Elaeocarpus decipiens*	2.15±0.85efB	4.06±0.97fgA	67.1
7. 紫叶李 *Prunus cerasifera*	4.05±0.69abB	9.15±1.00aA	276.5
8. 雪松 *Cedrus deodara*	3.40±0.28bcB	8.08±0.11bA	232.5
9. 马褂木 *Liriodendron chinese*	2.18±0.23efB	4.57±0.22eA	88.1
10. 海桐 *Pittosporum tobira*	1.28±0.11ghB	2.75±0.63hA	13.2
11. 女贞 *Ligustrum lucidum*	1.73±0.74fgB	4.45±0.27efA	83.1
12. 悬铃木 *Platanus hispanica*	3.00±0.64cdB	5.67±0.16cA	133.3
13. 香樟 *Cinnamomum camphora*	2.82±0.23cdeB	3.98±0.51gA	63.8
14. 杨树 *Populus deltoides*	1.18±0.04ghB	4.08±0.96fgA	67.9

注：同列不同小写字母表示树种间的显著性差异；同行不同大写字母表示各采样点间的显著性差异。ΔPb（或 ΔCd、ΔCu）是根据 ΔPb（%）=（PbH − Pbc）/ PbH×100% 计算得到，式中：ΔPb 为重金属元素变化的相对百分数。PbH（CdH、CuH）为交通繁忙点树种的 Pb（Cd、Cu）元素含量，Pbc（CdC、CuC）为交通稀疏点各树种 Pb（Cd、Cu）元素的平均含量。同表 7-7、表 7-8。

交通繁忙点和交通稀疏点树种叶片重金属镉的累积量及差异比较表　　　　表 7-7

树种名称	交通稀疏点	交通繁忙点	差异分析 ΔPb%
1. 珊瑚树 *Viburnum awabuki*	0.15±0.00bB	0.35±0.05bcA	133.3
2. 广玉兰 *Magnolia grandiflora*	0.05±0.00cB	0.30±0.00cdA	100.0
3. 栾树 *Koelreuteria paniculata*	0.15±0.00bB	0.30±0.00cdA	100.0
4. 夹竹桃 *Nerium indicum*	0.08±0.03cB	0.23±0.06deA	53.3
5. 构树 *Broussonetia papyrifera*	0.13±0.03bB	0.27±0.03deA	80.0
6. 杜英 *Elaeocarpus decipiens*	0.03±0.03cB	0.22±0.08deA	46.7
7. 紫叶李 *Prunus cerasifera*	0.13±0.03bB	0.23±0.03deA	53.33
8. 雪松 *Cedrus deodara*	0.18±0.06bB	0.38±0.06bA	153.3
9. 马褂木 *Liriodendron chinese*	0.05±0.00cB	0.22±0.06deA	46.7
10. 海桐 *Pittosporum tobira*	0.07±0.03cB	0.22±0.03deA	46.7
11. 女贞 *Ligustrum lucidum*	0.05±0.00cB	0.18±0.06eA	20.0
12. 悬铃木 *Platanus hispanica*	0.07±0.03cB	0.25±0.05deA	66.7
13. 香樟 *Cinnamomum camphora*	0.07±0.03cB	0.22±0.03deA	46.7
14. 杨树 *Populus deltoides*	0.88±0.03aB	1.08±0.03aA	620.0

注：同列不同小写字母表示树种间的显著性差异；同行不同大写字母表示各采样点间的显著性差异。
ΔPb（或 ΔCd、ΔCu）是根据 ΔPb（%）=（PbH − Pbc）/ PbH×100% 计算得到，式中：ΔPb 为重金属元素变化的相对百分数。PbH（CdH、CuH）为交通繁忙点树种的 Pb（Cd、Cu）元素含量，Pbc（CdC、CuC）为交通稀疏点各树种 Pb（Cd、Cu）元素的平均含量。同表 7-6、表 7-8。

交通繁忙点和交通稀疏点树种叶片重金属铜的累积量及差异比较表　　表 7-8

树种名称	交通稀疏点	交通繁忙点	差异分析 ΔPb%
1. 珊瑚树 *Viburnum awabuki*	5.82±0.15eB	7.62±0.31dA	24.3
2. 广玉兰 *Magnolia grandiflora*	6.22±0.14deB	10.73±0.39abA	75.0
3. 栾树 *Koelreuteria paniculata*	4.80±0.26fgB	8.38±0.70cA	36.7
4. 夹竹桃 *Nerium indicum*	9.27±0.43aB	10.28±0.15bA	67.7
5. 构树 *Broussonetia papyrifera*	6.98±0.42cB	11.48±0.75cA	87.3
6. 杜英 *Elaeocarpus decipiens*	4.93±0.19fgB	6.10±0.06eA	−0.5
7. 紫叶李 *Prunus cerasifera*	7.88±0.23bB	11.22±0.11aA	83.0
8. 雪松 *Cedrus deodara*	3.53±0.03hB	6.43±0.94eA	4.9
9. 马褂木 *Liriodendron chinese*	6.35±0.36dB	7.67±0.68dA	25.1
10. 海桐 *Pittosporum tobira*	5.22±0.25f B	6.42±0.80eA	4.7
11. 女贞 *Ligustrum lucidum*	7.53±0.20bB	10.32±0.52bA	68.4
12. 悬铃木 *Platanus hispanica*	4.57±0.08gB	7.68±0.16dA	25.3
13. 香樟 *Cinnamomum camphora*	5.18±0.03fA	4.72±0.14fB	−29.9
14. 杨树 *Populus deltoides*	7.58±0.23bB	11.08±0.46aA	80.8

注：同列不同小写字母表示树种间的显著性差异；同行不同大写字母表示各采样点间的显著性差异。
ΔPb（或 ΔCd、ΔCu）是根据 ΔPb（%）=（PbH − Pbc）/ PbH×100% 计算得到，式中：ΔPb 为重金属元素变化的相对百分数。PbH（CdH、CuH）为交通繁忙点树种的 Pb（Cd、Cu）元素含量，Pbc（CdC、CuC）为交通稀疏点各树种 Pb（Cd、Cu）元素的平均含量。同表 7-6、表 7-7。

显著差异，各树种间 Cu 含量也存在显著差异。比较交通繁忙点和交通稀疏点的相对差异发现，构树、紫叶李和杨树增幅较大，说明其吸附 Cu 能力较强。根据树种的吸附 Cu 能力，将 Cu 污染净化功能组划分为：①高净化型，相对差异＞80%；②中等净化型，相对差异 80%~30%；③低净化型，相对差异＜30%。

总之，从交通稀疏点到交通繁忙点绿化树种重金属 Pb、Cd 和 Cu 含量总体呈上升趋势，且各点树种 Pb、Cd 和 Cu 的含量也因树种的不同而有很大差异。交通繁忙点各树种 Pb、Cd 和 Cu 的含量明显高于交通稀疏点，存在显著差异。同时也发现树种 Cu 的含量最高，Pb 次之，Cd 最少。

7.2 公园和绿地树种选择

公园城市绿地栽植的树种应科学合理，并能提高公园城市绿化和园林美化景观效果，有效节约公园城市绿地建设工程、后期绿地维护管理及养护等费用。绿地树种选择不当，会导致绿地树木栽植前期成活率低、后期树木生长不良，严重影响公园植物和城市园林景观的可持续性，难以充分发挥其长期保护环境、维持公园城市自然生态系统平衡的重要作用。选择合适的绿化树种，不仅是进行大型城市园林绿化工程建设的重要环节，也直接关系着绿化树种生长情况和绿色空间建设情况。因此，需根据城市所处区域的地理气候和植被特征、生长习性、吸尘滞污能力、景观特色、季相表现等对城市公园和绿地树种类型进行科学选择，为城市绿地设计提供重要的选择策略。

7.2.1 目的

城市公园和绿地树种的适宜性选择不但能充分发挥树木自身生长特性，还可以有效改善城市环境，为市民提供良好的户外活动场所。在城市环境中，空气污染无处不在，因而，树种的选择应考虑其抗污染能力，其抗性主要通过表观诊断、树叶及植物群落消减污染物等方面进行确定，从而达到优化树种的目的。

7.2.2 原则

城市园林绿地树种的选择首先应满足绿化栽培目的，其次要保证树种可适应栽植区域的气候和环境条件，最后要满足美化生态环境的作用。所以，城市绿地树种的选择应遵循适配性、乡土性、美观性和经济性等基本原则。

1. 适配性原则

适配性原则指城市公园和绿地树种应适应栽植区域的气候和环境条件、土壤条件、生长条件等。树种选择前首先应对树种的来源、类型、品种和生活习性等进行调查，选择栽培树种时需要的整地、施肥、浇灌和松土等技术方法，最终达到树种与环境、树种与城市的相互适应性。

2. 乡土性原则

乡土性原则指城市园林和绿地树种选择时应以乡土植物为主，少量引入适应本土气候和环境的外来树种。乡土植物具有以下优点：能有效发挥乡土植物适应性的优点，迅速种植，更快达到城市绿量标准；乡土植物树种价格较低，养护难度和成本较低；乡土植物的种植在减少资源浪费的同时，还可以保护当地树种的多样性，最终达到保护环境的目的和突出地域园林景观特色的作用。

3. 美观性原则

城市园林绿地具有美化环境、丰富景观等的重要作用。园林绿地植物进行配置时，首先应满足植物的生态习性，在此基础上进而追求美学效应。城市园林树木的美学不仅体现在植物个体形态美上，也体现在植物配置后的群体美。城市公园和绿地美学通过树种的外形、色彩、形态、风韵及与环境相协调等方面进行展示。所以，城市公园和绿地树种在进行选择时应遵循美观性原则。

4. 经济性原则

在城市绿地树种选择和建设时应遵循经济性原则，要减少树木施工、移植和养护的成本，尽量选择苗木价格较低、树种来源广泛、繁殖容易、树苗成活率高和后期养护工程费用较低的树木品种。除了考虑树木本身的经济价值外，还要关注树木产生的经济社会效益和生态环境效益，充分考虑当地的市场需求和开发应用的前景。

7.2.3 选择依据

1. 按生态习性选择

园林植物按生长习性可分为乔木、灌木和草本植物三类，不同植物的耐受性不同。园林树种选择时可根据植物的生态习性进行选择、栽植和养护。常见园林植物生态习性特征如表 7-9 所示。

2. 按园林功能选择

（1）防护林树种选择

防护林的作用为保持水土、防风固沙、涵养水源、调节气候和减少污染，且不同功

常见园林植物生态习性特征表   表 7-9

生态习性		特征	代表植物
耐寒性	耐寒树种	在寒冷环境下依然可以维持正常生命活动的植物	油松、落叶松、樟子松、白桦、风箱果、东北扁核木等
	喜阳树种	在温暖和强光环境中生长发育较好，在荫蔽和弱光环境中发育不良的植物	黑松、赤松、刺槐、月季、石楠、柽柳等
耐荫性	喜光树种	喜光植物只有在强光环境中生长发育较好的植物	垂柳、松树、刺槐、新疆杨、沙棘、锦鸡儿、玫瑰、铃铛刺等
	耐荫树种	植物在弱光条件下保持自身系统的平衡状态，并能进行正常生命活动的植物	云杉、冷杉、鼠李、水栒子、毛山荆子等
耐旱性	耐旱树种	在干旱环境下依然维持正常生命活动的植物	胡杨、侧柏、芨芨草、蒙古扁桃、蒙桑等
	喜湿树种	植物喜欢潮湿环境，要求土壤湿润，排水良好地方	青海云杉、毛白杨、垂柳、栾树、紫叶李、白桦、丝棉木等
耐瘠性	耐瘠树种	在贫瘠的土壤环境中依然可以维持正常生命活动的植物	东北山梅花、红叶杨、锦鸡儿、沙杞柳、侧柏、刺槐等
	喜肥树种	喜欢生长在土壤肥沃的环境中的植物	龙爪槐、红皮云杉、沙樱、华北落叶松、泡桐、稠李等
耐盐性	耐盐碱性树种	在偏盐碱土上能正常生长的植物	枸杞、月季、柽柳、刺槐、沙枣、圆冠榆、紫穗槐等
	喜酸性树种	喜微酸性或酸性土壤植物	臭椿、樟子松、油松、八仙花、西府海棠、樱花等

能的防护林，树种的选择标准和目标不同。因此，防护林树种具有生长快、郁闭早、寿命长、防护作用持久、根系发达、耐干旱瘠薄、繁殖容易、落叶量大等特点。常见的农田防护林树种有杨树、池杉等；水土保持防护林有刺槐、落叶松、紫穗槐等；减少污染的树种有刺槐、国槐、辽东栎、蒙古栎、馒头柳、沙枣、栾树等。

（2）抗污染树种选择

按照树种叶表观诊断、树种吸滞能力及植物群落消减污染物结果进行选择，筛选出城市中生长的叶表面健康、粗糙的树种，且树皮有较多裂隙或纹路的树木，并根据相关研究及本研究得出的吸滞污染物含量分级、消减颗粒物强的树木群落。

常见的抗二氧化硫污染的树种有大叶黄杨、女贞、银杏、刺槐和紫穗槐等；抗氯气污染的树种有龙柏、合欢、槐树、椿树、悬铃木、白蜡等；抗氟化氢污染的树种有大叶黄杨、凤尾兰、龙柏、石榴、柽柳等；抗乙烯污染的树种有悬铃、柳树、女贞；抗氨气污染树种有女贞、银杏、石楠、广玉兰等；抗臭氧污染的树种有悬铃木、刺槐、连翘等；抗烟尘污染的树种有广玉兰、刺槐、五角枫、桑树等；滞尘能力强的树种有槐树、臭椿、悬铃木、广玉兰、银杏、毛白杨、新疆杨、榆树等。

（3）按树种组成选择

1）城市公园绿地树种选择

城市公园绿地树种按类型分为园景树、行道树、庭荫树等。

园景树为城市公园绿地树种中的主要树种，包括观花树种、观果树种、观叶树种和观形树种，各类型树种种类较多，形态也较为丰富（表7-10）。观花树种有连翘、丁香、榆叶梅、海棠、紫薇等；观果树种有碧桃、南天竹、珊瑚樱、铁冬青等；观叶树种有五角枫、黄栌、法桐、银杏等；观形树种有白桦、白皮松、栾树、龙爪槐、油松等。

行道树常种植于园路两侧，可选择树干通直、分支点较高的树种，具有耐贫瘠、耐寒旱、抗污染等的特点，一般选择油松、樟子松、栾树、垂柳、国槐等树种。

庭荫树常以乔木和攀援类藤木为主，乔木宜选择树冠开阔、枝叶茂密、树型优美的树种，兼具观叶、观花和观果的作用。攀援类藤木树种可选择攀爬性好、耐干旱和喜光植物，具有遮阴效果好、增加园林绿化面积的作用。庭荫树种常见的有白玉兰、广玉兰、蒙古栎、元宝枫、金银花、爬山虎、紫藤等。

2）城市道路绿地树种选择

城市道路绿地树种按类型分为行道树、绿篱树、造型树、防护树等。行道树为道路两旁及分车带种植的树种，树种选择时应以遮阴效果强，抗污染性强、降噪能力强和形态优美的落叶乔木为主，常见道路行道树可以选择国槐、刺槐、白桦、香花槐、梓树、垂柳、栾树、鸡爪槭等落叶乔木。

绿篱树为乔灌木或者小乔木栽植成规则式的绿地，树种选择时一般以耐修剪，萌发力强的植物为主，如圆柏、侧柏、沙地柏、阿穆尔小檗、紫叶小檗、小叶女贞、水蜡、小叶黄杨、黄刺玫、铃铛刺和蝟实等。

造型树为供观赏的树种，其造型采用修剪、盘扎和编扎的方式将树木培育成形状优美或独特的造型，树种选择时多使用小叶女贞、榆叶梅、新疆杨、文冠果、樟子松、青扦、白扦、丁香等树木。

防护树用于防风固沙，阻挡和减少噪声，吸附和吸滞颗粒物。城市道路绿地中常采用的树种包括：刺槐、国槐、金枝槐、龙爪槐、辽东栎、蒙古栎、馒头柳、沙枣、栾树等。

常见公园园景树分类表   表 7-10

类型		代表植物
园景树	观花植物	连翘、丁香、碧桃、茶藨子、辽东栎、蒙古栎、文冠果、黄刺玫、迎春花、蝟实、阿穆尔小檗、互叶醉鱼草、多枝柽柳、小叶女贞等
	观果植物	沙枣、文冠果、蒙古荚迷、紫叶小檗、蒙古扁桃、杜梨、金银木、碧桃等
	观叶植物	五角枫、银杏、黄栌、辽东栎、蒙古栎、紫叶李、紫叶碧桃等
	观形植物	红瑞木、垂柳、馒头柳、白皮松、龙爪槐、圆冠榆等

第 8 章

园林树木滞留空气污染物的绿地设计

8.1 园林绿地现状分析

园林绿地和树木具有净化空气、美化市容、改善环境、提供休憩场所等作用，根据监测的环境数据、园林绿地滞留颗粒物能力及城市园林绿地环境现状，遵循城市园林绿地规划设计原则，从城市公园和道路的树种配置、群落结构等几方面归纳分析应对空气污染物的绿地现状，为进一步建设成稳定、经济和高效的城市园林绿地系统，为形成基于空气污染物滞留机制的绿地设计方法提供基础资料，从而推动城市可持续发展和生态文明建设。

8.1.1 公园绿地现状分析

城市公园绿地在市域绿地中占比较高，是城市生态环境改善的主要贡献者，下面以呼和浩特市新华公园、青城公园和敕勒川公园为例，分析其植物配置、群落结构和空间布局等现状情况。具体现状情况如表 8-1 所示。

1. 植物配置现状

城市绿地大多存在生态功能发挥不够、乡土树种应用不足等问题，以呼和浩特为例，城市公园植物配置乔木以油松、杨树、国槐等高大乔木为主，灌木以丁香、金叶榆等低矮植物为主，草本植物以高羊茅等为主。公园植物景观春季多为丁香、连翘、山桃等开花植物为主，营造春花景致，但开花植物偏少，且未考虑滞尘吸污功能；夏季河岸多配置为荷花和杨柳，河岸植物单一，其他地方景色以常见阔叶树种白杜、暴马丁香等为主，特色不突出、抗污功能表达不充分；秋季多为观叶植物以元宝枫居多，观果植物较少；冬季圆主要景观为油松和白扦云杉，整体景观群落不丰富，严重缺乏景色多样性。

2. 群落结构现状

通过计算不同公园的植物群落对大气颗粒物的消减效应可知，当公园位于重度污染区时，公园各植物群落对大气颗粒物均无消减作用；公园位于中度污染区时，部分垂直结构样地对大气颗粒物有消减能力；公园位于轻度污染区时，针叶纯林、针叶混交林、针阔混交林和乔草结构对两种粒径颗粒物的消减效果相对较好。其中，公园以灌—草、乔—草垂直结构和针叶混合林组成结构对 $PM_{2.5}$ 的消减能力最强；针叶混交林和针叶纯林对 PM_{10} 的消减效应最佳。综合比较，夏季和冬季群落结构对 $PM_{2.5}$、PM_{10} 的消减能力，垂直结构以乔—灌—草、乔—草和灌—草结构最佳，组成结构以针阔混交林、针叶混交林、针叶纯林、阔叶混交林和阔叶纯林结构最佳。

3. 空间布局现状

现状各样地群落空间的消减效益较强的区域多为林中，林间也有一定的消减能力，但选取样地面积相对较小，不能完全体现出林地空间真实的消减能力。软件模拟也受到空间的限制，不能进行大面积的模拟，因此在现有研究水平下对群落结构空间消减能力进行分析。实测结果表明不同群落空间消减有一定的差异，而模拟结果显示样地颗粒物浓度分布有所差异，但空间上浓度分布趋势一致，差异原因主要是现状绿地群落种植具有人为主观性，没有进行生态功能测试，缺乏试验依据，研究结果并未应用到实践当中，树种选择与现实环境脱节，生态习性并未充分发挥，公园是居民和游人活动的主要场所，因此受人流影响，以及人为对植物的破坏等多种原因导致植物群落生长不一定能达到理性效果。

8.1.2 道路绿地现状分析

城市道路绿地承载着缓减道路污染、屏障污染物扩散、滞纳并消减颗粒物等的功能，然而城市道路绿地由于城市的快速扩张、土地紧张等原因，道路绿地建设存在绿色基础设施落后、树种单一、群落结构层次不丰富等问题，且道路绿地抗污吸污作用长期忽视。因此，需要对其现状进行充分研究、分析和评价，下面以呼和浩特为例进行绿地现状评述和设计，以期为城市绿地品质的提升提供理论指导。

1. 植物配置现状

城市道路绿地发挥着重要的生态功能，是道路污染物重要的拦截带，分析其现状可以为后期设计奠定基础，以呼和浩特市城市道路绿地为例，其树种配置较单一，落叶乔木以槐树、柳树、杨树和美国红栌等为主；常绿乔木以油松和白皮松居多；灌木以紫丁香、金叶榆等耐旱和耐寒性强，且存活率较高的树种为主；草本则以高羊茅为主。调查结果表明，春季道路绿地对彩叶植物和开花植物的使用较少，春季开花植物仅有少量山桃，以白粉色系为主；夏季季相以绿色为主，秋季则缺少红叶植物的使用，无明显特征的季相色彩；冬季仅有部分常绿植物维持城市街道绿色彩。整体而言，呼和浩特道路绿地植物的季相色彩方表达不充分，且无明显连续的季相变化，应通过引进各个季节观花、观叶及观果植物对其进行补充。

2. 群落结构现状

城市道路绿地的群落层次越丰富，其生态效益越好，呼和浩特道路绿地垂直群落结构以乔—灌—草、乔—灌、乔—草和灌—草结构为主。通过计算夏秋冬三季不同垂直群

新华、青城、敕勒川公园现状情况表 　　　　　　　　　表 8-1

公园	面积	植物配置	群落组成结构	群落垂直结构	空间布局	图示
新华公园	园内面积较小，绿化面积占公园总面积的 63%	单一，树种较少，其中针叶乔木 2184 株，阔叶乔木 3288 株，灌木 5691 株，草本面积相对较少	组成结构：针叶纯林、阔叶混交林、针阔混交林对 $PM_{2.5}$、PM_{10} 均无消减能力；阔叶纯林、针叶混交林可消减 PM_{10}	垂直结构：乔灌草、乔草、灌草、草坪结构对 $PM_{2.5}$、PM_{10} 均未起到消减作用	空间分布不均匀，破坏程度高、外界环境影响大	
青城公园	园区面积较大，绿化面积占公园总面积的 52%	整体单一。入侵及引入树种较多。区内共有 58 种，常绿树种 9 种，落叶树种 49 种	组成结构：针叶纯林、阔叶纯林、阔叶混交林、针叶混交林对 $PM_{2.5}$、PM_{10} 均无消减能力；针阔混交林可消减 $PM_{2.5}$	垂直结构：乔灌草、乔草、灌草、草坪结构对 $PM_{2.5}$、PM_{10} 均未起到消减作用	空间差异大。树种为常绿树种，公园植物群落受人为影响较大	
敕勒川公园	园区面积相对较大，绿化方式多为大面积种植	大面积种植绿化方式，景观上没有层次感；公园秋季观叶植被相对丰富	组成结构：阔叶纯林、阔叶混交林、针叶混交林、针阔混交林对 $PM_{2.5}$、PM_{10} 均有消减能力；针叶纯林仅可消减 PM_{10}	垂直结构：乔灌草对 $PM_{2.5}$ 有消减能力；乔草、灌草、草坪结构对 $PM_{2.5}$、PM_{10} 均有起到消减作用	植物种植上相对随意，植被分布不均匀。受人为破坏影响较小	

落结构对各粒径 PM 的消减率发现，乔—灌—草结构对大气颗粒物的平均消减能力最强，消减率最高可达 9.20%。呼和浩特道路绿地为人工林，常采用等距规则式布局。绿带行道树种植布局为对植，绿地对各粒径大气颗粒物的平均消减能力较差，消减率仅为−0.44%；林内灌木和灌—草绿地多采用列植，其消减效应一般，且缺乏一定的韵律感；乔—灌—草结构的绿地采用群植或片植方式布局，其消减率较高，约为 4%，且植株数量增加，绿地对 PM 的消减率也随之增加。（表 8-2）

3. 空间布局现状

（1）城市道路绿地空间布局现状

城市道路绿地空间布局会影响整个街谷污染物的消散、微气候的改善等，呼和浩特市道路绿地整体存在分布不均匀、规划不合理和结构不清晰等问题。五条受试道路的红线宽度和东西两侧绿地宽度分别为：东二环 80m—50m—80m、丁香路 60m—27m—20m、腾飞路 80m—27m—20m、滨河北路 60m—12m—60m 和万通路 20m—27m—60m。道路两侧绿地宽度分布不均匀，有的过宽，有的则过窄，绿地建设时未预留出足够距离的土地进行道路景观设计与配置，如丁香路和腾飞路的西侧。部分道路中间的绿化分隔带用栏杆代替，如腾飞路和丁香路。实测、预测结果可知，夏秋冬三季道路绿地在水平距离上对各粒径大气颗粒物的消减率不同，但均以水平距离 45~55m 处绿地的平均消减效应最佳，过宽的绿地会造成消减效益的减弱和土地资源浪费；过窄的绿带则无法产生和维持良好的生态效益。

（2）道路绿地林冠密度现状

城市道路绿地应有合理的林冠密度才能发挥其生态功能，由于半干旱区特殊的气候环境和地理区位，春季植物复苏与生长较缓慢；夏季植物生长旺盛、枝繁叶茂；秋季降温时间较早和幅度较大，阔叶树种落叶时间较早；冬季气候寒冷且持续时间较长，落叶植物仅存枝干，吸滞污染物依靠枝干和常绿植物发挥作用，呼和浩特城市道路绿地林冠密度按季节表现为春冬稀疏、夏季茂密、秋季适中。根据道路绿地消减颗粒物实测与预测结果可知：不同林冠密度的绿地对 PM 的消减表现出明显的差异性，林冠密度较小的绿地无法有效吸附 PM，密度较大的绿地则会阻碍 PM 的扩散，造成林内 PM 浓度升高和消减率下降，夏季林冠密度为 30%~45% 时，道路绿地对各粒径 PM 的平均消减能力最强，冬季绿地林冠密度大于 45% 时，绿地可有效消减大粒径的颗粒物。所以，植物林冠密度与植物生长习性对气候环境影响较大。

呼和浩特市道路绿地现状情况表 表 8-2

参数	植物配置现状	PM 消减现状	图示
绿带宽度	A：该区绿地宽度较宽，两侧均大于 60m，PM 污染对植被生长造成一定影响	该区域颗粒物污染较为严重，绿地对 PM 的平均消减能力低于中度污染区	
	B、C：该区两侧绿地分布不均匀，过窄一侧绿地的生态效益较弱	该区域颗粒物污染程度较轻于城市主干道，绿地对 PM 的平均消减效率最佳	
	D、E：该区绿地宽度过宽，造成土地资源的浪费，但植物生长情况较好	该区域颗粒物污染程度最轻，绿地对 PM 的平均消减作用也最弱	
林冠密度	开敞型：约占道路绿地总面积 1/10，以硬质铺装为主	消减能力弱于有植被区，颗粒物随着空气流通形成扩散	
	稀疏型：道路绿地中占比较高，且春冬季节，随植物落叶，此类林地面积增加	稀疏型绿地对 PM 的消减效应最佳，林地内植物生长和空气流通效果也最佳	
	中等密度：道路绿地中占比居中；秋季以中等型林冠密度为主	夏季林冠密度为 30%~45%，冬季大于 45% 时，对 PM 的消减作用最强	
	密集型：道路绿地中占比较少；夏季植物生长旺盛，林冠密度增加，林地面积增加	密集型绿地有效消减 PM 的同时，也会阻碍空气流通，造成内部浓度升高和 PM 消减率降低	

参数	植物配置现状	PM消减现状	图示
树木高度	行道树：以槐树和柳树为主，除D为较高外，其余道路行道树高度一致	行道树是城市道路污染的第一道防线，对PM起阻挡、吸附的作用	
	绿篱：植物以耐寒、耐修剪的金叶榆为主，高度约为0.6m	绿篱为阻挡道路颗粒物污染的第二道防线	
	内部乔木：高度不统一，油松8m、山桃5m、杨树15m。 内部灌木：以丁香为主，约3m	绿地内部乔木和灌木共同吸附消减PM，降低PM浓度，提高消减率	

（3）道路绿地高度现状

城市道路绿地由行道树、绿篱和林地组成。以呼和浩特为例，道路行道树多以槐树和柳树为主，其中东二环、丁香路和腾飞路行道树高度为7~10m，且同一道路各行道树的高度相同；滨河北路行道树则为高大的柳树，高达15m以上；万通路为新建道路，行道树高度较低，为3m左右。道路绿篱以金叶榆为主，同一道路上绿地高度相同，缺乏韵律和节奏，高度约为0.6m。林内植物由乔木、灌木和草本植物共同构成，各类植物高度大体一致，景观效果主次不明显。

8.2 园林绿地设计目的

园林绿地设计的目的是创造自然优美、清洁卫生、安全舒适、科学文明的最佳环境系统。具体目的是增加城市绿地效益、调节城市小气候、保持城市生态性、增加城市景观，为城市提供生产、生活、生态健康的环境，是人类社会进步与发展的必然结果。园林绿地设计时要以人为中心，注意提升人的价值，尊重人与自然和社会需要的关系。因此，园林绿地设计应以服务群众为基础，综合协调绿地设计所涉及的深层次问题。

8.2.1 增加城市绿地生态效益

现在，很多园林绿化建设仅仅在硬件布置及总体布局方面加以关注，在生态效益以及功能植物和造景效果方面却没有重视，绿化就是种树的观念深入人心，对于环境与植物的关系、植物的空间布局以及群落结构和树种对环境的反向作用考虑和研究比较少。园林绿地植物设计可以直观、有效地增加城市绿地生态效益，促进人与自然环境的关系保持协调稳定，在植物营造的空间环境中感受并融入自然。因此，城市绿地进行设计时应优先选择生态效益较高的植物群落和乡土树种，尽可能减少城市空气污染。

8.2.2 调节城市小气候

城市园林绿地具有净化空气、水体、土壤和调节城市小气候的作用。绿地可以通过吸收空气中的二氧化碳，释放氧气以维持碳氧平衡，吸收空气污染物等有害气体和烟尘、粉尘等。城市绿地也可以通过植物调节气温、湿度和风速，为居民提供健康、绿色和环境优美的休憩地和活动地。

8.2.3 增加城市绿地景观

美化环境、改善人类生存空间的质量，创造人与自然、人与人之间的和谐是景观设计的最终目的，也是城市景观最重要的功能。绿地景观具有美化环境的功能，而美化环境能够促进人和自然以及人和人之间的和谐相处，从而创造可持续发展的环境文化。合理的绿地空间尺度，完善的绿色基础设施，科学合理的绿地景观形式，让人更加贴近生活，缩短心理距离，提升某个地区的软实力和发展潜力，还能很好地体现了一个地区的精神状态和文明程度。呼和浩特市冬季寒冷且漫长，公园冬季景观相对单一，增加冬季可欣赏植被能丰富公园景观，油松、圆柏、白蜡、金银木等树种四季观赏价值均较高且耐严寒，因此可以适当增加种植量，体现城市品质。

园林绿地景观设计让生活在喧闹城市中的人们亲近自然，走进自然。它是衔接都市生活与自然的桥梁，同时又可以给城市提供回归自然的场所，给农村提供某种城市的精神和使用的空间职能，满足人们多元化的需求，使人们的生活活动空间更为广阔。

8.3 园林绿地设计原则

城市绿地规划和建设过程中应充分考虑城市绿地功能、绿地使用效率和特殊要求，结合设计美学合理选择最佳绿地类型、植物群落结构和经济树种。在保证绿地品质和经济效益最大化的前提下，因地制宜地进行绿地建设，因此绿地设计时应遵循以下原则：

8.3.1 以人为本原则

明确绿地的服务对象，以人为本。城市绿地的服务对象为广大市民，规划设计时首先要充分考虑有毒植被对人体的影响；其次注重植被群落对颗粒物的消减能力，减少环境对人体的损害。

8.3.2 因地制宜原则

城市绿地设计时应遵循因地制宜的原则，尊重当地传统文化和乡土知识，吸取当地人的经验。将包括阳光、地形、水、风、土壤、植被及能量等场所的自然过程结合到设计中，从而维护场所的健康运行。就地取材，使用当地的植物和材料。进行植物配置和植物群落构建时，应掌握植物特征以及观赏性和造景能力，在合理搭配树种以及群落植被时应把握景观效果，根据市民观赏需要的大众审美进行合理配置，增加观赏价值，丰富群落美感，渲染空间氛围。结合呼和浩特市本身的人文环境、地理区位特征，形成符合当地人文特点的景观效果，以烘托城市的个性和独特魅力，选择本土适应能力较强的树种，如丁香、油松、蒙古栎、土庄绣线菊、红瑞木等，树种组成和结构上应体现地方特色，引入的树种也应乡土化或者与乡土树种合理搭配，群落结构布置上应尽量层次丰富、与自然协调、季相表达充分，功能多样，突出城市个性。

8.3.3 多样性原则

生物多样性原则不仅表现在道路绿地空间和植物群落结构的稳定性，也表现在不同植被与环境之间的相互补充和渗透性，在树种配置上应体现多样性和丰富性。采用本土植被为主的植被群落构建模式，降低外来树种入侵的可能，维护公园绿地系统的稳定；其次提高苗木成活率，降低采购成本；在后续的日常维护和管理中可采用自然生长的管理方法以降低人力、财力投入。呼和浩特道路绿地构建时，可通过增加群落结构和植物物种的多样性，从而提高其自身的适应性和抗干扰的能力，进而提高街道景观的多样化。测试样地中树种相对较少，系统稳定性较差，后期进行规划建设时，可以采用生物多样性原则增加植物的种类和丰富度，提高绿地稳定性。

8.3.4 生态性原则

公园绿地的构建应充分发挥其生态性能，增加吸污抗污、改善微气候环境能力，其生态性能的充分发挥依赖于合理的生物多样性与空间系统稳定性的构建，需要在实验的基础上，充分设计群落种类、结构、层次与树种配置，使其具有较强的吸污效果，应对复杂多样的城市空气环境，以维护公园绿地的生态系统安全和居民的健康。城市道路绿地的生态性主要体现在两方面，一是植物群落结构的生态平衡性，即城市道路绿地在进行规划设计时，运用生态学原理对绿地环境保持相对平衡或动态平衡，同时对平衡环境予以保护，遵循植物自身生长规律，考虑居民对健康环境的需求；二是城市道路景观构建时遵循生态美学原则，即城市道路绿地与城市建成环境的关系，有效调节绿地生态环境，发挥绿地美化道路景观、净化空气、消减噪声和改善微气候等生态功能。生态性原则对于城市道路绿地发挥其维持生态平衡、协调生态关系、促进生态建设有重要作用。呼和浩特市道路绿地植物类型较为单一，但落叶乔木和常绿针叶乔木所占比例较高，对其进行优化时可利用生态性原则调整绿地空间和群落结构，从而改善林内大气颗粒物污染状况，发展绿地生态价值。

8.4 园林绿地设计方案

8.4.1 公园绿地设计

1. 公园绿地设计

公园是指供公众游览、观赏、游憩、健身、文化宣传和户外科普等的活动场所，向全社会开放，有较为完善的设施及良好生态环境的城市绿地（《园林基本术语标准》，2017）。公园设计时要贯彻相关政策、方针和法规，继承地方传统造园精华和吸收国内外现代景观理念，还要充分利用现状条件和自然地形，表现地方特色，尊重地方文化和突出公园个性，满足各类游览活动需要，切合实际，便于分期建设与日常管理，注重与周边环境的关系。

2. 公园植物群落设计

植物群落景观是城市公园的核心景观，因此设计应按照可持续发展为准则，保护自然景观资源，维持城市自然景观风貌，充分认识植物景观生长习性和维护管理的艰巨性。强化树种配置和规划的科学性、生态性和合理性，绿化应以乔木为主，乔木、灌木和草本植物相结合的生态群落。落叶树与常绿树比例合理，充分考虑各季节效果，以乡土树种为主，适当引进适应当地气候环境的外来树种，控制速生树与慢生树的比例，既兼顾近期效果，又能保证植物群落的可持续发展，同时提高植物的造景水平，可大量应用观花植物、观叶植物。

呼和浩特公园植物群落设计时应充分考虑地域性和每个公园的特殊性。如新华公园应在针叶纯林内增加草本植物，并在靠近园路的地方设置标志牌，阔叶混交林地内东侧靠路应增加灌木丛的种植，形成污染物阻挡绿墙，加强对污染源的阻挡，林地内部可加种成长较快的树木或者加种榆树，弥补样地树种种植不均匀的问题，丰富树种种类，优化群落结构。敕勒川公园植物种植密度较稀疏，对大粒径颗粒物的消减能力较弱，应增加地被植物的种植密度、数量和种类。公园植物群落设计平面图和意向图见图 8-1 和图 8-2。

植物群落设计时可采用的落叶乔木有国槐、龙爪槐、香花槐、桦树、新疆杨、栾树、梓树、辽东栎、蒙古栎、馒头柳、垂柳等；常绿乔木有油松、白皮松、樟子松、落叶松、侧柏、圆柏、青扦、白扦等。常采用的灌木植物有香茶藨子、内蒙古茶藨子、黄刺玫、连翘、迎春花、阿尔穆小檗、碧桃、榆叶梅、蔷薇、紫丁香、白丁香、红王子锦带花、绣线菊、互叶醉鱼草、铃铛刺、珍珠梅、山茶花、蒙古荚蒾、小叶黄杨、红瑞木、紫叶小檗和沙地柏等。常采用的草本植物有芍药、诸葛菜、一串红、鸢尾、桔梗、紫花地丁、三色堇、高羊茅、早熟禾、野牛草、苋苋草等。

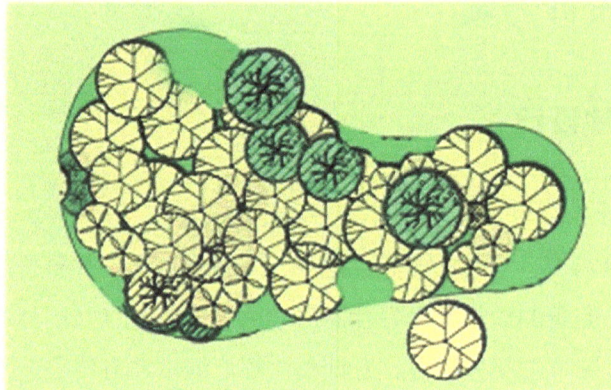

（a）乔—草

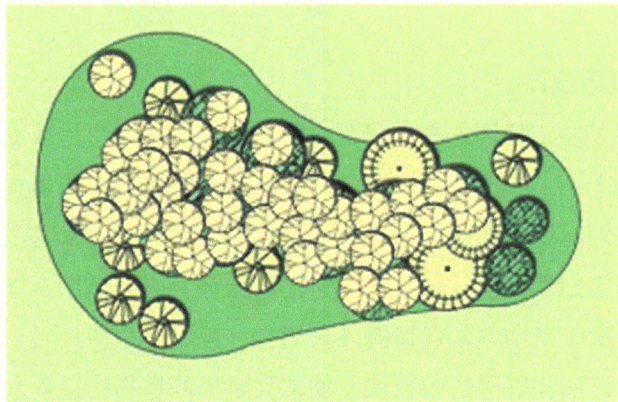

（b）灌—草

图 8-1 公园植物群落设计平面图（一）

（c）乔—灌—草

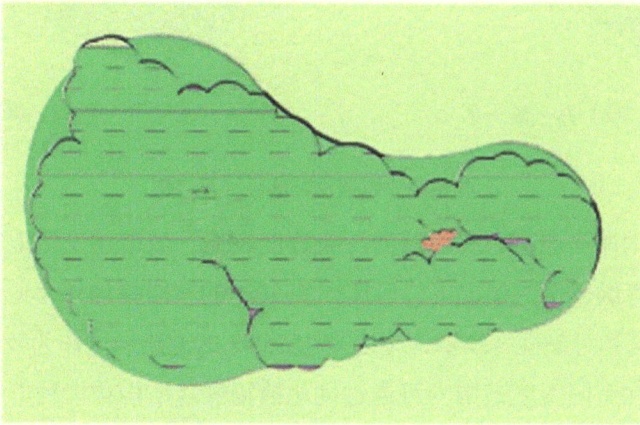

（d）草坪

图 8-1 公园植物群落设计平面图（二）

8.4.2 道路绿地设计

城市道路绿地设计应统筹考虑道路的等级、车流量状况、道路环境条件与植物生长的要求、人行与车辆交通的安全要求、景观的艺术性、绿化与道路工程设施的相互影响、绿化建设的经济性等因素，并遵循明确定位及功能需求、保障安全及保护环境、适地适树及相伴相生、艺术构图及营造特色、远近结合及协调关系的设计原则。

1. 道路绿带宽度设计

根据实测与预测结果可知，城市道路绿地不同水平距离上对大气颗粒物的消减能力不同，多个水平距离的研究结果显示，其中以水平距离 8~10m、45~55m 绿地对各粒径大

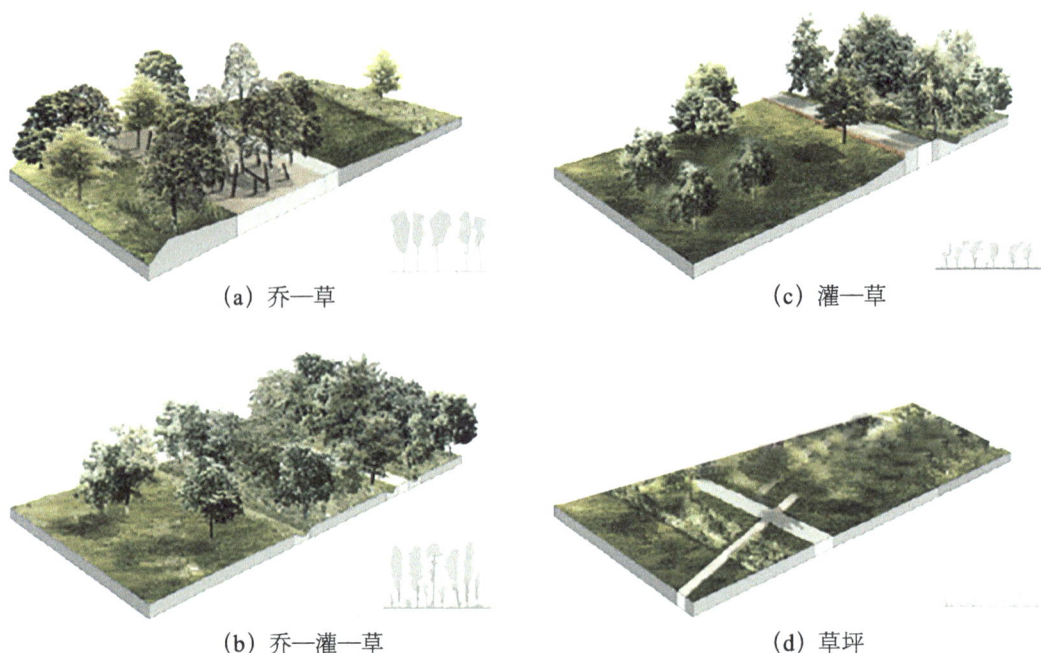

（a）乔—草   （c）灌—草

（b）乔—灌—草   （d）草坪

图 8-2 公园植物群落设计意向图

气颗粒物的平均消减率最高。在道路受污染程度较低、城市建设用地较紧张、道路红线宽度较窄或道路等级较低的情况下，可选择 8~10m 的道路绿地作为适合设计宽度。若城市道路车流量较高和污染程度较重，应选择 45~55m 的道路绿地作为较佳设计宽度。已建的城市路侧绿带在有限宽度范围内可通过优化植物群落结构和树种丰富度，适当增加乡土树种的数量，新建的道路可以根据区域受污染情况和绿地对颗粒物的消减效应规划路侧绿带宽度，进而提高道路绿地的生态效益，城市道路绿地宽度设计如图 8-3 所示。

2. 植物群落设计

通过实测结果显示，不同植物群落结构对各粒径大气颗粒物的消减能力不同，乔—灌—草结构对颗粒物的消减能力明显高于乔—灌、灌—草和灌木结构。因此，道路植物群落构建时应以乔—灌—草复层结构为主，增加植物群落的郁闭度和植物类型，从而增加道路绿地对大气颗粒物的消减能力。植物群落设计时既要营造良好的街道景观，还要实现绿地消减大气颗粒物的最大生态效益。植物群落垂直结构的层级可通过人为活动将不同生长型的植物在垂直空间上进行搭配和组合，同时层级较高的群落可以通过植物的高低、疏密和色彩展现林地不同层级的美感和韵律。根据植物群落垂直分布的特点和规律，道路植物群落设计时可选择大乔木、小乔木、灌木、草本植物相结合的方式进行构建，道路绿地植物群落设计平面图和意向图如图 8-4 和图 8-5 所示。

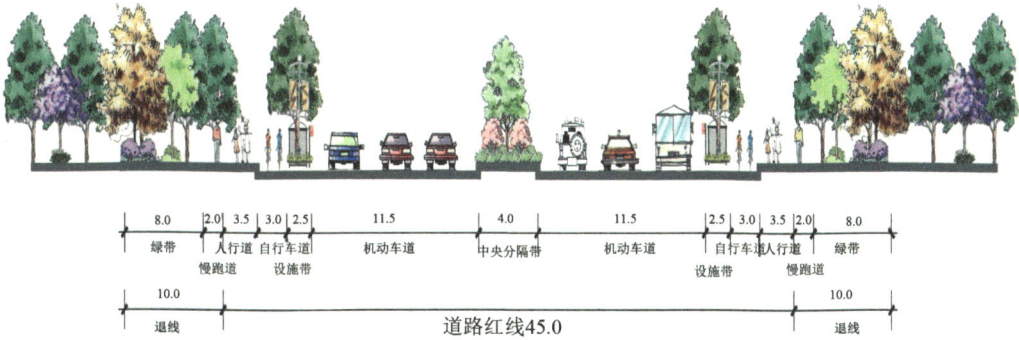

（a）城市主干道

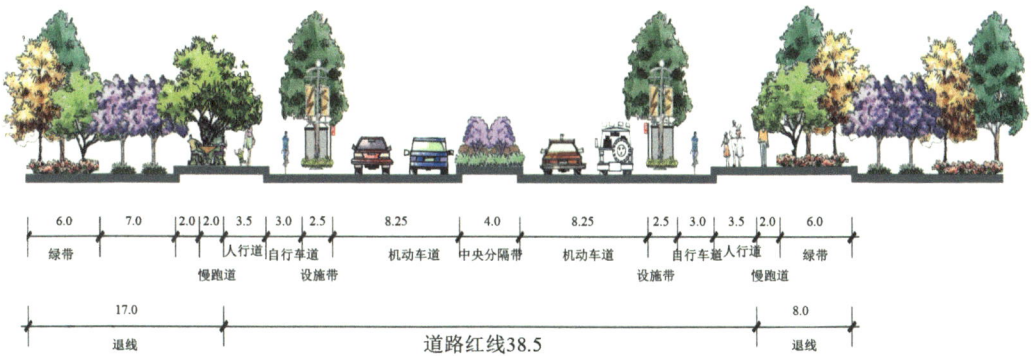

（b）城市次干道

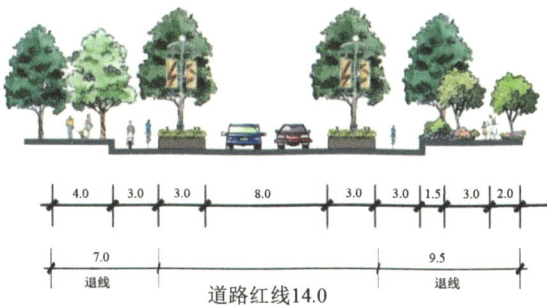

（c）城市支路

图 8-3 城市道路绿地宽度设计示意图（单位：m）

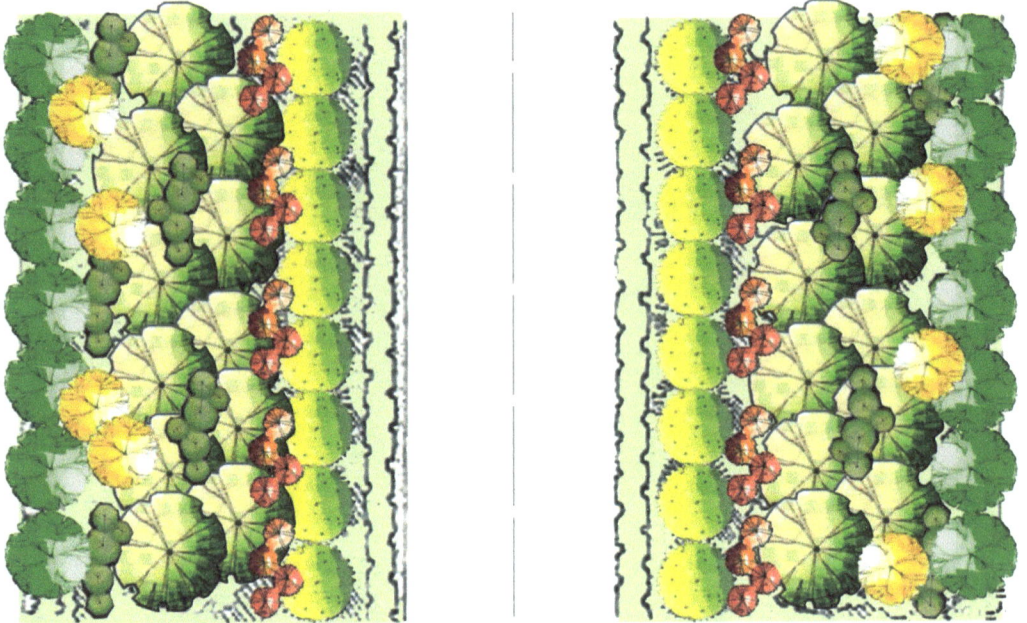

图 8-4 道路植物群落设计平面图

图 8-5 道路植物群落设计意向图

路测绿带植物群落中的乔木、灌木及地被类植物可选择抗旱性、抗污染能力强的植物，能很好地适应道路的污染、干旱的环境，因而乔木可选择国槐、新疆杨、毛白杨、油松、洋白蜡、蒙古栎、辽东栎、胡杨、家榆、大果榆等；灌木可选择紫丁香、红丁香、连翘、金叶榆、垂枝榆、水蜡、小叶女贞、小叶黄杨、鼠李等；地被类植物可选择抗逆性强、绿期长的匍匐蜈蚣、沙地柏、紫萼、紫花地丁、石竹、萱草、射干、高羊茅、马蔺、打碗花、虞美人等。

8.4.3 园林树种设计

绿地树种设计时，首先应重视和采用优良的乡土树种，有选择地引进新树种；其次设置多层次的自然植物群落，注重树种之间的配置，考虑树种的选择、组合方式以及生长习性等。层级复杂的植物群落，生物稳定性高，抗病虫害的能力也强，同时养护的成本也较低。

1. 公园绿地树种设计

由于公园面积大，立地条件及生态环境复杂，活动项目多，所以，选择绿化树种不仅要掌握一般规律，还要结合公园特殊要求，因地制宜，以乡土树种为主、外地驯化后生长稳定的珍贵树种为辅。充分利用原有树木和苗木，以大苗为主、适当密植，以速生树种为主，速生树种和长寿树种相结合。要选择具有观赏价值，又有较强抗逆性、病虫害少的树种，少用有浆果和招引害虫的树种，便于管理。公园绿地树种设计参考表 8-3。

（1）园景树设计

园景树是城市公园中树木形态最为丰富、树木种类最为繁多的树种。公园树种设计时应选择具有一定观赏价值的树种。如观形树种油松、白皮松、红瑞木等；观叶树种银杏、金叶榆、五角枫；观花树种丁香、连翘、海棠、榆叶梅等；观果树种碧桃、沙枣、文冠果等。

（2）园路树设计

主干道绿化可选用高大、浓荫的乔木和耐阳的花卉植物在两旁布置花境，但在配置上要有利于交通，还要根据地形、建筑、风景的需要而起伏、蜿蜒。小路深入到公园的各个角落，其绿化更要丰富多彩，达到步移景异的目的。平地处的园路可用乔灌木树丛、绿篱、绿带来分隔空间，使园路高低起伏、时隐时现。乔木可选择分枝点适中、可遮阴的树种，如白杜、旱柳、樟子松等，灌木可选择千头柏、小叶女贞、紫叶小檗、小叶黄杨、紫叶醉鱼草等，地被类可选择一些中性且耐阴性较强的植物，如马蔺、萱草、紫萼等。

公园绿地树种设计参考表 表 8-3

树种类型	植物名称		
观干植物			
	油松	白皮松	红瑞木
观叶植物			
	银杏	金叶榆	五角枫
观花植物			
	丁香	连翘	榆叶梅
观果植物			
	碧桃	文冠果	沙枣

（3）广场树种

广场树种绿化既不能影响交通，又要形成公园景观。中央广场四周可种植乔木和灌木，中间布置草坪、花坛，形成宁静的气氛。停车广场应留有树穴，种植落叶大乔木，利于夏季遮阴，冠下分枝应高于 4m，以便停车。因此，乔木可选择冠幅开阔的树种，暴马丁香、国槐、黄栌、蒙椴、皂荚等；灌木可选择观赏性强的树种，主要用于丰富空间，如红瑞木、连翘、蓝叶忍冬、红王子锦带、土山绣线菊等；地被类植物可选择大丽花、美人蕉、鼠尾草、万寿菊、蓝针茅、书带草等。

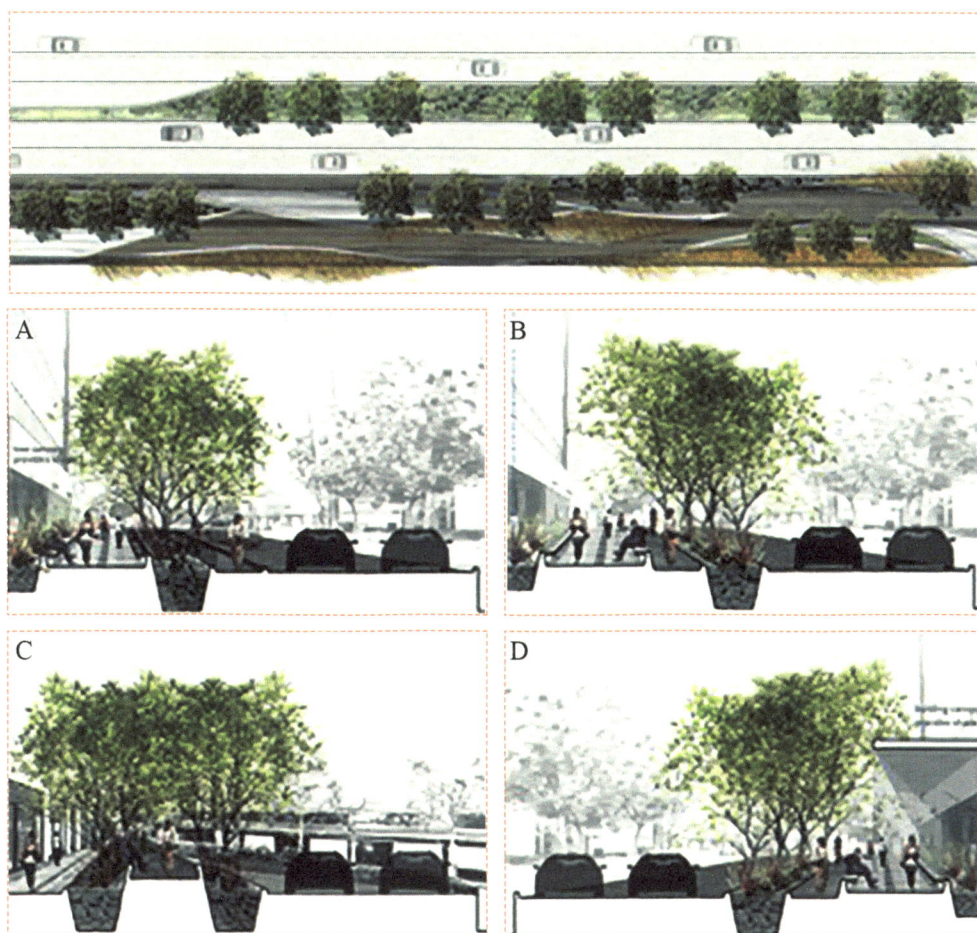

图 8-6 道路行道树设计示意图

2. 道路绿地树种设计

道路绿地树种选择时，首先应适应当地气候环境条件，以乡土树种为主；其次由于道路污染较为严重，所以树种选择时以抗污染性强、耐贫瘠、耐修剪、抗病虫害、管理粗放和成活率高的树种为主。

（1）行道树设计

城市主干道行道树设计时树高应大于 10m，次干道行道树大于 8m，树间距均应大于 4m，协调和控制好城市道路宽度与乔木高度的比例关系；城市道路绿篱高度应控制在 0.6~2m 之间，保证平面和立面平整。通过规划和控制树木高度和尺寸，形成高低错落、连续的绿地景观带。行道树设计示意图如图 8-6 所示。

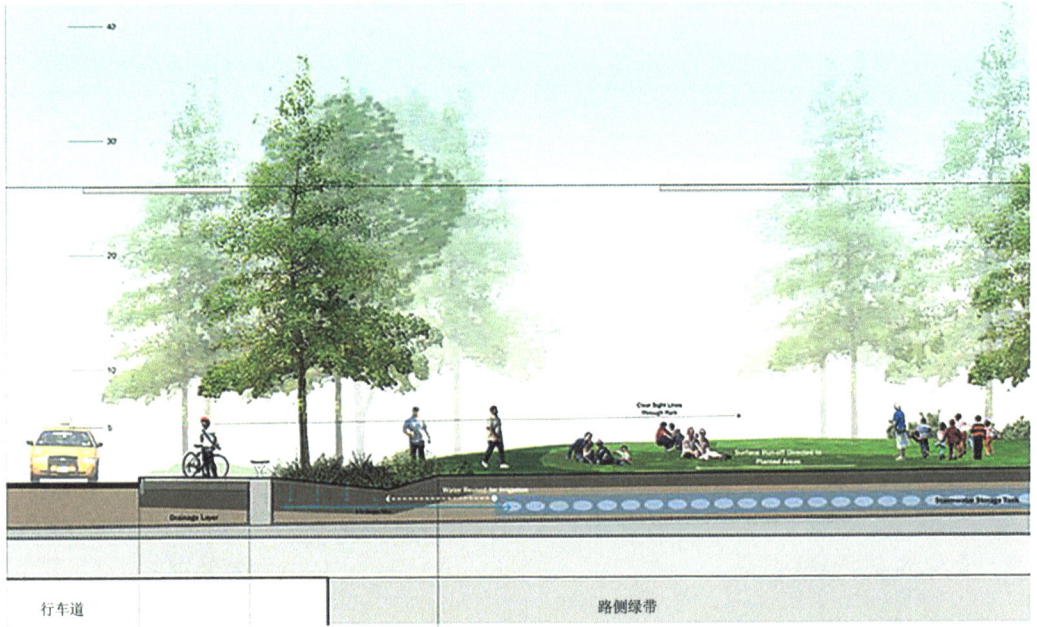

图 8-7 道路路侧绿带设计示意图

（2）路侧绿带设计

路侧绿带是布置在人行道边缘至道路红线之间的绿带（图 8-7）。路侧绿带包括基础绿带、防护绿带、花园林荫路、街头休息绿地等。当街道具有一定的宽度，人行道绿带也就相应地宽了，这时人行道绿带上除布置行道树外，还有一定宽度的地方可供绿化，这就是防护绿带。若绿化带与建筑相连，则称为基础绿带。一般防护绿带宽度小于 5m 时，均称为基础绿带，宽度大于 10m 以上的，可以布置成花园林荫路。

防护绿带宽度在 2.5m 以上时，可考虑种一行乔木和一行灌木；宽度大于 6m 时可考虑种植两行乔木，或将大、小乔木，同灌木以复层方式种植；宽度在 10m 以上的种植方式更可多样化。基础绿带的主要作用是为了保护建筑内部的环境及人的活动不受外界干扰。基础绿带内可种灌木、绿篱及攀援植物以美化建筑物。种植时一定要保证种植与建筑物的最小距离、保证室内的通风和采光。

图 8-8 单体植物季相变化示意图

3. 植物季相变化设计

植物季相变化是指植物群落在一年中因各种植物的不同物候进程在不同季节里表现出来的不同外貌。植物季相的景观特征包括色彩变化、叶片变化、花色变化和果实变化等，体现在光影和空间等方面。

（1）单体植物季相设计

植物随着时间的推移和季节的变化以及植物从生长、发育到成熟的生命周期，会有一系列的颜色和形态变化，从而形成了富有生命力的特色景观。在进行单体植物配置时应考虑植物的颜色配置，乔木是主要的景观焦点，季相变化较为明显，可丰富视觉景观效果，季相变化如图 8-8 所示。

例如，呼和浩特市城市绿地树种设计时可选观花的植物有：碧桃、辽东栎、蒙古栎、文冠果、连翘、黄刺玫、迎春花、茶藨子、蝟实和阿穆尔小檗等；夏季可选绿量较高的乔木和灌木，观花观果植物有：国槐、金枝槐、龙爪槐、栾树、梓树、互叶醉鱼草、丁香、

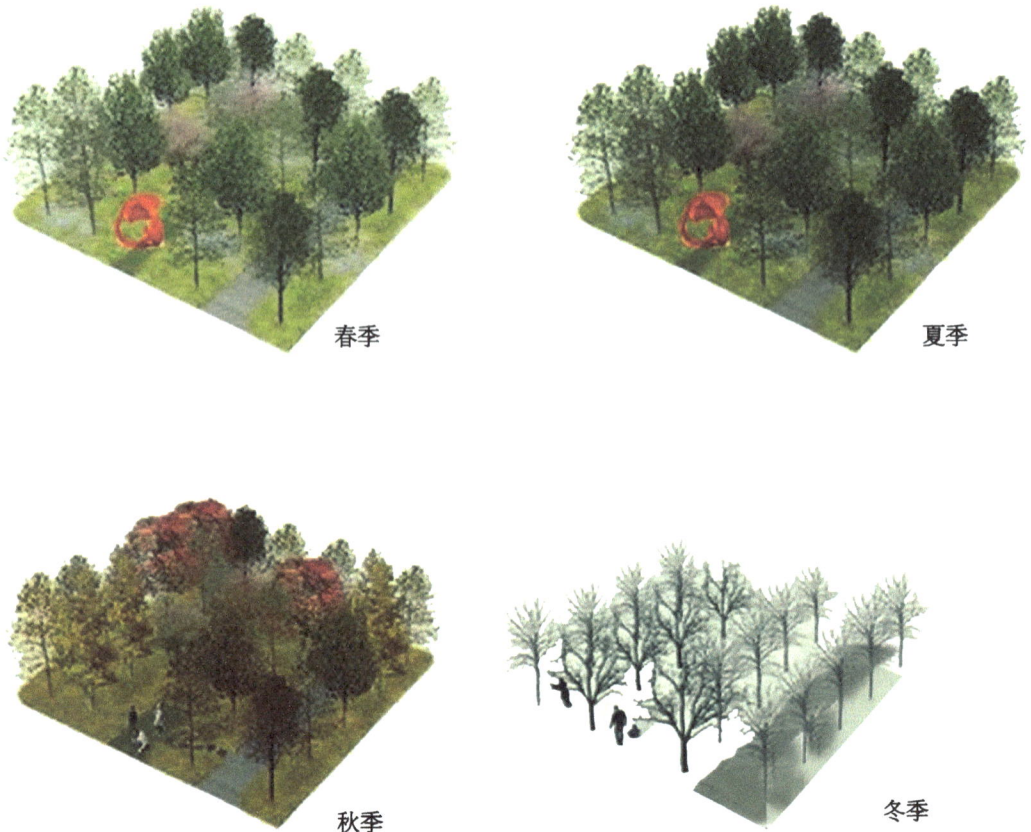

春季

夏季

秋季

冬季

图 8-9 植物群落季相变化示意图

多枝柽柳和小叶女贞等；秋季可择观果植物有：沙枣、蒙古荚蒾、紫叶小檗、蒙古扁桃、杜梨、金银木和文冠果等；冬季则以常绿植物和观形植物为主，包括红瑞木、垂柳、槐树和白皮松等常绿植物。从植物的结构、色彩和形态共同展现道路绿地景观的季相美。

（2）植物群落季相变化设计

运用植物群落的季相变化可以创造丰富多彩的园林景观节点。在进行植物群落季相变化时可以通过放大植物本身的特点，如形体、颜色、叶片等外部特征，发挥植物本体枝干、花色和叶色等不同生长期的观赏效果。植物群落季相变化设计示意图如图 8-9 所示。植物群落季相在城市绿地中常应用于公园绿地和道路绿地，公园绿地季相示意图如图 8-10、图 8-11 所示，道路绿地季相示意图如图 8-12 所示。

图 8-10 公园绿地季相变化示意图

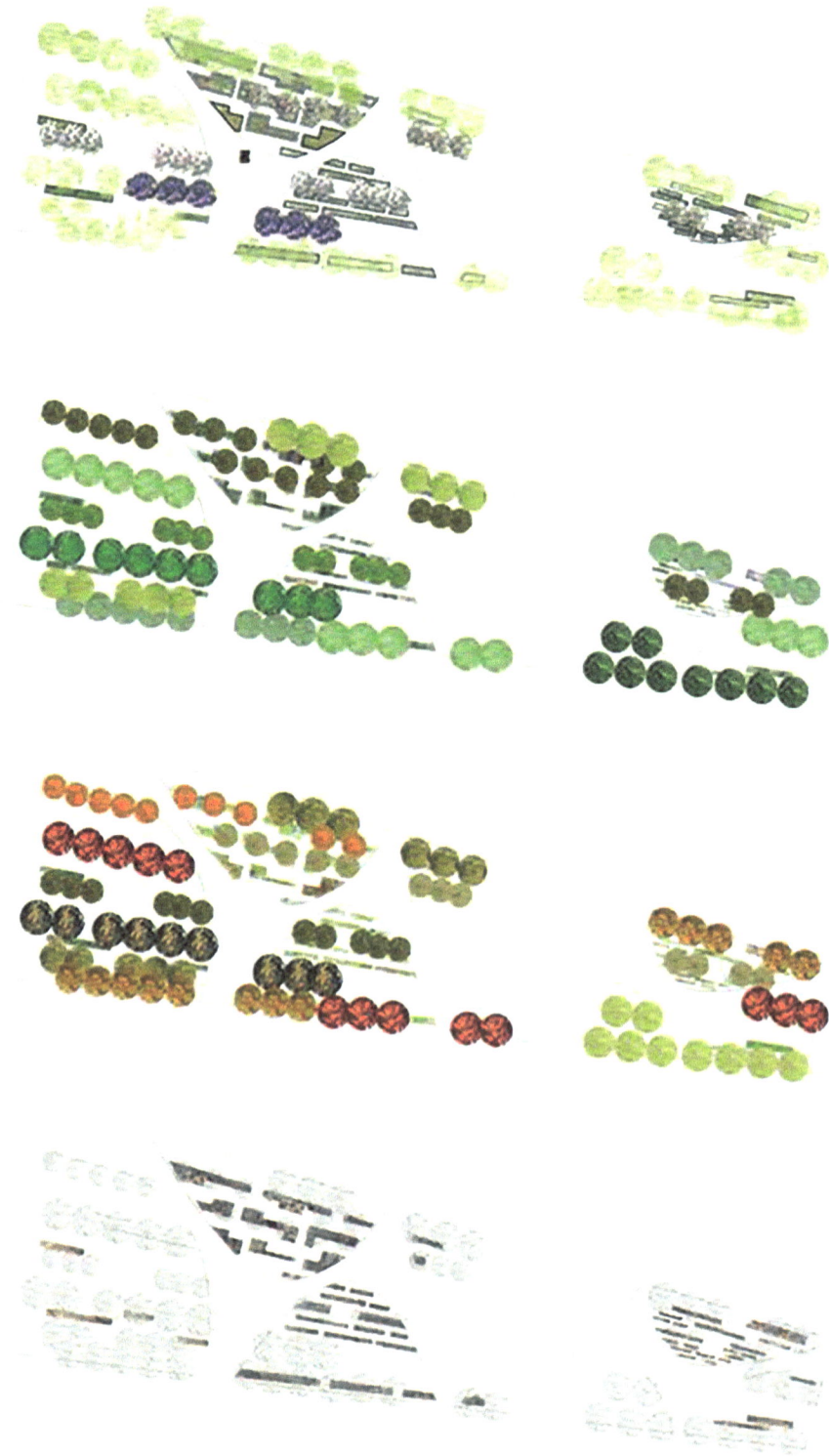

图 8-11 公园绿地季相变化示意图

春季

夏季

秋季

冬季

图 8-12 道路绿地季相变化示意图

例如在半干旱的北方地区，落叶植物春季枝条开始发芽，长出新叶，部分植物开花；夏季植物正处于生长茂盛阶段，枝繁叶茂，部分树木开花结果；秋季植物逐渐枯黄，叶片变为黄色，直至凋落；冬季植物叶片全部落尽，只剩枝干，常绿植物则一年四季常绿。而南方地区气候温暖，植物开花结果时间较长。春季观花植物有山桃、稠李、杜梨、早樱、红花刺槐等；叶色春夏秋变化明显的如元宝槭、白桦、黄栌、银杏、长白松等，秋季观果类的如碧桃、白杜、山楂、海棠等；冬季观干的白皮松、红桦、金枝槐等。

附录

附录一：不同树种树皮外部形态

图 3-3 不同树种树皮外部形态（一）

图 3-3 不同树种树皮外部形态（二）

附录二：悬铃木茎组织 X 射线扫描代表图像及叶上下表面及横切面图像

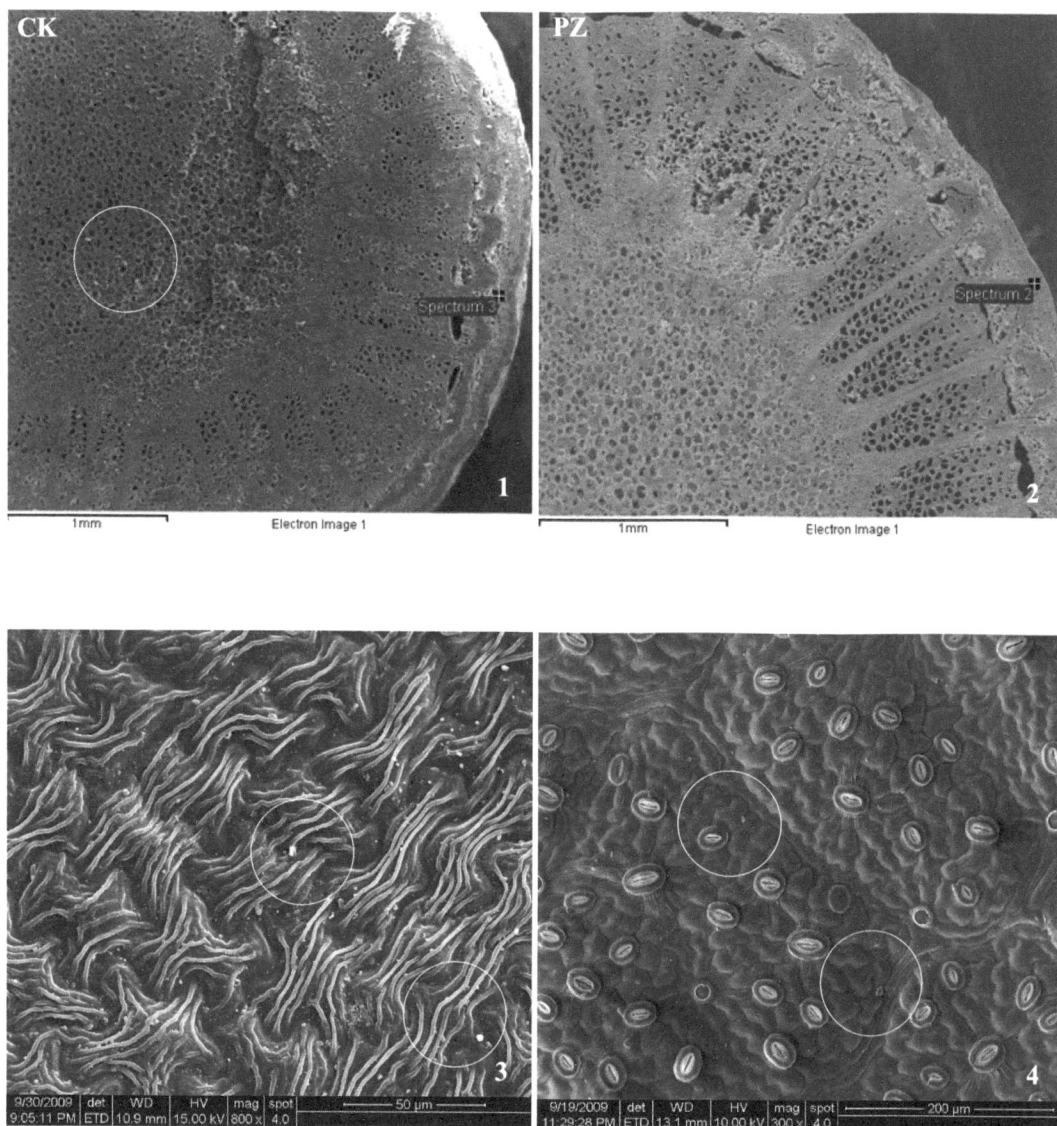

图 5-13 悬铃木茎组织 X 射线扫描代表图像及叶上下表面及横切面图像（一）

[注：1-2 悬铃木一年生枝条与 X 射线扫描代表图像；3-4 悬铃木叶上下表面电镜扫描观察（3 上表皮；4 下表皮）；5-7 悬铃木叶横切面图（ST-Stoma 气孔；WA-Wax 蜡质）。]

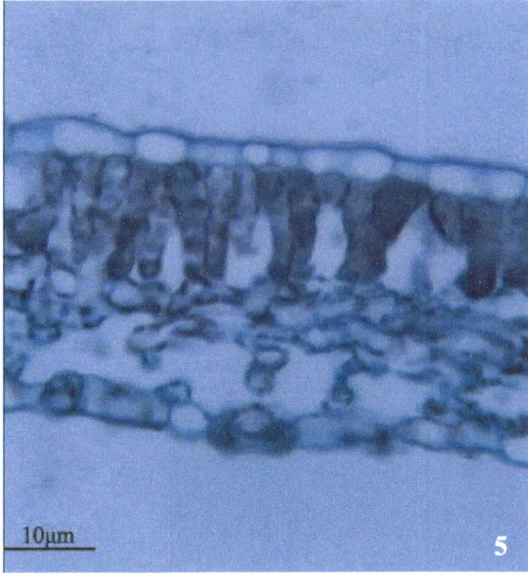

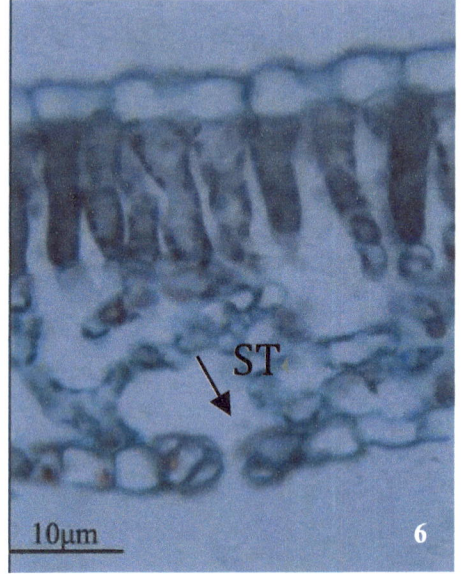

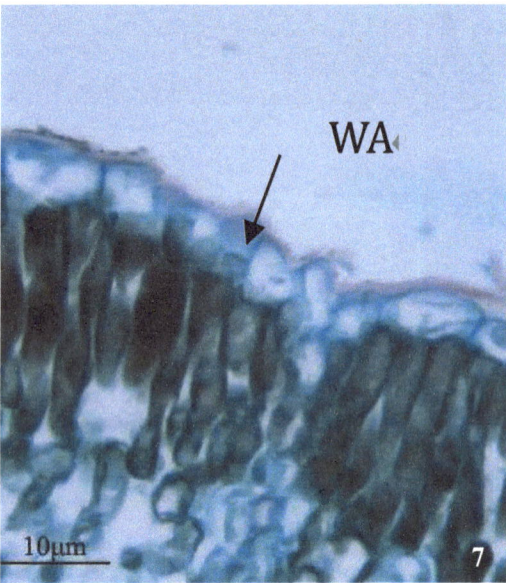

图 5-13 悬铃木茎组织 X 射线扫描代表图像及叶上下表面及横切面图像（二）

[注：1-2 悬铃木一年生枝条与 X 射线扫描代表图像；3-4 悬铃木叶上下表面电镜扫描观察（3 上表皮；4 下表皮）；5-7 悬铃木叶横切面图（ST-Stoma 气孔；WA-Wax 蜡质）。]

附录三：交通繁忙点与交通稀疏点树种叶片可溶性蛋白含量及其差异分析表

症状	表现	特征	图示
变色	褪绿	植物叶绿素含量减少。表现为：植物整株、局部叶片均匀褪绿，叶片表现为浅绿色	
	黄化	植物叶绿素含量减少到一定程度。表现为：植物整株、局部叶片均匀褪绿，颜色逐渐黄化	
	花叶	植物花叶多发生在叶片上。表现为：植物整株或局部叶片的颜色深浅不均匀，浓绿和黄绿相互间杂，有时出现红紫色斑块，变色部位界限明显	
	斑驳	植物斑驳多发生在植物叶片和果实上。表现为：与花叶相似，但植物变色部位的轮廓不明显和不清晰	
	碎锦	碎锦这一病症多发生在植物的花上。表现为：植物花瓣颜色发生改变	

症状	表现	特征	图示
坏死	病斑	植物斑点多发生在植物叶片和果实上。表现为：植物叶片果实的形状和颜色不同，病斑的后期会出现霉点或者小黑点	
坏死	溃疡	植物树干皮层、果实等部位局部组织坏死形成病斑。表现为：植物树干和果实表面出现黑色小颗粒或小型盘状物	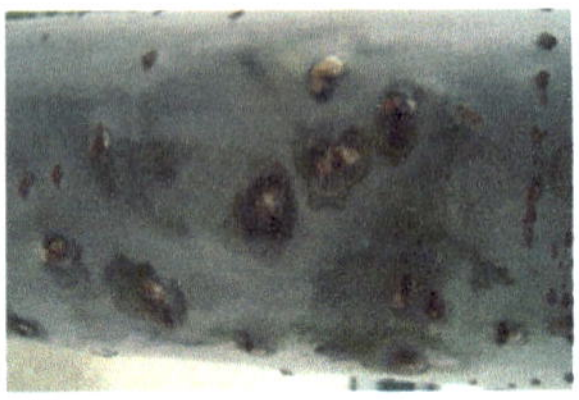
腐烂	干腐	多发生于植物的根、枝干、花和果实上。表现为：病部组织腐烂，含水较少、较硬的组织常发生干腐	
腐烂	湿腐	多发生于植物的根、枝干、花和果实上。表现为：病部组织腐烂，多汁幼嫩的组织常为湿腐	
萎蔫	青枯	植物整株或局部由于脱水，枝叶下垂。表现为：植物失水迅速，植株仍保持绿色	
萎蔫	枯萎黄萎	植物整株或局部由于脱水，枝叶下垂。表现为：植物失水迅速，植株不能保持绿色	

症状	表现	特征	图示
畸形	矮化	植物各器官的生长受到不同程度的抑制。表现为：植物植株矮于其他正常植株	
	丛枝	植物的枝条不正常生长。表现为：植物枝条不正常地增多，形成成簇枝条	
	卷叶	多发生于植物叶片上。表现为：叶片出现变小、叶缺、高低不平的皱缩及向上或向下的卷叶	
	肿瘤	植物枝干和根部的局部因细胞增生从而形成形状、大小各异的瘤状物。表现为：瘤状物	

附录四：园林树木器官耐空气污染表观症状图

（a）叶背面

（b）叶尖

图 7-1 园林树木器官耐空气污染表观症状图（一）

（c）叶边缘

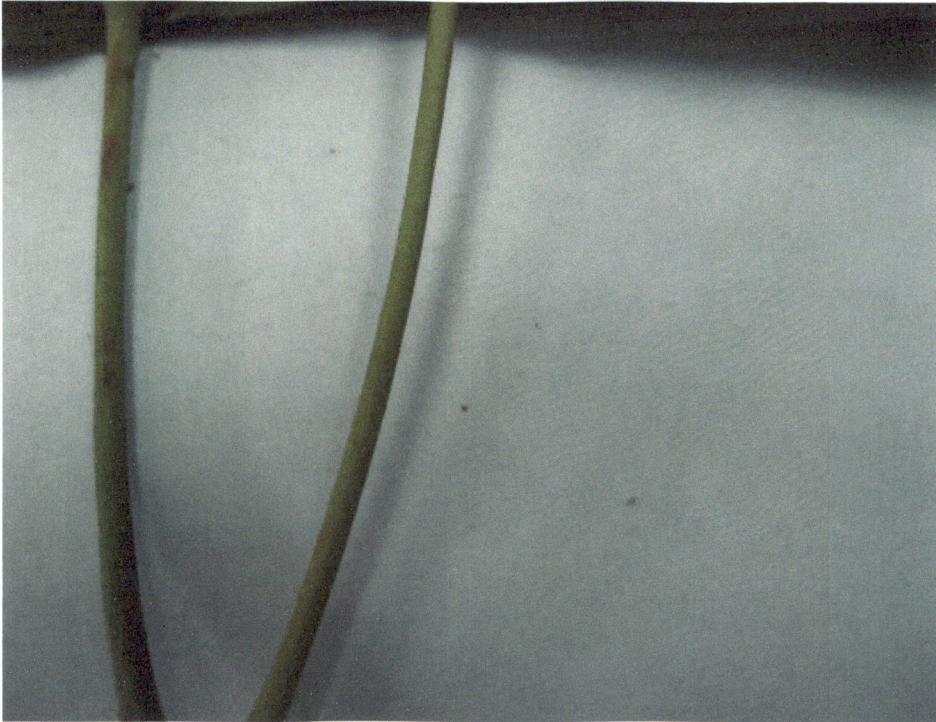

（d）叶柄

图 7-1 园林树木器官耐空气污染表观症状图（二）

（e）受伤害叶细胞

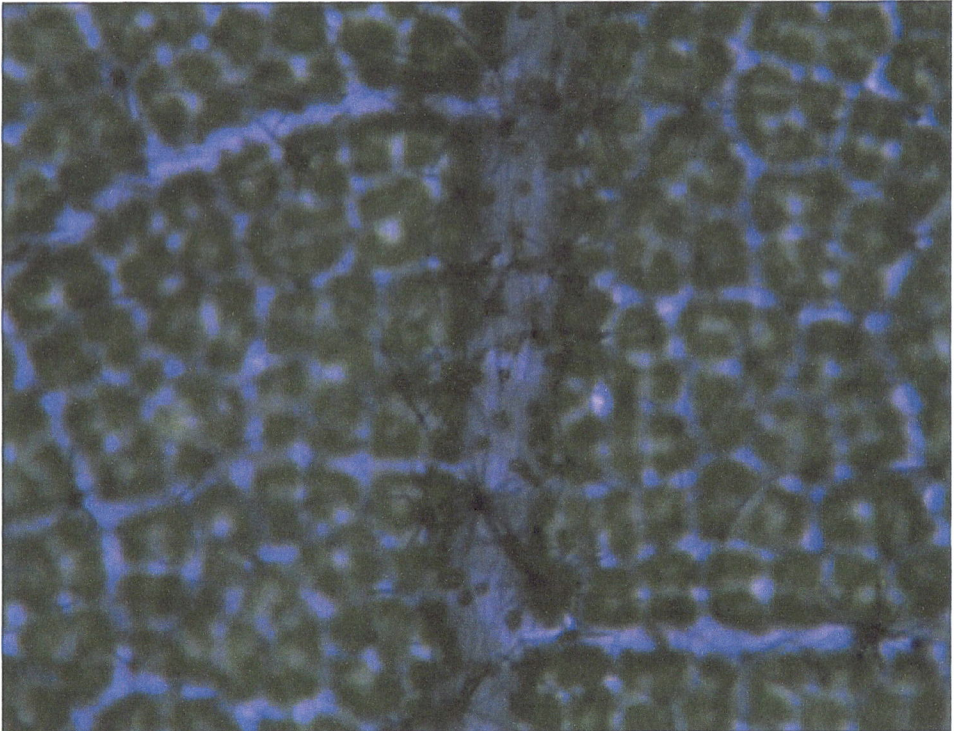

（f）健康叶细胞

图 7-1 园林树木器官耐空气污染表观症状图（三）

参考文献

[1]Abdelaziz L. Al-Khlaifat, Omar A. Al-Khashman. Atmospheric heavy metal pollution in Aqaba city, Jordan, using Phoenix dactylifera L. leaves[J]. Atmospheric Environment, 2007, 41: 8891-8897.

[2]Abhijith, K V, Kumar, P. Field investigations for evaluating green infrastructure effects on air quality in open-road conditions[J]. Atmos. Environ. 2019, 201: 132-147.

[3]Adrian Łukowski, Robert Popek, Piotr Karolewski.Particulate matter on foliage of Betula pendula, Quercus robur, and Tilia cordata: deposition and ecophysiology[J]. Environmental Science and Pollution Research, 2020, 27: 10296–10307.

[4]Aksoy A., S-ahin U., Duman F. Robinio pseudo-acacia L. as a possible biomonitor of heavy metal pollution in Kayseri[J]. Turkish Journal of Botany, 2000, 24 (5): 279-284.

[5]Al-Alawi M.M., Mandiwana K.L. The use of Aleppo pine needles as bio-monitor of heavy metals in the atmosphere[J]. Journal of Hazardous Materials, 2007, 148: 43-46.

[6]Albasel N, Cottenie A. Heavy metal construction near major highways, industrial and urban area in Beigian Grassland [J].Water Air Soil Pollution, 1985, 24: 103-109.

[7]Allen D L, Jarrell W M. Proton and copper adsorption to maize and soybean root cell walls[J]. Plant Physiol, 1989, 89: 823-832.

[8]Am Jang, Youngwoo Seo, Paul L. Bishop. The removal of heavy metals in urban run off by sorption on mulch[J]. Environmental Pollution, 2005, 133: 117-127.

[9]Amos P.K.T., Loretta J.M., Daniel J.J. Correlations between fine particulate matter (PM$_{2.5}$) and meteorological Variables in the United States: Implications for the sensitivity of PM$_{2.5}$ to climate change[J]. Atmospheric Environment, 2010, 44(32): 3976-3984.

[10]Ayrault S., Bonhomme P., Carrot F., et al. Multianalysis of trace elements in mosses with inductively coupled plasma-mass spectrometry[J]. Biological trace element research, 2007, 79: 177-184.

[11]Azadeh A., Dimitrios P., Peter, S. Forest canopy density assessment using different

approaches–Review[J]. Journal of Forest Science, 2017, 63(663): 107-116.

[12]Baes C.F., McLaughlin S.B. Trace metal uptake and accumulation in trees as affected by environmental pollution. In: Hutchinson, T.C., Meema, K.M. (Eds.), Effects of Atmospheric Pollutants on Forests, Wetlands and Agricultural Ecosystems[J]. Springer-Verlag, Berlin, Germany, 1987: 307-319.

[13]Barnes D, Hammadah MA, Ottaway JM. The lead, copper, and zinc contents of tree rings and barks, a measurement of local pollution[J]. Sci Total Environ, 1976, 5: 63-71.

[14]Bellis D.J., Satake, K., McLeod, C. A comparison of lead isotope ratios in the bark pockets and annual rings of two beech trees collected in Derbyshire and SouthYorkshire, UK. Sci[J]. Total Environ, 2004, 321: 105-113.

[15]Berlizov A.N., Blum O.B., Filby R.H., Malyuk I.A., Tryshyn V.V. Testing applicability of black poplar (*Populus nigra* L.) bark to heavy metal air pollution monitoring in urban and industrial regions[J]. Science of the total enviroment, 2007, 372: 693-706.

[16]Biloa F, Borgese L, Dalipi R, et al. Elemental analysis of tree leaves by total reflection X-ray fluorescence: New approaches for air quality monitoring[J]. Chemosphere, 2017, 178: 504-512.

[17]Binnig G., Quate C.F., Gerber C. Atomic force microscope[J]. Physical review letters, 1986, 56: 930-933.

[18]Blaylock J.M., Huang J.W. Phytoextraction of metals. In: Raskin, L., Ensley, B.D. (Eds.), Phytoremediation of ToxicMetals: Using Plants to Clean Up the Environment[J]. Wiley, New York, 2000: 53-70.

[19]Boominathan R, Doran P M. Organic acid complexation, heavy metal distribution and the effect of ATPase inhibition in hairy roots of hyperaccumulator plant species[J]. Biotechnol, 2003, 101: 131-146.

[20]Bosac C., Black V.J., Black C.R., et al. Impact of O_3 and SO_2 on reproductive

development in oilseed rape (*Brassica napus* L.). I. Pollen germination and pollen tube growth[J]. New Phytologist, 1993, 124: 439-446.

[21]Bottalico F, Travaglini D, Chirici G, et al. A spatially-explicit method to assess the dry deposition of air pollution by urban forests in the city of Florence, Italy[J]. Urban Forestry & Urban Greening, 2017, 27: 221-234.

[22]Brooks R R, Shaw S, Asensi M A. The chemical form and physiological function of nickel in some Iberian Alyssum species[J]. Plant Physiol, 1981, 51: 167-170.

[23]Bunzl K, Schimmack W, Kreutzer K, et al. Interception and retention of Chernobyl-derived 134,137Cs and 100 Ru in a spruce stand[J]. The Science of the Total Environment, 1989, 78: 77-87.

[24]Capozzi F, Palma A D, Sorrentino M C, et al. Morphological Traits Influence the Uptake Ability of Priority Pollutant Elements by *Hypnum cupressiforme* and *Robinia pseudoacacia* Leaves[J]. Atmosphere, 2020, 148(11): 2-10.

[25]Carginale V., Sorbo S., Capasso C., et al. Accumulation, localisation, and toxic effects of cadmium in the liverwort Lunularia cruciata[J]. Protoplama, 2004, 223: 53-61.

[26]Castanheiro A, Samson R, Wael K D. Magnetic-and particle-based techniques to investigate metal deposition on urban green[J]. Science of Total Environment, 2016, 571: 594-602.

[27]Catinon Mickaël, Ayrault Sophie, Clocchiatti Roberto, et al. The anthropogenic atmospheric elements fraction: A new interpretation of elemental deposits on tree barks[J]. Atmospheric Environment, 2009, 43: 1124-1130.

[28]Cavanagh J A E, Zawarreza P, Wilson J G. Spatial attenuation of ambient particulate matter air pollution within an urbanised native forest patch[J]. Urban Forestry & Urban Greening, 2009, 8: 21-30.

[29]Chaparro M A.E.,Chaparro M A.E., Castañeda-Miranda A G, et al. Fine air pollution

particles trapped by street tree barks: In situ magnetic biomonitoring[J]. Environmental Pollution, 2020, 266: 1-11.

[30]Chen LX, Liu CHM, Zhang L, et al. Variation in Tree Species Ability to Capture and Retain Airborne Fine Particulate Matter (PM2.5)[J]. Scientific Reports, 2017, 7: 1-11.

[31]Chen X P, Pei T T, Zhou ZH X, et al. Efficiency differences of roadside greenbelts with three configurations in removing coarse particles (PM10): A street scale investigation in Wuhan, China[J]. Urban Forestry & Urban Greening, 2015, 14: 354-360.

[32]Chester R., Murphy K.J.T., Lin F.J., et al. Factors controlling the solubilities of trace metals from non-remote aerosols deposited to the sea surface by "dry" deposition mode[J]. Marine Chemistry, 1993, 42: 107-126.

[33]Conkova M., Kubiznakova J. Lead isotope ratios in tree bark pockets: An indicator of past air pollution in the Czech Republic[J]. Science of the Total Environment, 2008, 404: 440-445.

[34]Conti M E, Cecchetti G. Biological monitoring: lichens as bioindicators of air pollution assessinent a review [J]. Environ Polllut, 2001, 114: 471-492.

[35]Couto J A, Femández J A, Aboal J R, et al. Annual variability in heavy-metal bioconcentration in moss: Sampling protocol optimization [J]. Atmos Environ, 2003, 37: 3517-3528.

[36]Davila A.F., Rey, D., Mohamed K., et al. Mapping the sources of urban dust in a coastal environment by measuring magnetic parameters of Platanus hispanic leaves[J]. Environmental Science and Technology, 2006, 40: 3922-3928.

[37]De Nicola F., Maisto G., Prati M.V., et al. Leaf accumulation of trace elements and polycyclic aromatic hydrocarbons (PAHs) in Quercus ilex L[J]. Environmental Pollution, 2008, 153: 376-383.

[38]DEFRA D. for E.F.& R.A. Air pollution in the UK 2016[M]. Annu. Rep. 2016 Issue,

2017, 2: 131.

[39]Dockery D.W., Pope C.A. Acute respiratory effects of particulate air pollution[J]. Annual Review of Public Health 1994, 15: 107-132.

[40]Dzierżanowski K, Popek R, Gawrońska H, et al. Deposition of particulate matter of different size fractions on leaf surfaces and in waxes of urban forest species[J]. International Journal of Phytoremediation, 2011, 13: 1037-1046.

[41]Echeister H G, Hohen W D, Riss A, et al. Variations in heavy metal concentrations in the moss species *Abietinella abietina* (Hedw.) Fleisch, according to sampling time, within site variability and increase in biomass [J]. Sci Total Environ, 2003, 301: 55-65.

[42]Fernández Espinosa, A.J., Rossini Oliva, S. The composition and relationships between trace element levels in inhalable atmospheric particles (PM_{10}) and in leaves of Nerium oleander L. and Lantana camara L[J]. Chemosphere, 2006, 62: 1665-1672.

[43]Fowler D, Skiba U, Nemitz E, et al. Measuring aerosol and heavy metal deposition on urban woodland and grass using inventories of 210 Pb and metal concentrations in soil[J]. Water, Air, & Soil Pollution, 2004, 4(2/3):483-499.

[44]Freitas M.C., Reis M.A., Marques A.P., et al. Monitoring of environmental contaminants: 10 years of application of INAA[J]. Journal of Radioanalytical and Nuclear Chemistry, 2003, 257 (3): 621-625.

[45]Frey B, Keller C, Zierold K, et al. Distribution of Zn in functionally different leaf epidermal cells of the hyperaccumulator Thlaspi caerulescens[J]. Plant Cell Environ, 2000, 23(7): 675-687.

[46]Fujita M, Kawanishi T. Purification and Characterization of a Cd-Binding Complex from the Root Tissue of Water Hyacinth Cultivated in a Cd^{2+}-Containing Medium[J]. Plant and Cell Physiology, 1986, 27: 71317-71325.

[47]Fuller G., Green D. Air Quality in London 2005 and Mid 2006 – Briefing. King's

College London[*BDIOL*]. http://www.londonair.org.uk/london/reports/Air Quality In London 2005 and mid 2006.pdf (accessed 10.01.07).

[48]Gajbhiyea T, Pandeya S K, Lee S S, et al. Size fractionated phytomonitoring of airborne particulate matter (PM) and speciation of PM bound toxic metals pollution through Calotropis procera in an urban environment[J]. Ecological Indicators, 2019, 104: 32-40.

[49]Gautam P., Blaha U., Appel E. Magnetic susceptibility of dustloaded leaves as a proxy of traffic-related heavy metal pollution in Kathmandu city, Nepal[J]. Atmospheric Environment, 2005, 39: 2201-2211.

[50]Gidhagen L, Johansson C, Ström, J, et al. Model simulation of ultrafine particles inside a road tunnel[J]. Atmospheric Environment, 2003, 37: 2023-2036.

[51]Goddu S.R., Appel E., Jordanova D., Wehland F. Magnetic properties of road dust from Visakhapatnam (India) – relationship to industrial pollution and road traffic[J]. Physics and Chemistry of the Earth, 2004, 29: 985-995.

[52]Goodman G.T., Roberts E. Plants and soils as indicators of metals in the air[J]. Nature, 1971, 231: 287-292.

[53]Gottardini E., Cristofolini F., Paoletti E., et al. Pollen viability for air pollution bio-monitoring[J]. Journal of Atmospheric Chemistry, 2004, 49: 149-159.

[54]Gratani L., Crescente M.F., Petruzzi M. Relationship between leaf life-span and photosynthetic activity of Quercus ilex in polluted urban areas (Rome) [J]. Environmental Pollution, 2000, 110: 19-28.

[55]Gregg McIntosh, Miriam Gómez-Paccard, María Luisa Osete. The magnetic properties of particles deposited on Platanus hispanica leaves in Madrid, Spain, and their temporal and spatial variations[J]. Science of the Total Environment, 2007, 382: 135-146.

[56]Grodzihska K. Acidification of tree bark as a measure of air pollution in Southern Poland[J]. Bulletin of the polish academy of sciences-chemistry , 1971, 19: 189-195.

[57]Haapala H., Kikuchi R. Biomonitoring of the distribution of dust emission by means of a new SEM/EDX technique[J]. Environmental Science Pollution Research, 2000, 7 (4): 180-189.

[58]Hans J W. Subcellular distribution and chemical form of cadmium in bean plant[J]. Plant Physiol, 1980, 46: 480-482.

[59]Harald G. Zechmeister, Daniela Hohenwallner, Andrea Hanus-Illnar, et al, Temporal patterns of metal deposition at various scales in Austria during the last two decades[J]. Atmospheric Environment, 2008, 42: 1301-1309.

[60]Harju L., Saarela K. E., Rajander J., et al. Environmental monitoring of trace elements in bark of Scots pine by thicktarget PIXE. Nucl. Instrum[J]. Methods, 2002, 189: 163-167.

[61]Hayens R J. Ion exchange properties of roots and ionic interactions within the root apoplasm: Their role in ion accumulation by plants[J]. Botanical review, 1980, 46: 75-99.

[62]Heal M.R., Hibbsa L.R., Agiusb R.M., et al. Total and water-soluble trace metal content of urban background PM10, PM2.5 and black smoke in Edinburgh, UK[J]. Atmospheric Environment, 2005, 39: 1417-1430.

[63]Herman F. Schwermetallgehalte von Fichtenborken als Indikator für antropogene Luftverunreinnigungen. In: Verlag, V.D.I. (Ed.), Bioindikation. Ein wirksames Instrument der Umweltkontrolle[J]. VDI-Berichte 902, Düsseldorf, 1992: 375-389.

[64]Hofman J, Bartholomeus H, Calders K, et al. On the relation between tree crown morphology and particulate matter deposition on urban tree leaves: A ground-based LiDAR approach[J]. Atmospheric Environment, 2014, 99: 130-139.

[65]Hofman J, Bartholomeus H, Janssen S, et al. Influence of tree crown characteristics on the local PM10 distribution inside an urban street canyon in Antwerp (Belgium): A model and experimental approach[J]. Urban Forestry & Urban Greening, 2016, 20: 265-276.

[66]Hofman J, Maher B A, Muxworthy A R, et al. Biomagnetic monitoring of atmospheric pollution: a review of magnetic signatures from biological sensors[J]. Environmental science &

technology, 2017, 51: 6648-6664.

[67]Hofman J, Stokkaer K, Snauwaeit L, et al. Spatial distribution assessment of particulate matter in an urban street canyon using biomagnetic leaf monitoring of tree crown deposited particles[J]. Environmental Pollution, 2013, 183: 123-132.

[68]Hofman J, Wuyts K, Wittenberghe S V, et al. Reprint of On the link between biomagnetic monitoring and leaf-deposited dust load of urban trees: Relationships and spatial variability of different particle size fractions[J]. Environmental Pollution, 2014, 189: 63-72.

[69]Hothorn T, Hornik K, Zeileis A. Unbiased recursive partitioning: a conditional inference framework[J]. J. Comput. Graph Stat. 2006, 15: 651-674.

[70]Islam M N, Rahman K S, Bahar M M, et al. Pollution attenuation by roadside greenbelt in and around urban areas[J]. Urban Forestry & Urban Greening, 2012, 11: 460-464.

[71]Kapusta P., Szarek-Lukaszewska G., Godzik B. Spatio-temporal variation of element accumulation by *Moehringia trinervia* in a polluted forest ecosystem (South Poland) [J]. Environmental Pollution, 2006, 143: 285-293.

[72]Karen Wuytsa, Jelle Hofmana, Shari Van Wittenberghea, et al.A new opportunity for biomagnetic monitoring of particulate pollution in an urban environment using tree branches[J]. Atmospheric Environment, 2018, 190: 177-187.

[73]Karthikeyan S., Joshi U.M., Balasubramanian R. Microwave assisted sample preparation for determining water-soluble fraction of trace elements in urban airborne particulate matter: evaluation of bioavailability[J]. Analytica Chimica Acta, 2006, 576: 23-30.

[74]Kim W., Doh S.J., Park Y.H., Yun S.T. Two-year magnetic monitoring in conjunction with geochemical and electron microscopic data of roadside dust in Seoul, Korea[J]. Atmospheric Environment, 2007, 41:7627-7641.

[75]Kimbrough S, Hagler G, Brantley H, et al. Influential factors affecting black carbon trends at four sites of differing distance from a major highway in Las Vegas[J]. Air Qual. Atmos.

Heal. 2018, 11: 181-196.

[76]King K L, Johnson S, Kheirbek I, et al. Differences in magnitude and spatial distribution of urban forest pollution deposition rates, air pollution emissions, and ambient neighborhood air quality in New York City[J]. Landscape & Urban Planning, 2014, 128: 14-22.

[77]Kongsuwan Apipreeya, Patnukao Phussadee, Pavasant Prasert. Binary component sorption of Cu(II) and Pb(II) with activated carbon from Eucalyptus camaldulensis Dehn bark[J]. Journal of Industrial and Engineering Chemistry, 2009, 15: 465-470.

[78]Kozlov MV, Haukioja E, Bakhtiarov AV, et al. Root vs. canopy uptake of heavy metals by birch in an industrially polluted area: contrasting behaviour of nickel and copper[J]. Envir on Pollut, 2000, 107:413-420.

[79]Kramer U, Pickering I J, Prince R C. Subcellular localization and speciation of nickel in hyperaccumulator and non-accumulator Thlaspi species[J]. Plant Physiol, 2000, 122: 1343-1353.

[80]Kukkonen J., Partanen L., Karppinen A., et al. Extensive Evaluation of Neural Extensive Evaluation of Neural Network Models for the Prediction of NO_2 and PM_{10} Concentrations, Compared with a Deterministic Modelling Systemand Measurements in Central Helsinki[J]. Atmospheric Environment,2003, 37(32): 4539-4550.

[81]Lamppu Jukka, Huttunen Satu. Relations between Scots pine needle element concentrations and decreased needle longevity along pollution gradients[J]. Environmental Pollution, 2003, 122: 119-126.

[82]Lau O.W., Luk S.F. Leaves of Bauhinia blakeana as indicators of atmospheric pollution in Hong Kong[J]. Atmospheric Environment, 2001, 35: 3113-3120.

[83]Lehndorff, E., Urbat, L., Schwark, L., 2006. Accumulation histories of magnetic particles on pine needles as function of air quality. Atmos. Environ. , 2006, 40: 7082-7096.

[84]Leonard R J, McArthur C, Hochuli D F. Particulate matter deposition on roadside

plants and the importance of leaf trait combinations[J]. Urban Forestry & Urban Greening, 2016, 20: 249-253.

[85]Liltschert W, Kiihm H J. Characteristics of tree bark as an indicator in high-immission areas[J]. Oecologia, 1997, 27: 47.

[86]Little P. A study of heavy metal contamination of leaf surfaces[J]. Environmental Pollution, 1973, 5: 159-172.

[87]Liu J, Mo L CH, Zhu L J, et al. Removal efficiency of particulate matters at different underlying surfaces in Beijing[J]. Environmental Science & Pollution Research, 2016, 23: 408-417.

[88]Lixin C , Chenming L, Rui Z, et al. Experimental examination of effectiveness of vegetation as bio-filter of particulate matters in the urban environment[J]. Environ. Pollut, 2016, 208(Pt A.): 198-208.

[89]Lorenzini G., Grassi C., Nali C., et al. Leaves of Pittosporum tobira as indicators of airborne trace element and PM_{10} distribution in central Italy[J]. Atmospheric Environment, 2006, 40: 4025-4036.

[90]Loretta Gratani, Maria Fiore Crescente, Laura Varone. Long-term monitoring of metal pollution by urban trees[J]. Atmospheric Environment, 2008, 42: 8273-8277.

[91]Lovett G M. Atmospheric deposition of nutrients and pollutants in North America: An ecological perspective[J]. Ecological Applications, 1994, 4(4): 629-650.

[92]Madejón Paula, Marañón Teodoro, Murillo José M. Biomonitoring of trace elements in the leaves and fruits of wild olive and holm oak trees[J]. Science of the Total Environment, 2006, 355: 187-203.

[93]Maeda E, Miyake H. Surface Structure of Rice Leaf Blades Observed by Scanning Electron Microscope[J]. Crop Science Society of Japan, 1973, 42(3): 327-333.

[94]Markert T B, Weckert V. Fluctuations of element concentrations during the growing

season of *Polytrichum formosum* Hedw [J]. Water Air Soil Pollut, 1989, 43: 177-189.

[95]Martins C.M.C., Mesquita S.M.M., Vaz W.L.C. Cuticular waxes of the Holm (*Quercus ilex* subsp. Ballota (Desf.) Samp.) and Cork oaks[J]. Phytochemical Analysis, 1999, 10: 1-5.

[96]McIntosh G, Gómez-Paccard M, Osete M L. The magnetic properties of particles deposited on *Platanus* x *hispanica* leaves in Madrid, Spain, and their temporal and spatial variations[J]. Science of The Total Environment, 2007, 382(1):135-146.

[97]McKendry I.G. Evaluation of artificial neural networks for fine particulate pollution (PM10 and PM2.5) forecasting[J]. Journal of the Air & Waste Management Association, 2002, 52(9): 1096-1101.

[98]Migaszewski Z.M., Galuszka A., Paslawski P. The use of barbell cluster ANOVA design for the assessment of environmental pollution: a case study, Wigierski National Park, NE Poland. Environ[J]. Pollut., 2005, 133: 213-223.

[99]Ming Yeng L., Gayle H., Richard B., et al. The effects of vegetation barriers on near-road ultra fine particle number and carbon monoxide concentrations[J]. Science of the Total Environment, 2016, 553: 372-379.

[100]Mingorance M.D., Valdés B., Rossini Oliva S. Distribución de metales en suelos y plantas que crecen en un área sujeta a emisiones industriales. In: Abstracts of 6th Iberian and 3rd Iberoamerican Congress of Environmental Contamination and Toxicology Cádiz[J]. Encuadernaciones Martínez, Puerto Real, Spain, 2005, 41.

[101]Moorby J., Squire H.M. The loss of radioactive isotopes from leaves of plants in dry conditions[J]. Radiation Botany 1963, 3: 163-167.

[102]Morakinyo TE，Lam YF. Study of traffic-related pollutant removal from street canyon with trees: Dispersion and deposition perspective[J]. Environmental Science and PollutionResearch, 2016, 23: 21652-21668．

[103]Mori J, Hanslin HM, Burchi G, et al. Particulate matter and element accumulation

on coniferous trees at different distances from a highway[J]. Urban Forestry & Urban Greening, 2015, 14: 170-177.

[104]Mútaz M. Al-Alawi, Khakhathi L. Mandiwana. The use of Aleppo pine needles as a bio-monitor of heavy metals in the atmosphere[J]. Journal of Hazardous Materials, 2007, 148: 43-46.

[105]Myeong Ja K., Jongkyu L., Handong K., et al. The Removal Efficiencies of Several Temperate Tree Species at Adsorbing Airborne Particulate Matter in Urban Forests and Roadsides[J]. Forests, 2019, 10(11): 2-15.

[106]Narewski U, Werner G, Schulz II. et al. Application of laser ablation inductively coupled mass spectrometry (1.A-ICP-MS) for the determination of major, minor, and trace elements in bark samples[J]. Fresenius J Chern, 2000, 366: 167- 170.

[107]Nguyen TH, Yu X X, Zhang ZH M, et al. Relationship between types of urban forest and PM2.5 capture at three growth stages of leaves[J]. Journal of Environmental Sciences, 2015, 27: 33-41.

[108]Norouzi, S., Khademi, H., Cano, A. F. & Acosta, J. A. Biomagnetic monitoring of heavy metals contamination in deposited atmospheric dust, a case study from Isfahan, Iran. J. Environ. Manage. 2016, 173, 55-64.

[109]Nowak D J, Hirabayashi S, Doyle Ma, et al. Air pollution removal by urban forests in Canada and its effect on air quality and human health[J]. Urban Forestry & Urban Greening, 2018, 29: 40-48.

[110]Nowak, D. J., Hirabayashi, S., Bodine, A., & Hoehn, R. Modeled $PM_{2.5}$ removal by trees in ten U.S. cities and associated health effects. Environmental Pollution, 2013, 178: 395–402.

[111]Onder Serpil, Dursun Sukru. Air borne heavy metal pollution of Cedrus libani (A. Rich.) in the city centre of Konya (Turkey)[J]. Atmospheric Environment, 2006, 40: 1122-1133.

[112]Pacheco A.M.G., Barros L.I.C., Freitas M.C., Reis M.A., Hipolito C., Oliveira O.R. An evaluation of olive-tree bark for the biological monitoring of airborne trace-elements at ground level[J]. Environ. Pollut., 2002, 120: 79-86.

[113]Panichev N., McCrindle R.I. The application of bio-indicators for the assessment of air pollution[J]. J. Environ. Monit, 2004, 6: 121-123.

[114]Pathore V S, Bajat Y P S, Wittwer S H. Subcellular localization of zinc and calcium in bean (*Phaseolus vulgaris* L.) tissues[J]. Plant Physiol, 1972, 49: 207-211.

[115]Paula Madejón, Teodoro Marañón T, José M. Murillo. Biomonitoring of trace elements in the leaves and fruits of wild olive and holm oak trees[J]. Science of the Total Environment, 2006, 355: 187-203.

[116]Poikolainen J. Sulphur and heavy metal concentrations in Scots Pine bark in northern Finland and the Kola Peninsula[J]. Water, Air, Soil Pollut, 1997, 93: 395-408.

[117]Popek R, Łukowski A, Karolewski P. Particulate matter accumulation further differences between native Prunus padus and non-native Prunus serotina[J]. Dendrobiology, 2017b, 78: 85-95.

[118]Prajapati S.K., Pandey S.K., Tripathi B.D. Monitoring of vehicles derived particulates using magnetic properties of leaves[J]. Environmental Monitoring and Assessment, 2006, 120: 169-175.

[119]Querol X., Alastuey A., Viana M.M., et al. Speciation and origin of PM_{10} and $PM_{2.5}$ in Spain[J]. Aerosol Science, 2004, 35: 1151-1172.

[120]Ramos I, Esteban E, Lucena J J, et al. Cadmium uptake and sub-cellular distribution in plants of Lactuca sp. Cd-Mn interaction[J]. Plant Sci, 2002, 162: 761-767.

[121]Räsänen, J V, Holopainen T, Joutsensaari J, et al. Effects of species-specific leaf characteristics and reduced water availability on fine particle capture efficiency of trees[J]. Environmental Pollution, 2013, 183: 64-70.

[122]Rautio P, Huttunen S. Total vs. internal element concentrations in Scots pine needles along a sulfur and metal pollution gradient[J]. Envir on Pollut, 2003, 122: 273-289.

[123]Reeves R.D., Baker A.J.M. Metal accumulating plants.In: Raskin, I., Ensley, B.D. (Eds.), Phytoremediation of ToxicMetals: Using Plants to Clean Up the Environment[J]. Wiley, New York, 2000: 193-229.

[124]Reimann C., Koller F., Kashulina G., et al. Influence of extreme pollution on the inorganic chemical composition of some plants[J]. Environmental Pollution, 2001, 115: 239-252.

[125]Reimann C., Koller F., Kashulina G., et al. Influence of extreme pollution on the inorganic chemical composition of some plants[J]. Environmental Pollution, 2001, 115: 239-252.

[126]Reimann Clemens, Arnoldussen Arnold, Boyd Rognvald, et al. Element contents in leaves of four plant species (birch, mountain ash, fern and spruce) along anthropogenic and geogenic concentration gradients[J]. Science of the Total Environment, 2007, 377: 416-433.

[127]Riga-Karandinos A.N., Saitanis C. Biomonitoring of concentrations of platinum group elements and their correlations to other metals[J]. International Journal of Environment and Pollution, 2004, 22 (5): 563-579.

[128]Riondato E, Pilla F, Basu A S, et al. Investigating the effect of trees on urban quality in Dublin by combining air monitoring with i-Tree Eco model[J]. Sustainable Cities and Society, 2020, 61: 1-13.

[129]Rossini Oliva S., Fernández Espinosa A.J. Monitoring of heavy metals in topsoils, atmospheric particles and plant leaves to identify possible contamination sources[J]. Microchemical Journal, 2007, 86: 131-139.

[130]Saarela K.-E., Harju L., Rajander J., et al. Elemental analyses of pine bark and wood in an environmental study. Sci[J]. Total Environ, 2005, 342: 231-241.

[131]Sæbø A, Popek R, Nawrot B, et al. Plant species differences in particulate matter accumulation on leaf surfaces[J]. Science of the Total Environment, 2012, 427-428: 347-354.

[132]Salmond J.A., Williams D.E., Laing G., et al. The influence of vegetation on the horizontal and vertical distribution of pollutants in a street canyon[J]. Science of the Total Environment, 2013, 443: 287-298.

[133]Samet J.M., Francesca D., Curriero F.C., et al. Fine particulate air pollution and mortality in 20 US cities, 1987–1994[J]. New England Journal of Medicine, 2000, 343: 1742-1749.

[134]Santamaria J M, Matin A. Tree bark as a bioindicator of air pollution in Navarra, Spain [J]. Water Air and Soil Pollut, 1997, 98: 381-387.

[135]Sawidis T., Chettri M.K., Papaioannou A., Zachariadis A., Stratis J. A study of metal distribution from lignite fuels using tree as biological monitors[J]. Ecotoxicology and Environmental Safety, 2001, 48: 27-35.

[136]Schulz H, Popp P, Huhn G, Stärk HJ, Schüürmann G. Biomonitoring of airborne inorganic and organic pollutants bymeans of pine tree barks. I. Temporal and spatial variations[J]. Sci Total Environ, 1999, 232: 49-58.

[137]Selmi W, Weber C, Rivière E, et al. Air pollution removal by trees in public green spaces in Strasbourg city, France[J]. Urban Forestry & Urban Greening, 2016, 17:192-201.

[138]Serpil Onder, Sukru Dursun. Air borne heavy metal pollution of Cedrus libani (A. Rich.) in the city centre of Konya (Turkey)[J]. Atmospheric Environment, 2006, 40: 1122-1133.

[139]Sharma S C, Roy R K. Greenbelt—An effective means of mitigating industrial pollution[J]. Indian Journal of Environmental Protection, 1997, 17(10) : 724-727.

[140]Shin E.W., Karthikeyan K.G., Tshabalala M.A. Adsorption mechanism of cadmium on juniper bark and wood[J]. Bioresource Technol., 2007, 98: 588-594.

[141]Singh S, & Kumar M. Heavy metal load of soil, water and vegetables in peri-urban Delhi[J]. Environmental Monitoring and Assessment, 2006, 120(1-3): 79-91.

[142]Song Y, Maher BA, Li F et al. Particulate matter deposited on leaf of five evergreen

species in Beijing, China: source identification and size distribution. Atmos. Environ., 2015, 105: 53-60.

[143]Song Y., B A M., Li F., et al. Particulate matter deposited on leaf of five evergreen species in Beijing, China: source identifi-cation and size distribution[J]. Atmospheric environment, 2015, 105: 53-60.

[144]Speak A F, Rothwell J J, Lindley S J, et al. Urban particulate pollution reduction by four species of green roof vegetation in a UK city[J]. Environment Science &Technology, 2012, 61: 238-293.

[145]Suarez Sanchez A., Garcia Nieto P.J., Riesgo Fernandez P., et al. Application of an SVM-based regression model to the air quality study at local scale in the Aviles urban area (Spain) [J]. Mathematical and Computer Modelling, 2011, 54(5): 1453-1466.

[146]Suzuki K. Characterisation of airborne particulates and associated trace metals deposited on tree bark by ICP-OES, ICP-MS, SEM–EDX and laser ablation ICP-MS[J]. Atmospheric Environment, 2006, 40: 2626-2634.

[147]Tallis M, Taylor G, Sinnett D, et al. Estimating the removal of atmospheric particulate pollution by the urban tree canopy of London, under current and future environments[J]. Landscape & Urban Planning, 2011, 103: 129-138.

[148]Tayel E H, Hamzeh A O, Anwar J, et al . Cypress t ree (*Cupressus semervirens* L.) bark as an indicator for heavy metal pollution in the atmosphere of Amman City, Jordan[J]. Environment International, 2002, 28: 513 - 519.

[149]Thithanhthao N., Xinxiao Y., Zhenming Z., et al. Relationship between types of urban forest and $PM_{2.5}$ capture at three growth stages of leaves Environ[J]. Journal of Environmental Sciences, 2015, 27: 33-41.

[150]Thomas S, Deckmyn G, Neirynck J, et al. Multilayered Modeling of Particulate Matter Removal by a Growing Forest over Time, From Plant Surface Deposition to Washoff via

Rainfall[J]. Environmental Science & Technology, 2014, 48: 10785-10794.

[151]Timmers V, Achten, P A J. Non-exhaust PM emissions from electric vehicles[J]. Atmos. Environ., 2016, 134: 10-17.

[152]Tomašević M., Vukmirović Z., Rajišć S., et al. Characterization of trace metal particles deposited on some deciduous tree leaves in an urban area[J]. Chemosphere, 2005, 61: 753-760.

[153]Turer D, Maynard J B, Sansalone J J. Heavy metal contamination in soils of urban highways: Comparison between runoff and soil concentrations at Cincinnati, Ohio[J]. Water, Air and Soil Pollution, 2001, 132(3-4): 293-314.

[154]Urbat M., Lehndorff E., Schwark L. Biomonitoring of air quality in the Cologne conurbation using pine needles as a passive sampler-Part I: magnetic properties[J]. Atmospheric Environment, 2004, 38: 3781-3792.

[155]Vallius M., Janssen N.A., Heinrich J., et al. Sources and elemental composition of ambient $PM_{2.5}$ in three European cities[J]. Science of the Total Environment, 2005, 33: 147-162.

[156]Valotto G., Zannoni D., Guerriero P., et al. Characterization of road dust and resuspended particles close to a busy road of Venice mainland (Italy)[J]. International Journal of Environmental Science and Technology, 2019, 16(11): 6513-6526.

[157]Viana M., Kuhlbusch T.A.J., Querol X., et al. Source apportionment of particulate matter in Europe: A review of methods and results[J]. Journal of Aerosol Science, 2008, 39(10): 827-849.

[158]Wang A X , Guo Y N, Fang Y M, et al. Research on the horizontal reduction effect of urban roadside green belt on atmospheric particulate matter in a semi-arid area[J]. Urban Forestry & Urban Greening, 2022, 68: 1-10.

[159]Wang XS，Teng MJ，Huang CB，et al．Canopy density effects on particulate matter attenuation coefficients in street canyons during summer in the Wuhan metropolitan

area[J]．Atmospheric Environment，2020b, 240: 117739．

[160]Wania A., Bruse M., Blond N., et a1. Analysing the influence of different street vegetation on traffic-induced particle dispersion using microscale simulations[J]. Journal of environmental management, 2012, 94(1): 91-101.

[161]Wolterbeek H.E., Peters A. Biomonitoring of trace element air pollution: principles, possibilities and perspectives[J]. Environmental Pollution, 2000, 120: 11-21.

[162]Wu, B.R. Public transport and the modernization of Nanjing city (1937–1894)[J]. Journal of Nanjing Tech University(Social Science Edition), 2019, 8:30-35.

[163]Wuytsa K, Hofmana J, Wittenberghe S V, et al. A new opportunity for biomagnetic monitoring of particulate pollution in an urban environment using tree branches[J]. Atmospheric Environment, 2018, 190:177-187.

[164]Xiaolu Li a, Tianran Zhang a, Fengbin Sun et al.The relationship between particulate matter retention capacity and leaf surface micromorphology of ten tree species in Hangzhou, China[J].Science of the Total Environment 2021, 771:144812.

[165]Xiaoshuang W., Mingjun T., Chunbo H., et al. Canopy density effects on particulate matter attenuation coefficients in street canyons during summer in the Wuhan metropolitan area[J]. Atmospheric Environment, 2020, 240: 1-10.

[166]Xu, Y., Xu, W., Mo, L., et al. Quantifying particulate matter accumulated on leaves by 17 species of urban trees in Beijing, China.[J].Environmental Science and Pollution Research, 2018, 25: 12545-12556.

[167]Yan J L, Lin L, Zhou W Q, et al. A novel approach for quantifying particulate matter distribution on leaf surface by combining SEM and object-based image analysis[J]. Remote Sensing of Environment, 2016, 173: 156-161.

[168]Yang H，Chen T，Lin Y，et al．Integrated impacts of tree planting and street aspect ratios on CO dispersion and personal exposure in full-scale street canyons[J]．Building

andEnvironment，2020, 169: 106529.

[169]Yilmaz Sevgi, Zengin Murat. Monitoring environmental pollution in Erzurum by chemical analysis of Scots pine (*Pinus sylvestris* L.) needles[J]. Environment International, 2004, 29: 1041-1047.

[170]Zhang W K, Wang B, Niu X. Relationship between Leaf Surface Characteristics and Particle Capturing Capacities of Different Tree Species in Beijing[J]. Forests, 2017, 8(3): 1-12.

[171]Zhang W K, Wang B, Niu X. Study on the Adsorption Capacities for Airborne Particulates of Landscape Plants in Different Polluted Regions in Beijing (China)[J]. International Journal of Environmental Research & Public Health, 2015, 12: 9623-9638.

[172]Zhang L, Zhang Z, Chen L, et al. An investigation on the leaf accumulation-removal efficiency of atmospheric particulate matter for five urban plant species under different rainfall regimes[J]. Atmospheric environment, 2019, 208: 123-132.

[173]Zhao P.S., Feng Y.C., Zhu T., et al. Characterizations of resuspended dust in six cities of North China[J]. Atmospheric Environment, 2006, 40: 5807-5814.

[174]Zheming T., Richard W.B., Vlad I., et al. Roadside vegetation barrier designs to mitigate near-road air pollution impacts[J]. Science of the Total Environment, 2016, 541: 920-927.

[175] 阿丽亚·拜都热拉，甄敬，孙倩，等. 乌鲁木齐市快速路林带内 $PM_{2.5}$、PM_{10} 污染特征研究 [J]. 环境科学与技术, 2019, 42(04): 103-108.

[176] 阿衣古丽·艾力亚斯，玉米提·哈力克，塔依尔江·艾山，等. 阿克苏市 5 种常见绿化树种滞尘规律 [J]. 植物生态学报, 2014, 38 (9): 970-977.

[177] 曹丽婉，胡守云，Appel, 等. 临汾市树叶磁性的时空变化特征及其对大气重金属污染的指示 [J]. 地球物理学报, 2016, 59(5): 1729-1742.

[178] 陈博，王小平，刘晶岚，等. 不同天气下景观生态林内外大气颗粒物质量浓度变化特征 [J]. 生态环境学报, 2015, 24(7): 1171-1181.

[179] 陈昌勇，刘恩刚．由感性认知到量化管控的城市色彩规划实践 [J]. 规划师，2019，35(02): 73-79.

[180] 陈璞珑，王体健，胡忻 等．南京市细颗粒物来源解析研究 [J]. 南京大学学报（自然科学），2015, 54(03): 524-534.

[181] 陈同斌，阎秀兰，廖晓勇，等．蜈蚣草中砷的亚细胞分布与区隔化作用 [J]. 科学通报，2005, 50(24): 2739-2744.

[182] 陈学泽，谢耀坚，彭重华．城市植物叶片金属元素含量与大气污染的关系 [J]. 城市环境与城市生态，1997,10(1): 45-47.

[183] 程佳雪，万映伶，巫丽华，等．园林树木吸收汞（Hg）的评价方法 [J]. 西北林学院学报，2020, 35(4): 249-255.

[184] 程佳雪，巫丽华，任瑞芬，等．北京园林绿地 6 种树木的叶片和一年生枝中 5 种重金属含量比较 [J]. 中国园林，2020, 36(11): 139-144.

[185] 丁文，贾忠奎，席本野，等．道路绿地对 PM2.5 等颗粒物的作用效果及影响机制 [J]. 福建农林大学学报，2018, 47(06): 729-735.

[186] 丁宇，李贵才，路旭，等．空间异质性及绿色空间对大气污染的削减效应 —— 以珠江三角洲为例 [J]. 地理科学进展，2011, 30(11): 1415-1421.

[187] 董茹浩，张帆．城市道路绿地色彩的影响要素研究 [J]. 设计，2021, 34(06): 127-129.

[188] 郭二果，王成，郄光发，等．北方地区典型天气对城市森林内大气颗粒物的影响 [J]. 中国环境科学，2013, 33(7): 1185-1198.

[189] 郭晓华，戴菲，殷利华．基于 ENVI-met 的道路绿带规划设计对 $PM_{2.5}$ 消减作用的模拟研究 [J]. 风景园林，2018, 25(12): 75-80.

[190] 郭云，李瑞娟，黄炳昭，等．未来 10 年保定市大气 $PM_{2.5}$ 的健康效益预测 [J]. 中国环境科学，2020, 40(12): 5459-5467.

[191] 韩照祥，葛晓燕．栓皮栎树皮对溶液中重金属离子吸附性能的研究 [J]. 安徽农

业科学 , 2012,40(33)：16403-16408.

[192]何然 , 李钢 . 国外技术预测理论与实践进展 [J]. 沈阳工业大学学报 (社会科学版), 2015, 8(02): 97-108.

[193]黄会一 , 张有标 , 张春兴 , 等 . 木本植物对大气气态污染物吸收净化作用的研究 [J]. 生态学报 ,1981, 4 (4) : 335-344.

[194] 黄晓华 , 周青 , 程宏英 , 等 . 五种常绿树种对铅污染胁迫的反应 [J]. 环境科学 , 2000, 13(6): 48-50.

[195]姜月华 , 殷鸿福 , 等 . 环境磁学理论、方法和研究进展 [J]. 地球学报 , 2004, 25(3): 357-362.

[196]蒋高明 . 承德木本植物不同部位 S 及重金属含量特征的 PCA 分析 [J]. 应用生态学报 , 1996, 7 (3): 310-314.

[197]卡得力亚·加帕尔 , 玉米提·哈力克 , 史磊 , 等 . 乌鲁木齐河滩快速路绿化树种不同器官重金属含量的比较 [J]. 西北林学院学报 , 2022, 37(1): 240-246.

[198]兰欣宇 , 程佳雪 , 万映伶 , 等 . 北京地区 8 种园林树木的叶片和枝条重金属含量比较 [J]. 中国园林 , 2019，35(9)：124-128.

[199]李宏 , 冯国杰 , 李志涛 . 园林植物病害的发生与防治 [J]. 现代农村科技 , 2013(11): 26-27.

[200]李晶 , 徐玉玲 , 黎桂英 , 等 . 兰州市交通道路主要乔灌木植物叶片重金属积累及生理特性的分析 [J]. 生态环境学报 , 2019, 28(05): 999-1006.

[201]李新宇 , 赵松婷 , 李延明 , 等 . 北京市不同主干道绿地群落对大气 $PM_{2.5}$ 浓度消减作用的影响 [J]. 生态环境学报 , 2014, 23(4): 615-621.

[202]李兆君 , 马国瑞 , 李生泉 , 等 . 植物适应重金属 Cd 胁迫的生理及分子生物学机理 [J]. 土壤学报 , 2004, 35(2): 234-238.

[203]刘晨书 . 北京大气气溶胶及干沉降中有机酸的来源特征研究 [D]. 北京：首都师范大学 , 2009.

[204] 刘大锰，黄杰，高少鹏，等．北京市区春季交通源大气颗粒物污染水平及其影响因素 [J]. 地学前缘，2006, (02): 228-233.

[205] 刘立柱，董发勤，贺小春，等．呼和浩特可吸入大气颗粒物浓度分布与降尘特征 [J]. 矿物学报，2012, 32(S1): 152-154.

[206] 刘璐，管东生，陈永勤．广州市常见行道树种叶片表面形态与滞尘能力 [J]. 生态学报，2013, 33(8): 2604-2614.

[207] 刘文平，宇振荣．北京海淀区绿色空间 $PM_{2.5}$ 滞尘服务模拟 [J]. 应用生态学报，2016, 27(8): 2580-2586.

[208] 刘懿枢，戴熙敏，齐永胜．基于 BP 人工神经网络的鹰潭 $PM_{2.5}$ 和 PM_{10} 浓度预测模型 [J]. 气象与减灾研究，2020, 43(02): 123-129.

[209] 美合日阿依·希尔亚孜旦，玉米提·哈力克，阿不都艾尼·阿不里．阿克苏市绿地土壤重金属污染及植物富集特征 [J]. 生态科学，2019, 38(06): 30-36.

[210] 彭舜磊，李鹏，李世春，等．煤炭型城市绿化树种叶片磁性及对 $PM_{2.5}$ 的指示作用 [J]. 环境科学与技术，2017(9): 38-42.

[211] 任乃林，陈炜彬，黄俊生，等．用植物叶片中重金属元素含量指示大气污染的研究 [J]. 广东微量元素科学,2004, 11 (10): 41-45.

[212] 沈晓蔚，彭志，李欣，等．上海市月浦工业区道路绿化土壤重金属污染状况及木本绿化植物中重金属的积累 [J]. 上海交通大学学报（农业科学版), 2018, 36(02): 62-69.

[213] 史峰．MATLAB 神经网络：30 个案例分析 [M]. 北京：北京大学出版社，2010: 65-68.

[214] 孙晓丹，李海梅，刘霞，等．不同绿地结构消减大气颗粒物的能力 [J]. 环境化学，2017, 36(2): 289-295.

[215] 汤春芳，刘云国，曾光明，等．镉胁迫对萝卜幼苗活性氧产生、脂质过氧化和抗氧化酶活性的影响 [J]. 植物生理与分子生物学报，2004, 30(4): 469-474.

[216] 汪良驹，刘友良．植物细胞中的液泡及其生理功能 [J]. 植物生理学通讯，1998,

34(5): 394-400.

[217] 王爱霞, 方炎明. 二球悬铃木不同器官对空气中 Cu、Ni、Pb 和 Zn 的累积作用 [J]. 植物资源与环境学报, 2015, 24(2): 67-72.

[218] 王爱霞, 张敏, 方炎明, 等. 几种绿化树种叶片中重金属含量及其指示大气污染的研究 [J]. 林业科技开发, 2008, 22 (4) : 113-117.

[219] 王爱霞, 张敏, 方炎明, 等. 南京市 14 种绿化树种对空气中重金属的累积能力 [J]. 植物研究, 2009, 29(3): 378-374.

[220] 王爱霞, 张敏, 方炎明, 等. 行道树对重金属污染的响应及其功能型分组 [J]. 北京林业大学学报, 2010, 32(2): 187-193.

[221] 王爱霞, 方炎明. 杭州市六种常见绿化树种叶片累积空气重金属特征及与环境因子的相关性 [J]. 广西植物, 2017,37(4): 470-477.

[222] 王爱霞. 内蒙古园林植物图鉴 [M]. 北京: 中国建筑工业出版社, 2019.

[223] 王成, 郄光发, 杨颖, 等. 高速路林带对车辆尾气重金属污染的屏障作用 [J]. 林业科学, 2007, 3 (43): 1-7.

[224] 王海洋, 马千里. 马尾松树皮纳米木质纤维素气凝胶吸附剂对 Cr^{3+}、Cu^{2+}、Pb^{2+}、Ni^{2+} 的吸附性能及机理 [J]. 林业科学, 2021,57(07):166-174.

[225] 王焕校, 王丽萍. 几种食用蔬菜对 Pb 的吸收富积规律的初步研究 [J]. 云南大学学报 (自然科学版), 1985, 7(3): 349-356.

[226] 王焕校. 污染生态学 [M]. 北京 : 高等教育出版社 , 2002: 7-14.

[227] 王吉德, 田笠卿. 原子吸收分光光度法在有机分析中的应用 [J]. 分析科学学报, 1995, 11(2): 74-79.

[228] 王佳, 吕春东, 牛利伟, 等. 道路植被结构对大气可吸入颗粒物扩散影响的模拟与验证 [J]. 农业工程学报, 2018, 34(20): 225-232.

[229] 王建龙, 文湘华. 现代环境生物技术 [M]. 北京 : 清华大学出版社, 2001: 315-317.

[230] 王晶英, 韦文红. 植物生理生化技术与原理 [M]. 哈尔滨 : 东北林业大学出版社,

2003.

[231] 王雪艳. 基于道路绿化带影响的街道峡谷内尾气扩散的数值模拟 [D]. 济南：山东大学, 2015.

[232] 徐宁, 刘艳秋, 李佰林, 等. 不同结构绿地细颗粒物变化及其与气象因子的关系 [J]. 浙江林业科技, 2018, 38(01): 11-19.

[233] 徐学华, 黄大庄, 王秀彦, 等. 河道公路绿化植物毛白杨对重金属元素的吸收与分布 [J]. 水土保持学报, 2006, 23(3): 78-81.

[234] 杨佳, 王会霞, 谢滨泽, 等. 北京 9 个树种叶片滞尘量及叶面微形态解释 [J]. 环境科学研究, 2015, 28(3): 384-392.

[235] 杨貌, 张志强, 陈立欣, 等. 春季城区道路不同绿地配置模式对大气颗粒物的削减作用 [J]. 生态学报, 2016, 36(07): 2076-2083.

[236] 殷杉, 蔡静萍, 陈丽萍, 等. 交通绿化带植物配置对空气颗粒物的净化效益 [J]. 生态学报, 2007, 27(11): 4590-4594.

[237] 尹洧. 大气颗粒物及其组成研究进展（上）[J]. 现代仪器, 2012, 18(02): 1-5.

[238] 张力平, 黄贞, 刘晓燕. 落叶松改性树皮对金属离子吸附性能的研究 [J]. 北京林业大学学报, 2004, 26(4): 69-72.

[239] 张泉. 关于植物形态学的思考 [J]. 自然杂志, 2000, 22(3): 180-183.

[240] 张玉秀, 柴团耀. 植物耐重金属机理研究进展 [J]. 植物学报, 1999, 41(5): 453-457.

[241] 赵策, 邱尔发, 马俊丽, 等. 行道树国槐不同形态重金属富集效能研究 [J]. 林业科学研究, 2019, 32(3): 142-151.

[242] 赵瑞雪, 朱慧森, 程钰宏, 等. 植物脯氨酸及其合成酶系研究进展 [J]. 草业科学, 2008, 25(2): 90-96.

[243] 赵彦博, 孙明阳. 严寒地区城市街谷底层可吸入颗粒物浓度分布 [J]. 科学技术与工程, 2020, 20 (22): 9183-9189.

[244] 郑国锠 . 细胞生物学：第 2 版 [M]. 北京：高等教育出版社 , 2000: 127.

[245] 郑少文 , 邢国明 , 李军 , 等 . 北方常见绿化树种的滞尘效应 [J]. 山西农业大学学报（自然科学版）, 2008(4): 383-387.

[246] 中国科学院上海植物生理研究所 , 上海市植物生理学会 . 现代植物生理学实验指南 [M]. 北京：科学出版社 , 1999.

[247] 中国土壤学会农业化学专业委员会 . 土壤农业化学常规分析方法 [M]. 北京：科学出版社 , 1983.

[248] 周丽 , 徐祥德 , 丁国安 , 等 . 北京地区气溶胶 $PM_{2.5}$ 粒子浓度的相关因子及其估算模型 [J]. 气象学报 , 2003(06): 761-768.

[249] 周姝雯 , 唐荣莉 , 张育新 , 等 . 城市街道空气污染物扩散模型综述 [J]. 应用生态学报 , 2017, 28(03): 1039-1048.

[250] 周姝雯 , 唐荣莉 , 张育新 , 等 . 街道峡谷绿化带设置对空气流场及污染分布的影响模拟研究 [J]. 生态学报 , 2018, 38(17): 6348-6357.

后　记

　　本书的完成，历时 3 年，是作者科学研究的阶段性总结，但历史、环境和个人积淀都在局限作者的研究创作，这种冥冥之中注定的遗憾，希望化解在未来求真务实的科研之路上。处在这样一个科技剧烈变化的时代，环境恶化和人的环保需求都向科研工作者提出了更加繁重而艰难的要求，把过去的成果作为科研征途上的新起点，亦步亦趋探索新领域、新境界，不谈收获，只论默默耕耘。

　　在对空气污染研究的过程中，发现只挖掘树木与空气重金属的作用机理是不够的，园林树木个体与群体对空气污染物的滞留过程区别很大，空气污染物成分复杂，存在多种协同效应。因此，前期仅研究空气重金属污染逐渐拓展到粗颗粒物、细颗粒物及超细颗粒物污染领域。写作过程中，通过调查、实验、分析与挖掘，不断深入理解所从事领域的热点、难点问题，最终确定从园林树木、绿地对空气重金属、颗粒物的吸滞能力出发，抓住各自的特点，分层次、多维度地说明园林绿地及树木对这些污染物的滞留机理，兼顾与此相对应的园林绿地及树种设计，并最终形成书稿。

　　本研究领域还有诸多尚待探索的研究课题，园林树木如何吸附大气颗粒物？植物群落如何消减大气颗粒物？而与此相关的科学问题还有：大气颗粒物从哪里来？植物吸收的颗粒物到哪里去？植物对颗粒物中污染元素的耐受机制如何？诸多的科学问题还处于探索阶段，本书只能算作该领域小分支上的初步成果。虽然走过了十几年的科研历程，但仅是在本领域的研究旅途中迈出了小小的一步，所做的工作远远不够，也非常有限，书中仅重点梳理了城市园林绿地和树木吸收空气重金属及粗颗粒物的部分机理，由于篇幅有限，诸多已经完成和正在整理的成果，并未纳入本书，以期日后继续梳理成册。也希望本书面世以后，能得到各位同行的悉心指点，加深彼此间的联系和交流。本书有诸多不完善的地方，也请读者及时纠偏。